高等学校"十四五"农林规划新形态教材

国家林业和草原局普通高等教育"十三五"规划教材

浙江省普通本科高校"十四五"
首批新工科、新医科、新农科、新文科重点教材

U0590238

植物细胞工程原理与技术

主　编　王正加
副主编　王华芳 陈金慧 杨正福
编　者　（按姓氏笔画排序）
　　　　　王正加（浙江农林大学）
　　　　　王华芳（北京林业大学）
　　　　　尹良鸿（浙江农林大学）
　　　　　刘关君（东北林业大学）
　　　　　安　轶（浙江农林大学）
　　　　　杨正福（浙江农林大学）
　　　　　沈　乾（上海交通大学）
　　　　　张启香（浙江农林大学）
　　　　　陈金慧（南京林业大学）
　　　　　侯小改（河南科技大学）
　　　　　徐兴友（河北科技师范学院）
　　　　　高燕会（浙江农林大学）

中国教育出版传媒集团
高等教育出版社·北京

内容简介

本书系统全面介绍了植物细胞工程的基本原理与主要技术应用,内容包括植物细胞工程基础、植物组织快速繁殖技术、植物体细胞胚发生、植物胚胎培养、植物人工种子技术、植物脱毒培养、植物单倍体与多倍体育种、植物细胞培养反应器、植物原生质体培养、植物的离体受精、植物体细胞杂交与转基因植物等;附录列出了植物细胞工程基本术语和常见缩略词。部分重要章节配套视频讲解、教学课件、自测题等数字课程资源,便于师生参考使用。本教材可作为高等院校生物技术、农学、林学、园艺等相关专业本科生的教材,也可供相关专业研究生、教师与科研工作者开展植物细胞工程相关研究时参考。

图书在版编目(CIP)数据

植物细胞工程原理与技术 / 王正加主编 . -- 北京:
高等教育出版社,2023.7(2024.8重印)
ISBN 978-7-04-060340-8

Ⅰ.①植… Ⅱ.①王… Ⅲ.①植物—细胞工程—高等
学校—教材 Ⅳ.① Q943

中国国家版本馆 CIP 数据核字(2023)第 064321 号

Zhiwu Xibao Gongcheng Yuanli yu Jishu

策划编辑 赵晓玉　　责任编辑 赵晓玉　　封面设计 贺雅馨　　责任印制 高　峰

出版发行	高等教育出版社	网　　址	http://www.hep.edu.cn
社　址	北京市西城区德外大街4号		http://www.hep.com.cn
邮政编码	100120	网上订购	http://www.hepmall.com.cn
印　刷	固安县铭成印刷有限公司		http://www.hepmall.com
开　本	787mm×1092mm　1/16		http://www.hepmall.cn
印　张	13.5		
字　数	330 千字	版　次	2023 年 7 月第 1 版
购书热线	010-58581118	印　次	2024 年 8 月第 4 次印刷
咨询电话	400-810-0598	定　价	39.80元

数字课程（基础版）

植物细胞工程原理与技术

主编　王正加

新形态教材网 Abooks

关于我们 | 联系我们　　登录/注册

植物细胞工程原理与技术

王正加

开始学习　　收藏

植物细胞工程原理与技术数字课程，是与教材一体化设计的配套教学资源，是教材的有利补充，包括各章知识图谱、视频讲解、教学课件、彩图、自测题、参考文献等，部分彩图数字资源以二维码形式展现，为师生提供教学参考。

http://abooks.hep.com.cn/60340

扫描二维码，打开小程序

前　言

　　细胞工程是现代生物技术的重要组成之一，是涉及面十分广泛的一门生物技术，在农业、医药、食品、健康、环境保护等领域发挥着重要的作用，对人类社会的生产、生活产生全面的影响。1902 年，德国植物学家 Haberlandt 根据细胞学说，提出了高等植物的器官和组织可以不断分割直至单个细胞的观点，从此植物细胞工程的研究和应用经历了百余年历史，在此期间，国内外学者付出了大量艰辛和努力，取得了卓越的成就，有力推动了生物科学领域的发展。

　　本书以植物细胞工程基本原理和应用技术为主线，结合国内外该领域相关研究前沿，将多年研究成果转化为教学案例编写而成。教材共分十二章，主要介绍了植物细胞工程基础、植物组织快速繁殖技术、植物体细胞胚发生、植物胚胎培养、植物人工种子技术、植物脱毒培养、植物单倍体与多倍体育种、植物细胞培养反应器、植物原生质体培养、植物的离体受精、植物体细胞杂交与转基因植物。附录包括植物细胞工程基本术语及常见缩略词。《植物细胞工程实验教程》为本教材的配套实验教材，读者通过实验可更好地理解原理与技术，更好地把理论知识转化为实际应用。本书已列入国家林业和草原局普通高等教育"十三五"规划教材，浙江省普通本科高校"十四五"首批新工科、新医科、新农科、新文科重点教材。

　　本书体现农林、生物学科的特色以及"生态育人、育生态人"的育人理念，将重要知识点通过视频讲解等数字资源形式呈现，以实现知识传授与价值塑造的有机融合，培养"大国三农"情怀和使命担当，助力乡村振兴。对细胞工程发展概况及当前研究热点的全面认识，有助于培养具有辩证思维和创新思维的新农科接班人；在植物体细胞胚、胚胎、人工种子等章节融入中央一号文件精神等，增强投身农业的责任感和使命感，以强农兴农为己任，利用所学知识解决种业"卡脖子"问题；在植物单倍体与多倍体育种章节，回顾我国作物育种历程，勉励学生致敬先辈、不忘初心；植物细胞培养反应器章节的介绍有助于树立大农业观、大食物观，全方位多途径开发食物资源；针对植物体细胞杂交与转基因植物部分，倡导科学辩证地看待转基因技术和转基因产品，树立应用新技术为人类服务的意识。

　　本书共分十二章，第一章、第六章、第九章和第十章主要由王正加编写；第二章由高燕会编写；第三章、第四章由张启香编写；第五章由杨正福编写；第七章由陈金慧编写；第八章由尹良鸿编写；第十章由侯小改编写；第十一章由徐兴友编写；第十二章由安轶编写。刘关君、王华芳、沈乾参与编写了部分章节内容。附录由杨正福整理。全书由王正加和杨正福统稿整编，各位编委进行了审阅与校订。李财运、牛兆辉、倪钟涛、罗杰、郭文磊、侯志颖、张博等参与了资料搜集与校订等工作，对他们的付出表示衷心感谢。

本书适合作为生物技术、林学、农学、园艺等相关专业的本科生教材，也可作为从事植物生物技术研究和应用的研究生和科技工作者的参考用书。本书内容广泛、前沿性强，在编写过程中参阅了较多的文献，限于篇幅，书中仅列出了主要参考文献，在此对本书所有参考引用的文献作者表示谢意。由于编写时间仓促，书中不妥之处，望读者批评指正。

编　者

2021 年 6 月于杭州临安

目　录

001	**第一章　绪论**	097	**第六章　植物脱毒培养**
001	第一节　植物细胞工程基础知识	097	第一节　植物脱毒的意义
008	第二节　植物细胞工程的发展历史	098	第二节　植物脱毒的方法
012	第三节　植物细胞工程的应用	104	第三节　脱毒苗的鉴定
		108	第四节　几种植物的脱毒苗培育技术
017	**第二章　植物组织快速繁殖技术**		
018	第一节　培养基配制	113	**第七章　植物单倍体与多倍体育种**
025	第二节　外植体的选择、消毒和接种	113	第一节　植物单倍体培养
029	第三节　植物组织培养条件	120	第二节　多倍体育种
030	第四节　继代培养		
032	第五节　植物组培苗驯化和移栽	125	**第八章　植物细胞培养反应器**
035	第六节　植物组织培养常见问题	125	第一节　植物细胞培养
		134	第二节　反应器的设计与放大培养
043	**第三章　植物体细胞胚发生**	144	第三节　反应器的操作策略
043	第一节　植物体细胞胚形态建成及结构特征		
		148	**第九章　植物原生质体培养**
047	第二节　植物体细胞胚发生与植株再生	148	第一节　植物原生质体的制备
		153	第二节　植物原生质体的培养方法
062	第三节　植物体胚发生期的相关基因及表达调控	157	第三节　植物原生质体的融合
066	**第四章　植物胚胎培养**	164	**第十章　植物的离体受精**
066	第一节　植物胚培养	164	第一节　植物离体受精概述
076	第二节　胚乳培养	165	第二节　植物离体受精的方法
081	第三节　植物胚珠和子房培养	172	第三节　植物离体受精过程的动态变化
085	**第五章　植物人工种子技术**	174	第四节　影响离体受精成功的因素
085	第一节　植物人工种子的发展		
086	第二节　人工种子	177	**第十一章　植物体细胞杂交**
092	第三节　几种植物人工种子的制备技术	177	第一节　体细胞杂交的过程及方法
		179	第二节　杂种细胞的筛选与鉴定

182　第三节　体细胞杂交在育种中的应用

186　**第十二章　转基因植物**
186　第一节　植物转基因技术
188　第二节　植物基因转化方法
195　第三节　转基因植物的筛选和鉴定
197　第四节　基因组编辑技术

199　第五节　转基因植物安全性

201　**附　录**
201　附录 I　植物细胞工程基本术语
206　附录 II　植物细胞工程常见缩略词

208　**参考文献**

第一章

绪 论

知识图谱

　　细胞工程是以细胞生物学、遗传学、生物化学、分子生物学、发育生物学、免疫学等基础学科为理论依据，以基因工程、蛋白质工程、代谢工程、发酵工程、酶工程、生物化学工程等生物工程技术为支撑，相互交叉渗透在细胞整体水平或细胞器水平上，遵循细胞的遗传和生理活动规律，有目的地生产获得细胞产品的一门生物技术。根据生物类型不同，细胞工程主要包括植物细胞工程、动物细胞工程和微生物细胞工程。

　　植物细胞工程是以植物细胞为基本单位，在体外无菌条件下进行培养、繁殖和人为操作，改变细胞的某些生物学特性，从而改良植物品种，加速繁育植物个体或获得有用物质的技术。所涉及的主要技术包括植物组织与细胞培养、植物细胞大批量培养、植物细胞融合、植物染色体工程、植物细胞器移植、DNA 重组与外源基因导入，以及以上技术与物理、化学技术的结合。它主要应用于花卉和苗木离体快速繁殖、植物新类型的创造和品种改良以及次级代谢产物生产等领域。现今，人们可以利用植物细胞工程技术改良现有品种和创造新品种，已在农林业生产中以表现出巨大的优势和潜力。

第一节　植物细胞工程基础知识

一、概念

　　细胞工程（cell engineering）是应用细胞生物学和分子生物学的方法，通过类似于工程学的步骤在细胞整体水平或细胞器水平上，遵循细胞的遗传和生理活动规律，有目的地获得细胞产品的一门生物技术。

　　细胞工程不仅是生物工程的重要组成部分，而且与其他生物工程交叉融合。主要通过细胞融合、转基因等技术，使不同种细胞的基因或基因组融合到杂交细胞中，或使基因或基因组由一种细胞转移到另一种细胞中。在不涉及重组 DNA 和外源基因导入的情况下，使跨物种转移成为可能，为生产更便捷的生物产品或培养有价值的植株提供了途径。细胞工程是一种安全的、绿色的生物技术，不仅对工农业生产和医药实践有重要意义，而且是认识细胞生命活动规律的重要途径和手段。

二、分类

根据生物类型不同，细胞工程主要包括植物细胞工程、动物细胞工程和微生物细胞工程。植物细胞工程（plant cell engineering）是以植物细胞为基本单位，在体外条件下进行培养、繁殖和人为操作，改变细胞的某些生物学特性，从而改良品种，加速繁育植物个体或获得有用物质的技术。具体包括植物细胞、组织及器官培养技术，原生质体融合与培养技术以及亚细胞水平的操作技术等。

动物细胞工程（animal cell engineering）是以动物细胞为基本单位，在体外条件下进行培养、繁殖和人为操作，使细胞产生某些人们所需要的生物学特性，从而改良品质，加速繁殖动物个体或获得有用品系的技术。具体包括细胞培养技术（包括组织培养、器官培养），细胞融合技术，胚胎工程技术（核移植、胚胎分割等）以及克隆技术（单细胞克隆、器官克隆、个体克隆）。

微生物细胞工程（microbiological cell engineering）是指应用微生物细胞进行细胞水平的研究和生产，包括各种微生物细胞的培养、遗传性状的改变、微生物细胞的直接利用以及获得微生物细胞代谢产物等。

三、细胞工程与其他学科的关系

细胞工程是在基础生物学科和生物工程学科交叉渗透、互相促进的基础上发展起来的，以细胞生物学、遗传学、生物化学、分子生物学、发育生物学、免疫学等基础学科为理论依据，以基因工程、蛋白质工程、酶工程、代谢工程、生物化学工程、发酵工程等生物工程技术为支撑（图 1-1）。

基因工程（genetic engineering），它是将一种或多种生物体（供体）的基因或基因组提取出来，或人工合成基因，按照人们的愿望进行严密设计，经过体外加工重组，将基因转移到另一种生物体（受体）细胞内，使之在受体细胞遗传并获得新的遗传性状的技术。

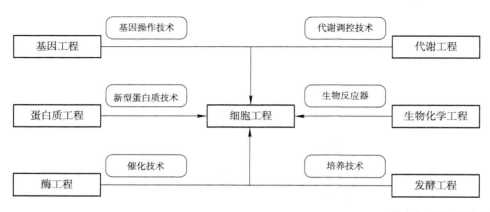

图 1-1　细胞工程与其他生物工程之间的关系
（引自李志勇，2010）

蛋白质工程（protein engineering），它是以蛋白质分子的结构及其生物功能为基础，通过化学、物理和分子生物学的手段进行基因修饰或基因合成，对现有蛋白质进行改造或制造一种新的蛋白质，以满足人类对生产和生活的需求的工程技术。

酶工程（enzyme engineering），它是酶学和工程学相互渗透结合形成的一门新的技术。在一定的生物反应装置中，利用酶的催化性质，将相应原料转化成可用的物质。

代谢工程（metabolic engineering），它是利用多基因重组技术有目的地对细胞代谢途径进行修饰、改造，改变细胞特性，并与细胞基因调控、代谢调控及生物化学工程相结合，从而构建新的代谢途径并生产特定目的产物的过程。

生物化学工程（biochemical engineering），它是将生物技术的实验室成果经工艺及工程开发，转化成为可供工业生产的工艺技术，常称为生化工程。包括底物或营养液的准备、预处理、转化以及产品的分离、精制等工程和工艺问题。

发酵工程（fermentation engineering），它是采用现代工程技术，利用生物（主要是微生物）和有活性的离体酶的某些特定功能，为人类生产有用的生物产品，或直接用微生物参与控制某些工业生产过程的一种技术。

四、细胞工程的理论基础

（一）细胞全能性

细胞全能性的概念是在细胞学说和组织培养实践的基础上建立起来的。1838年德国植物学家施莱登（Schleiden）总结前人的研究结果并提出，一切植物（如果它们不是单细胞的话）都完全是由细胞集合而成的，即细胞是植物构造的基本单位。与此同时，德国动物学家施旺（Schwann）在动物学领域提出了相似的观点。他们的观点形成了19世纪三大发现之一的"细胞学说"，该学说的基本论点是：细胞是生物结构、功能和发育的基本单位。

1902年德国植物学家哈伯兰特（Haberlandt）根据细胞学说大胆提出了"细胞器官和组织可以不断分割直至单个细胞"的观点。虽然他的细胞实验未获得成功，但其见解却是有创见性的。1943年美国怀特（White）正式提出植物细胞具有全能性（totipotency）的学说，即每个植物细胞都具有该植物的全部遗传信息，在合适的培养条件下有发育成完整的植物个体的能力。1958年斯图尔德（Steward）等对胡萝卜细胞进行悬浮培养，经由单细胞再生成植株，首次证实了植物细胞的全能性。之后植物细胞的全能性不仅在体细胞，而且在生殖细胞（花粉）、原生质体和融合细胞上都得到了证实。但是细胞全能性往往会因外培养条件不合适、继代培养时间过长、细胞年龄过大等原因而难以表达甚至逐渐丧失。植物具有全能性的细胞有可能在离体培养条件下实现分裂分化，乃至形成胚胎和植株。植物细胞全能性是通过生命周期、细胞周期和组织培养周期来实现的。生命周期通过孢子体和配子体的世代交替来实现细胞全能性；细胞周期，即细胞所决定的核质周期，由于核质相互作用、DNA复制、转录和翻译，使细胞全能性得以形成和保持；组织培养周期，表示在离体情况下，组织和细胞靠人工合成培养基中的养分，通过细胞脱分化、分化、再分化来实现全能性。

（二）细胞分化、脱分化和再分化

要使细胞全能性表达出来，形成完整植株，除生长以外，还要经过分化、脱分化等过程。受精卵经过细胞分裂和分化形成极性（根端和基端），最后发育成种子。种子萌发后，长根、长叶、开花结实，形成完整植株。完整植株的每个活细胞虽都保持着潜在的全能性，但受到所在环境的束缚而相对稳定。植株体内的这种分化（differentiation）是正常的分化。

将离体组织或器官放在培养基上进行离体培养，这些离体组织或器官就会进行细胞分裂，形成一种高度液泡化的呈无定形的薄壁细胞，称为愈伤组织（callus）。有高度分化能力的植物组织或器官产生愈伤组织的过程，就称为植物细胞的脱分化（dedifferentiation）。

将脱分化形成的愈伤组织转移到适当的培养基上继续培养，这些无定形的愈伤组织又会重新分化出具有根、茎、叶的完整植株。这种从愈伤组织再生出小植株的过程被称为再分化（redifferentiation）。

离体器官的分化方式有许多种，比较典型的有三种分化途径：一是由分生组织直接分生芽；二是由分生组织形成愈伤组织，经过分化实现细胞的全能性；三是游离细胞或原生质体形成胚状体，由胚状体直接重建完整植株或制成人工种子后重建植株。

（三）植物胚状体

植物的胚状体（embryoid）是指植物细胞、组织或器官在离体培养中由一个非合子细胞经过胚胎发育过程分化出的类似胚的细胞群。现在已知能产生胚状体的植物有 43 科 92 属 117 种，维管植物各大类群均报道具有产生胚状体的能力。植物体上具有产生胚状体能力的部位也十分广泛，如离体培养的根、茎、叶、花芽、花药、幼苗等。胚状体发生初期的细胞分子与合子胚不同，但分化后的发育过程与合子胚的类似，即球形胚→心形胚→鱼雷形胚→成熟胚。不论是哪种方式产生的胚状体，各个胚状体在发生和发育过程中一般是不同步的，所以在一个材料中同时可以见到各个不同发育时期的胚状体。

胚状体产生的方式有四种：①直接在器官上产生胚状体；②培养物先形成愈伤组织，再由愈伤组织分化成胚状体；③在花药培养中，由小孢子发育成胚状体；④在单细胞和原生质体培养中，先由细胞形成一个胚性细胞团，再由胚性细胞团发育成胚状体。

在植物细胞培养中，诱导胚状体途径再生植株与其他方式相比有三个显著的优点：①数量多。在细胞、愈伤组织和器官的培养上，每一个培养物诱导胚状体的数量往往比诱导芽的数量要多得多，尤其是细胞悬浮培养。②速度快。胚状体从单细胞直接分化成小植株所用的时间较短。③结构完整。胚状体一旦形成，一般都可直接萌发形成小植株，因此成苗率高。由于具有上述优点，诱导胚状体途径成为优良个体的无性繁殖、快速育苗、无病毒种苗培养等的重要手段，在农业、林业和园艺工作中具有特殊的价值。

（四）细胞工程关键技术

1. 细胞培养技术

细胞培养技术是细胞工程应用的最基本技术，是指将离体的细胞、器官或组织置于人工配制的培养基中，并在一定培养条件下进行培养。由于植物细胞与动物细胞在细胞全能性潜能上的巨大差异，两者的细胞培养技术具有非常大的区别。植物细胞可以进行器官、组织、胚胎、细胞、原生质体等的离体培养，并且可以利用植物外植体诱导愈伤组织，愈伤组织可以进行驯化建立细胞系，也可以进行组织幼苗快繁。而动物细胞的全能性潜能很弱，通过细胞或组织培养无法获得完整的个体，仅干细胞培养可获得某些组织或器官。动物细胞主要进行离体细胞或组织培养，以获得具有治疗作用的细胞或具有药用价值的产物。

（1）植物细胞培养技术

植物细胞培养技术根据培养对象不同，可以分为：植株培养（如试管苗和小植株的培养），器官培养（如根、茎、叶、花等的培养），愈伤组织培养（植物外植体经过诱导产生愈伤组织，进行培养），胚胎培养（离体胚或胚珠的培养），细胞培养（分散细胞或小细胞团的培养），原生质体培养（植物细胞去除细胞壁后得到原生质体，进行培养）。植物细胞培养根据培养基状态不同，可以分为固体培养基培养和液体培养基悬浮培养。

植物组织细胞离体培养一般经历以下步骤：①外植体选择。从植株特定部位选取细胞、器官或组织为起始材料。②外植体表面消毒。一般使用次氯酸钠、漂白粉、氯化汞或乙醇进行表面消毒，再接种到固体培养基上。③愈伤组织诱导。一般先诱导形成愈伤组织，再由愈伤组织在特定条件下分化出芽或根，最终形成完整植株。此外，合适的外界环境也是保证植物组织培养成功的重要条件。如温度，大多数情况下植物组织细胞培养的最适温度为25℃左右，因植物种类不同而有所不同，但是，一般不超过 20~28℃。再如光照，由于光照会抑制外植体形成愈伤组织，在培养初期和愈伤组织阶段一般采用暗培养，而进入分化阶段则要给予适度光照。

在进行植物细胞培养时，离体培养的细胞、器官和组织等所需要的各种营养物质均由培养基提供，因此培养基是决定培养物能否正常生长或能否达到培养目标的前提条件之一。与完整植物的培养类似，植物细胞和组织离体培养也需要培养基中具有各种有效成分，以保证植物组织细胞的正常生长。植物细胞培养的培养基主要由水、无机成分、维生素、碳源、植物激素等组成。无机成分主要包括大量元素（N、P、K、Ca、Mg、S）和微量元素（Fe、Mn、Zn、Cu、Mo、Cl等），以上两类元素都是以无机盐的形式添加到培养基中。植物细胞和组织培养需要糖类（也称碳源）提供碳骨架和能源。蔗糖是最常用的碳源，此外还有葡萄糖和果糖。培养基内添加维生素有利于离体培养物的发育，最重要的是 B 族维生素，如硫胺素、生物素、叶酸、烟酸等。此外，肌醇能使培养的组织快速生长，有利于胚状体和芽的形成。植物激素对于植物细胞和组织培养起非常关键的调节作用，常用植物激素包括生长素类和分裂素类。生长素的作用主要是促进细胞生长和根的形成。天然生长素是吲哚乙酸（IAA）。实际应用中，常用到人工合成的生长素，如 2,4- 二氯苯氧乙酸（2,4-D）、萘乙酸（NAA）、吲哚丁酸（IBA）等。细胞分裂素的作用主要是促进细胞分裂和芽的形成。天然细胞分裂素是玉米素（ZT）。常用的细胞分裂素类物质有激动素（KT）、6- 苄基腺嘌呤（6-BA）等。

（2）动物细胞培养技术

动物细胞培养一般进行离体细胞的培养。主要步骤包括：在无菌条件下，从动物体特定部位取出适量组织，用剪刀剪碎；采用机械解离和酶消化的方法分散细胞；将分散的细胞制成悬液，进行原代和传代培养。动物细胞有两种培养方式：一种是贴壁培养，大多数动物细胞需要在带正电荷的固体或半固体表面才能进行生长培养；另一种为非贴壁培养，一般用于血液、淋巴细胞和肿瘤细胞等的培养，这类细胞可以像微生物那样进行悬浮培养。

提供尽可能与体内生长接近的环境是培养动物细胞的基本要求，包括合适的营养物质、激素、生长因子、温度、酸碱度、渗透压等。动物细胞培养基可分为天然培养基、合成培养基和无血清培养基。早期动物细胞培养工作一般采用动物体液或动物组织中的天然成分作为培养基，称为天然培养基，常用的有血清、血浆、组织、胚胎提取液、水解乳蛋白和胶原等。其中，血清是应用最广泛的天然培养基，含有丰富的营养物质以及动物细胞生长所必需的生长因子等。合成培养基是指人工合成的培养基，主要成分包括氨基酸、维生素、糖类、无机离子等。使用人工合成培养基培养细胞一般仍要补充一定量的血清。无血清培养基是不需要添加血清就可以维持细胞在体外较长时间繁殖的合成培养基，其成分包括基础培养基和添加组分两部分，添加组分包括促贴壁物质、促生长因子、酶抑制剂、结合蛋白和转运蛋白等。

2. 细胞融合技术

两个细胞相互接触后，发生细胞膜分子重排、细胞合并、染色体等遗传物质重组的过程，称为细胞融合。细胞融合可以分为生物个体自然状态下发生的自发融合与人工操作的人工诱导融合。大多数情况下，细胞融合指的是人工诱导融合。动物细胞、植物细胞的融合过程和原理相似，不同之处在于植物细胞需要去除细胞壁后才能进行细胞融合。

人工诱导细胞融合过程的主要步骤包括：根据操作需要，选择适合的亲本细胞；原生质体制备，植物细胞和微生物细胞具有的细胞壁会阻碍细胞融合，因此必须去掉细胞壁制成原生质体后才能进行下一步的细胞融合，而动物细胞没有这种障碍；细胞融合诱导，将两亲本细胞（或原生质体）悬液按一定比例混合，采用化学、物理或生物方法促进融合；杂合细胞筛选，将诱导融合的细胞悬液转移到特定的筛选培养基中，只有杂合细胞能够生长，而未融合或自融合的细胞均不能生长，从而获得具有双亲遗传特性的杂合细胞。

3. 细胞拆合技术

细胞拆合是指通过物理或化学方法将细胞质与细胞核分离，再将不同来源的胞质体与核体进行重组而得到重组细胞的过程。胞质体是指除去细胞核后由膜包裹的无核细胞。核体是与细胞质分离得到的细胞核，带有少量细胞质并且有质膜包裹。细胞拆合技术是随着核 – 质关系的研究而逐步发展起来的细胞工程技术。

细胞拆合方式一般包括以下三种：一是胞质体与核体重新组合形成重组细胞；二是微细胞与完整细胞重组形成微细胞异核体，其中，微细胞是指由完整质膜包裹一条或几条染色体和少量细胞质而成的核质体；三是胞质体与完整细胞重组形成胞质杂种。

细胞拆合是实现动物克隆的理论与技术基础。20 世纪 60 年代，我国著名科学家童第周和牛满江教授在异种核质关系研究方面取得了举世瞩目的成就。他们将取出的鲤鱼胚胎囊胚期细胞的细胞核导入鲫鱼的去核受精卵中，部分重组细胞发育成鱼。经过实验确认，这些鱼确实为杂合鱼，它们的口须和咽区像鲤鱼，脊椎骨的数目像鲫鱼，而侧线鳞片数目介于两者之间。血红蛋白及血清鉴定分析也支持杂种鱼的结论。20 世纪 90 年代，利用幼胚细胞核克隆哺乳动物的技术已经成熟。其中，1996 年 7 月 5 日，英国爱丁堡罗斯林研究所的维尔穆特（Wilmut）带领的一个科研小组宣布用成年绵羊乳腺细胞的细胞核成功克隆出绵羊"多莉"。

4. 干细胞技术

在动物研究领域，一般认为，干细胞是来自胚胎、胎儿或成体内，在一定条件下具有无限自我更新和增殖能力以及具有不同程度分化潜能的一类细胞。根据干细胞来源，可将其分为胚胎干细胞和成体干细胞。成体干细胞又包括造血干细胞、神经干细胞、肝干细胞、肌干细胞和皮肤表皮干细胞等。干细胞根据分化潜能又可分为全能干细胞、多能干细胞和单能干细胞。随着生物技术的快速发展和不断完善，已经能够通过生物技术手段诱导体细胞转变为多能或单能干细胞。干细胞技术在动物克隆和改良、疾病治疗等领域具有广阔的应用前景。器官中单能干细胞的准确应用对于相应疾病的治疗起到关键作用。例如，造血干细胞对于白血病的治疗、心肌干细胞对于心脏疾病的治疗等。

在植物研究领域，韩国学者从植物的形成层中分离得到形成层干细胞，并应用这类干细胞培养进行相应的次级代谢产物生产，与传统的脱分化植物细胞培养相比，形成层干细胞培养表现出明显的生长快、产量高等优势。

5. 植物细胞工程的特点

由于科学技术的进步，尤其是外源激素的应用，植物细胞工程不仅从理论上为相关技术研究提供了可靠的试验证据，而且成为一种大规模、工厂化生产种苗的新方法。植物细胞工程技术之所以发展迅速、应用广泛，是由于其具备以下几个特点。

（1）培养材料经济

由于植物细胞具有全能性，通过植物细胞工程技术能使植物体的单个细胞、小块组织、茎段等离体材料经培养获得再生植株。这不但在生物学研究上保证了材料来源单一和遗传背景一致，有利于试验成功，而且在生产实践中，可以利用茎尖、根、子叶、下胚轴、花芽、花瓣等几毫米甚至不到 1 mm 大小的材料进行培养，提高了材料的利用率。单靠常规的无性繁殖方法，需要几年或几十年才能繁殖一定数量的苗木，而采用植物细胞工程技术在 1～2 年内就可生产数万株苗木。由于取材少、培养效果好，有利于新品种的推广和良种复壮更新，尤其是名、优、特、新品种的保存、利用与开发都有很高的应用价值和重要的实践意义。

（2）培养条件可以人为控制

植物细胞工程所采用的植物材料完全是在人为提供的培养基和小气候环境条件下生长，摆脱了大自然中四季、昼夜的变化及灾害性气候的不利影响，培养条件均一，对植物生长极为有利，便于稳定地进行组培苗的周年生产。

（3）生长周期短，繁殖率高

植物细胞工程由于人为控制培养条件，而且根据培养对象的不同而提供适宜的培养条件，因而培养对象生长快，往往1个月左右为一个生长周期，大大缩短了培养所需时间。虽然植物组织培养需要一定设备及能源消耗，但由于植物材料能按几何级数繁殖生产，故繁殖率高，且能及时提供规格一致的优质种苗和无病毒种苗。这是其他方法无法比拟的。

（4）管理方便、利于工厂化生产和自动化控制

植物细胞工程是在一定的场所和环境下，人为提供一定的温度、光照、湿度、营养、激素等条件，使植物生长发育极利于高度集约化的工厂化生产，也利于生产与管理的自动化控制，具有现代农业的典型特点。它与盆栽、田间栽培等相比，省去了中耕除草、浇水施肥、防治病虫等系列繁杂劳动，客观上省地、省力、省工，便于管理。

第二节　植物细胞工程的发展历史

1902年，德国植物学家Haberlandt根据Schwann和Schleiden创立的细胞学说提出了细胞的全能性理论，并开创了细胞工程学说的探索和研究，至今已有一百多年的历史。可概括为以下三个阶段。

一、探索阶段（1902—1929年）

1902年，Haberlandt提出了细胞全能性学说，预言植物细胞在适宜条件下具有发育成完整植株的潜在能力。为了证实这一观点，他用野芝麻（*Lamium barbatum* Sieb.）和紫鸭跖草（*Commelina purpurea*）等植物的栅栏组织和表皮细胞进行离体培养。由于当时的技术条件和研究水平的限制，仅在栅栏组织中看到了细胞的生长、细胞壁的加厚等，而没有观察到细胞分裂。现在看来Haberlandt实验失败的原因主要在于两点：第一，他所选用的实验材料都是已经高度分化了的细胞；第二，所用的培养基过于简单，特别是培养基中没有包含诱导成熟细胞分裂所必需的生长激素。然而，作为植物组织培养的先驱者，Haberlandt的贡献在于首次进行了离体细胞培养的实验，对植物组织培养的发展起了先导作用。1904年，Hannig在添加有无机盐和蔗糖的培养基中培养萝卜和辣根的幼胚，得到了充分发育的胚并且提前萌发成小苗。这是离体培养的第一个成功例子。1922年，美国的Robbins和德国的Kotte分别报道离体培养根尖获得成功，这是有关根培养的最早实验。并且两人在含有无机盐、葡萄糖和琼脂的培养基上利用豌豆、玉米和棉花茎尖、根尖培育出幼苗。1925年和1929年，Laibach将由亚麻（*Linum usitatissimum*）种间杂交形成的幼胚在人工培养基上培养获得成功并得到

杂种，证明了在远缘杂交中应用胚培养的可能性。

二、培养技术理论的建立与发展阶段（1930—1959 年）

1934 年，美国植物生理学家 White 由培养番茄根成功建立了第一个活跃生长的无性繁殖系，并在第一个人工合成培养基上将番茄根培养了 30 年之久，证明了根的无限生长特性。在此基础上，1937 年，White 研发配制了综合培养基（White 培养基），并发现了 B 族维生素（吡哆醇、硫胺素、烟酸）和生长素吲哚乙酸对离体培养的促进作用。几乎与此同时（1937—1938 年），法国学者 Gautheret 和 Nobecourt 在山毛柳、黑杨和胡萝卜根形成层的培养过程中成功得到了愈伤组织，同时也发现 B 族维生素和生长素对形成层组织生长的显著促进作用。因此，White、Gautheret 和 Nobecourt 共同被誉为植物组织培养的奠基人。现在所用的若干培养方法和培养基，原则上都是这三位学者在这一时期所建立的方法和培养基演变的结果。

20 世纪 40—50 年代初期，活跃在植物组织培养领域里的研究者以 Skoog 为代表，研究的主要内容是利用嘌呤类物质处理烟草髓愈伤组织以控制组织的生长和芽的形成。

Skoog（1944）和崔徵等（1948）在烟草离体培养中发现，腺嘌呤或腺苷不但可以促进愈伤组织的生长，而且还能解除生长素（IAA）对芽形成的抑制作用，诱导芽的形成，从而确定了腺嘌呤与生长素的比例是芽和根形成的主要控制条件之一。1941 年，Overbeek 等首次把椰子汁作为附加物引入培养基中，使曼陀罗的心形期幼胚能够离体培养至成熟。到 20 世纪 50 年代初，Steward 等在胡萝卜组织培养中也使用了这一物质，从而使椰子汁在组织培养的各个领域中都得到了广泛应用。

20 世纪 50 年代以后，植物组织培养的研究日趋繁荣。20 世纪 50 年代至 60 年代中引人注目的进展主要有：1952 年，Morel 和 Martin 首次证实，已受病毒侵染的大丽花通过茎尖分生组织离体培养，可以获得无病毒植株。1953—1954 年，Muir 进行单细胞培养获得初步成功。实验方法是把万寿菊（*Tagetes erecta*）和烟草（*Nicotiana tabacum*）的愈伤组织转移到液体培养基中，将液体培养基放在摇床上振荡，使组织破碎成由单细胞和细胞聚集体组成的细胞悬浮液，然后通过继代培养进行繁殖。1955 年，Miller 等从鲱鱼精子 DNA 中分离出第一种细胞分裂素，并把它定名为激动素（kinetin，KT）。1957 年，Skoog 和 Miller 提出了有关植物激素控制器官形成的概念，指出根和茎的分化是生长素对细胞分裂素比例的函数，通过改变培养基中这两类生长调节物质的相对浓度可以控制器官的分化。1958—1959 年，Reinert 和 Steward 分别报道，在胡萝卜愈伤组织培养中形成了体细胞胚。这是种不同于通过芽和根的分化而形成植株的再生方式。该实验第一次证实了植物细胞的全能性。

综上所述，在这一发展阶段中，通过对培养条件和培养基成分的广泛研究，特别是对 B 族维生素、生长素和细胞分裂素在组织培养中作用的研究，已经实现了对离体细胞生长和分化的控制，从而初步确立了组织培养的技术体系，为以后的发展奠定了基础。

三、快速发展和实践应用阶段（1960 年以后）

20 世纪 60 年代以后，随着离体培养技术的不断完善以及其他生命学科的迅速发展，细胞工程的技术和内容不断得到提高和拓展，并广泛地应用于生产实践。

（一）原生质体培养取得重大突破

1960 年，英国学者 Cocking 等用真菌纤维素酶和果胶酶分离植物原生质体获得成功，开创了植物原生质体培养和体细胞杂交工作。1971 年，Takebe 等在烟草上首次由原生质体获得了再生植株。这不但在理论上证明了除体细胞和生殖细胞以外，无壁的原生质体同样具有全能性，而且在实践上可以为外源基因的导入提供理想的受体材料。1972 年，Carlson 利用诱导剂甘露醇和硝酸盐培养粉蓝烟草和郎氏烟草的原生质体时，获得了两种原生质体的融合体，得到了杂种细胞。随后高国楠在聚乙二醇的诱导下，使大豆和粉蓝烟草（科间）融合成功，而且得到 3% 的异核体。1974 年，Bonne 和 Eriksson 将具有叶绿体的海藻和不具有叶绿体的胡萝卜根原生质体在 PEG 诱导下融合成功，观察到 16% 的活胡萝卜原生质体中至少含有一个叶绿体。试验证明原生质体是引入外源遗传物质的极好材料，为基因工程奠定了良好基础。1978 年，Melchers 进行了马铃薯和番茄的融合实验，获得了第一个属间体细胞杂种植株。1981 年，Zimmermann 开发了利用改变电场诱导原生质体融合的电融合法。1985 年，Fujimura 获得了第一例禾谷类作物水稻原生质体培养再生植株。1986 年，Spangenberg 获得了甘蓝型油菜单个原生质体培养再生植株。Harris 等（1989）、Ren 等（1990）在小麦上也获得了原生质体再生的相继成功，将植物原生质体研究推向新阶段。

到目前为止，已在多个物种中获得了原生质体，并诱导了不同种间、属间甚至科间及界间的细胞融合，获得了一些具有优良特性或抗性的种间或属间杂种。

（二）花药培养及单倍体育种

1964 年，印度学者 Guha 和 Maheshwari 离体培养毛叶曼陀罗的花药，获得了世界上第一株花粉单倍体植株，极大地促进了植物单倍体育种技术的发展。通过单倍体育种可加速常规杂交育种的速度。1967 年，Bourgin 和 Nitsch 通过花药培养获得了完整的烟草植株。由于单倍体在突变选择和加速杂合体纯合过程中的重要作用，这一领域的研究在 20 世纪 70 年代得到了迅速发展。1970 年，Kameya 和 Hinata 用悬滴法培养甘蓝与芥蓝的杂种一代的成熟花粉，获得单倍体再生植株。1974 年，我国科学家育成了世界上第一个作物新品种——烟草'单育 1 号'，之后又育成水稻'中花 8 号'、小麦'京花 1 号'等一批优良品种。目前，世界上已有约 300 种植物成功地获得花粉植株，其中包括很多种重要的栽培植物，如烟草、水稻和小麦等，并在生产上大面积推广种植。

（三）植物脱毒和快繁技术得到广泛应用

早在 1943 年，White 就发现植物生长点附近的病毒浓度很低，甚至无病毒，利用茎尖分生组织培养可脱去病毒，获得脱毒植株。1960 年，Morel 用兰花茎尖离体培养，既脱除了兰花的病毒，又建立了兰花的快速繁殖体系，繁殖效率极高。由于这一方法有巨大的实用价值，很快被兰花生产者所采用，带动了欧洲、美洲和东南亚许多国家兰花工业的兴起。随后，植物微繁技术和脱毒技术得到迅速发展，实现了试管苗产业化，取得了巨大的经济与社会效益。目前，用这种方法繁殖的兰花至少已有 35 个属、150 余种。除兰花外，目前利用组织培养脱除病毒生产脱毒苗的方法已在很多观赏植物和经济作物（如马铃薯、甘薯、甘蔗、草莓、大蒜等）实现了工厂化生产。目前，世界上已建立起许多年产百万苗木的组织培养工厂，组培苗市场已国际化。植物脱毒技术和离体快速繁殖方法已在观赏植物、园艺植物、经济林木、无性繁殖作物上广泛应用。

（四）次级代谢产物的生产

植物细胞中存在着许多难以人工合成但具有显著药用或经济价值的特殊物质。但植物资源的缺乏以及环保要求，限制了这些重要物质的生产和工业化。20 世纪 50 年代后，植物细胞和组织培养技术已成为很有发展潜力的研究和生产植物次级代谢产物的技术。1967 年，Kaul 和 Staba 采用发酵罐从阿米芹（*Ammi visnaga*）的细胞培养物中首次得到了药用物质呋喃色酮。70 年代，随着分子遗传理论、DNA 重组、单克隆抗体等生物技术的突破，工程技术人员采用连续培养和固定化新技术，通过诱变产生高产细胞株，优化细胞生长条件以及对产物合成的深入研究，极大地推动了植物细胞培养技术。80 年代后，更将植物细胞培养工程推到了一个很高的发展阶段。1983 年，日本三井石油公司首次利用培养的紫草（*Lithospermum erythrorhizon*）生产出紫草宁。迄今为止，全世界已对近千种植物进行了细胞培养方面的研究，包括由烟草细胞培养生产尼古丁、黄连细胞培养生产小檗碱、毛地黄细胞培养生产地高辛、长春花细胞培养生产长春碱、黄花蒿细胞培养生产青蒿素、红豆杉细胞培养生产紫杉醇、玫瑰茄细胞培养生产花青素、银杏细胞培养生产银杏黄酮和银杏内酯、大蒜细胞培养生产超氧化物歧化酶、番木瓜细胞培养生产木瓜凝乳蛋白酶等相继取得成功。现已实现工业生产的部分植物次级代谢产物有紫草宁、人参皂苷、小檗碱和抗癌药物紫杉醇。另外，随着植物基因工程的发展，出现了基于发根农杆菌的毛状根培养技术、基于根瘤农杆菌的冠瘿瘤组织培养的转基因器官培养技术，将传统植物细胞培养推向了新阶段。目前，已在长春花、紫草、人参、曼陀罗、颠茄等植物中建立了毛状根培养系统，人参毛状根培养已开发出商品投入市场。

（五）离体保存

植物种质资源保存是世界性重要课题，包括两大方面：一是用于一些珍贵、濒危植物资源的保存；二是用于不断大量增加的种质资源保存。这些种质资源若利用常规田间保存耗资巨大，有益基因丢失严重。利用离体组织细胞培养低温或冷冻保存技术，既可长期保存种质，又可大量节约人力、物力和土地物质，还可避免病虫害侵染，而且资源不受季节限制，便于种质资源的交流。我国目前已在多处建立了植物种质离体保存设施。

（六）基因转化受体的建立

植物的遗传转化是组织培养应用的另外一个重要领域。到目前为止，大多数遗传转化方法仍需通过植物组织培养技术来完成。离体培养条件下的茎尖分生组织、愈伤组织、单细胞以及脱除细胞壁的原生质体等都是基因工程中遗传转化的良好受体。外来的遗传信息（基因）通过一定的基因载体（Ti 质粒或 Ri 质粒）可以引入上述各种类型的细胞中，然后通过细胞工程技术，使转基因细胞再生成完整的植物体。

1983 年，Zambryski 等用根癌农杆菌转化烟草，在世界上获得了首例转基因植物，使农杆菌介导法很快成为双子叶植物的主导遗传转化方法。1985 年 Horsch 等建立了农杆菌介导的叶盘法，开创了植物遗传转化的新途径。1987 年，美国的 Sanford 等发明了基因枪法，克服了农杆菌介导法对单子叶植物遗传转化困难的缺陷。

进入 20 世纪 90 年代，农杆菌介导法在单子叶植物的遗传转化上取得突破性进展。Gould（1991）、Chan（1993）、Cheng（1997）、Tingay（1997）用农杆菌介导法分别高效转化玉米、水稻、小麦、大麦等单子叶植物。植物遗传转化是目前植物细胞组织培养领域研究的热点。到目前为止，已相继有 200 余种植物获得转基因植株，其中约 80% 是由农杆菌介导法实现的。转基因抗虫棉、抗虫玉米、抗虫油菜、抗除草剂大豆等一批植物新品种已在生产上大面积推广种植。尤其是转基因 Bt 抗虫棉的推广已取得了巨大的成功，使农药的使用量减少了 70% ~ 80%，大幅度降低了生产成本，减少了环境污染。能够生产某些重要蛋白质和次级代谢产物的转基因植物称为植物生物反应器。目前，研究最多的是生产抗体和疫苗的植物生物反应器。可以预言，细胞工程的研究将会在 21 世纪有更为广阔的发展前景。

第三节　植物细胞工程的应用

植物细胞工程所涉及的主要技术包括植物组织与细胞培养、植物细胞大批量培养、植物细胞融合、植物染色体工程、植物细胞器移植、DNA 重组与外源基因导入及以上技术与物理、化学技术的结合。它主要应用于花卉和苗木离体快速繁殖、植物新类型的创造和品种改良以及次级代谢产物生产等领域。植物细胞工程可与植物遗传育种相结合应用，如花粉单倍体育种、细胞突变体筛选、植物茎尖脱毒培养和快速繁殖以及植物体细胞胚胎发生与人工种子生产等，直接为作物的遗传改良服务；它与次级代谢产物的生产相结合，可以为药物生产服务。

通过植物细胞工程改良作物是 20 世纪 70 年代以后农业科学中最重要的发展之一，对了解、操作、修饰和保护农作物种质具有潜在价值。20 世纪 70 年代以后，随着生物技术和分子生物学的发展，植物细胞工程备受重视，并开始应用于作物品种改良。但对于体细胞无性系变异的问题，曾经有过怀疑和争论，焦点在于这种变异有无遗传基础，后代能否稳定遗传，在作物品种改良中有无实际应用价值。直至 20 世纪 90 年代初，随着研究手段的提高，大量研究证明，体细胞无性系变异确实存在并可以遗传，可应用于作物品种改良，并且在一些作物上获得成功，如小麦（胚培养和细胞培养）、水稻（原生质体培养）、大豆（原生质体培养）等，因此随后不断有许多成功的实例应用于生产。体细胞无性系变异的进展速度比预期要快，但困难和障碍仍有待克服。

植物细胞工程在作物品种改良、次级代谢产物生产以及脱毒培养等中的应用具有很多优势，尤其是在作物品种改良中的应用相比传统育种方法具有如下优点：应用植物细胞工程进行作物品种改良更省时、省力；进行品种改良可以有的放矢；可供选择的变异范围广；可作为拯救远缘杂交杂种胚发育中止的手段。但由于传统方法可以为植物细胞工程技术的应用提供变异基础，因此，植物细胞工程手段必须与传统育种方法相结合才更有生命力。

植物细胞工程在农业上的应用主要有以下几个方面：

1. 幼穗、幼胚、胚珠和子房以及试管授精克服远缘杂交不育性，扩大遗传变异范围

幼胚培养作为解决种间、属间等远缘杂交中杂种胚停止发育的手段已在许多作物的远缘杂交育种中广为应用。离体幼胚培养可用于杂交育种。早在 20 世纪 20 年代，Laibach（1925）通过培养亚麻种间杂交形成的幼胚成功地获得了杂种，从而开创了植物胚胎培养的应用。其后，20 世纪 30 年代，不少人在果树胚胎上做了很多工作，所培养的胚都较大。LaRue（1936）通过研究发现，培养的胚小于 0.5 mm 为不成功。20 世纪 40 年代起，由于对离体幼胚培养中营养需要的大量研究，主要是在培养基中加入椰子汁、麦芽提取液等物质，从而使培养心形期或比心形期更早时期的胚（0.1～0.2 mm）获得了成功。我国胚培养开始较早，但主要用于裸子植物。新中国成立后，中国科学院植物研究所、遗传研究所和北京大学生物系相继开展这一工作，并取得一定进展，如大小麦杂种幼胚、小麦和山羊草胚培养等。东北农业大学小麦研究室自 1983 年以来也开展这一工作。胚培养成功地用于远缘杂交育种和种内杂交育种实践，同时也被用于研究胚胎发育和与胚胎发育有关的内外因素以及与其发育有关的代谢生理生化变化。

在胚胎发生初期就停止发育的胚，不仅取胚困难，而且培养条件也很差，但严格通过胚珠培养或子房培养可以获得完全成熟的种子。在以往的杂交工作中，柱头、花柱与花粉的萌发，花粉管伸长之间的不亲和性是很大的障碍。Kanta（1963）以花菱草等植物为实验材料直接将花粉散布在培养基上的未受精胚珠上受精成功。随后，我国西北生物研究所在小麦和烟草等作物上进行的试管授精试验均获成功。这一技术的成功运用使远缘杂交在作物改良中的利用前景更广阔。

2. 花药、花粉培养进行单倍体育种

利用花药、花粉培养（简称花培）育成的单倍体植株（如小麦、大麦、水稻、烟草、玉米、辣椒等），经过染色体加倍，可在短期内育成遗传变异稳定的株系，有利于缩短育种年限。

我国花培在 20 世纪 70 年代后发展迅速，处于世界领先地位，首次成功获得

小麦花培单倍体植株，并培育出许多有实用价值的品种，如冬小麦'京花1号'、水稻'单丰1号'、水稻'中花9号'和烟草'单育1号'等。我国的花培技术日趋完善，花培的研究单位虽然减少，但工作逐渐深入，如利用花培养中产生的异源代换系和附加系等材料进行遗传学和细胞学方面的研究，并在实际应用中将花培与常规育种技术密切结合。

3. 原生质体融合产生体细胞杂种，扩大遗传变异范围

通常在受精时可以看到细胞融合，雌雄配子体融合而形成合子，但在远缘植物及无亲缘关系的植物间，甚至动植物间，这种生殖细胞的融合困难很大，甚至完全不可能，然而通过体细胞进行融合就可能实现。烟草属植物种间细胞融合已获成功。在大麦与小豆、胡萝卜与烟草等一些植物中，这种融合细胞也进行分裂并形成细胞群。更突出的例子是1978年Melchers将番茄的叶肉细胞与马铃薯块茎组织细胞融合获得新的体细胞融合杂种。这种植物虽然不结果，但可形成薯块，说明通过细胞融合可以创造出新的体细胞杂种。但目前成功的实例不多，有实际应用价值的实例尚未出现，远缘不亲和性以及属科间杂种细胞分化等问题仍未克服。此外，融合产物中存在两个亲本的两套遗传物质，远比有性杂交复杂，细胞器和基因组间的相互关系以及它们之间发生重组或排斥的机制尚不清楚，这些问题有待进一步研究。体细胞杂交技术能否获得有用的杂种并应用于生产尚待深入研究。

4. 组织培养用于无病毒植物体的培育——脱毒

植物脱毒和离体快速繁殖是目前植物组织培养应用最多、最有效的一个领域。在农业生产中，许多农作物都带有病毒，无性繁殖的植物如马铃薯、甘薯、大蒜等尤为严重。但感病植株并非每个部位都带有病毒。White早在1943年就发现植物生长点附近的病毒浓度很低甚至无病毒。利用组织培养方法进行茎尖培养，再生的植株就有可能不带病毒，从而获得脱毒苗。再用脱毒苗进行繁殖，则不会或极少发现病毒。目前，组织培养在甘蔗、菠萝、香蕉、草莓等作物的生产上已成功应用。外植体已不仅限于茎尖，侧芽、鳞片、叶片、球茎、根等都可以应用组织培养技术。

5. 植物次级代谢产物生产

利用组织或细胞大规模培养生产人类所需要的有机化合物，如蛋白质、脂肪、糖类、药物、香料、生物碱及其他活性化合物已成为可能。目前，已有20多种植物组织培养物，其中的有效物质高于原植物，如人参、三七、红豆杉、铁皮石斛等。利用单细胞培养技术生产蛋白质，为饲料和食品工业提供了广阔的原料生产前景；对用组织培养方法生产人工不能合成的药物或其有效成分的研究正在不断深入，人参、毛地黄、皂苷、蛇根碱、紫草素、小檗碱等已在日本实现工业生产。

目前已经培养出了400多种药用植物组织和细胞培养物，且从中分离出600多种代谢产物。我国许多重要药用植物（如人参、西洋参、丹参、紫草、甘草、黄连、铁皮石斛等）的细胞培养都十分成功，其中人参和新疆紫草细胞培养技术已接近国际先进水平。我国草药的研究和利用具有悠久的历史，但由于过渡采挖使某些具有重要经济价值的药用植物资源遭到严重破坏。因此，开展药用植物次

级代谢产物的工厂化生产具有重要意义。

6. 应用基因工程技术获得转基因植株，进行作物品种改良

基因工程技术是一种按照人们的构思和设计在体外操作遗传物质，把有利用价值的目的基因克隆下来，通过载体使其整合进植物基因组并加以表达的技术，它可以提高作物育种的目的性和可操作性，真正实现有针对性改良作物品种的目的。利用基因工程的手段实现作物改良、增加作物产量、改善作物品质、改良食品特性以及减少农药使用等是 21 世纪需要解决的问题。但对转基因植物的安全性，仍有不同的认识。

7. 高倍繁殖园艺作物

无性系的快速繁殖在 20 世纪 70 年代未受到应有的重视，80 年代后才逐渐成为热门，原因在于它可以直接产生经济效益，且操作比较容易。由于组织培养繁殖作物的突出特点是快速，因此，对一些繁殖系数低、不能用种子繁殖的"名、优、特、新、奇"作物品种的繁殖意义更大。脱毒苗、新育成或新引进的优良单株和濒危植物以及基因工程植株都可通过离体快速繁殖，不受地区和气候影响，比用常规方法繁殖的速度快数万倍到数百万倍。因此无性系的快速繁殖，为快速获得花卉苗木提供了一条经济有效的途径。

自 1960 年 Morel 用兰花茎尖离体培养获得脱病毒植株后，国内外相继建立了兰花工业体系，世界上 80% ~ 85% 的兰花通过组织培养进行脱毒和快繁。利用试管繁殖建立的兰花工厂使新加坡、泰国每年出口创汇数百万美元。在兰花工业高效益的刺激下，观赏植物的试管快繁技术研究取得了很大的进展。目前能用试管快速繁殖的花卉近 200 种，观赏植物、园艺作物、经济林木等部分或大部分都通过离体快速繁殖技术大量提供苗木，试管苗已出现在国际市场上并实现产业化。

我国无性系快速繁殖开始于 20 世纪 80 年代，已经推广应用这一技术的植物有甘蔗、菠萝、桉树、菊花、罗汉果、月季和香石竹等。据初步统计，在观赏植物中就涉及 182 个种以上，分属 58 个科、124 个属。有的研究提出对细胞培养快速繁殖产生的胚状体加以包装，然后采用机械播种，并开设生产"超级种子"工厂的设想。这一设想如能实现，将会引发整个农业技术革命。

8. 改良作物品种

无论是植物愈伤组织培养还是细胞培养，培养细胞内的遗传物质均处在不稳定状态，容易受培养条件的影响而产生体细胞无性系变异。人们从中可以筛选出有利用价值的突变体，进一步选择育成新品系或品种，达到作物品种遗传改良的目的。

9. 种质保存和基因库的建立

在育种工作中，种质库的保存和基因库的建立十分必要。由于组织培养和细胞培养物的体积很小，可以利用低温或超低温技术长期保存。目前已经在草莓、苹果、玉米、马铃薯、水稻、甘蔗、胡萝卜、花生等植物上获得成功。

思考与讨论题

    1. 简述植物细胞工程和植物细胞全能性的定义。

    2. 简述植物细胞工程发展历史。在植物细胞工程的建立和发展中，哪些工作起到关键性作用？

    3. 植物细胞工程在现代农林业上具有哪些应用？

    4. 通过查阅资料，说明植物细胞工程领域取得的最新研究成果。

数字课程资源

视频讲解   教学课件   自测题

第二章
植物组织快速繁殖技术

知识图谱

植物组织快速繁殖简称植物组织快繁，亦称植物离体快繁，又称微型繁殖或试管繁殖，是把植物培养在试管内，给予人工培养基和合适的培养条件，达到高速增殖，属离体无性繁殖；植物组织快繁技术是指应用组织培养技术，快速繁殖"名、优、特、新"品种，在较短时间繁衍较多的植株，组织快繁技术是当前植物细胞组织培养中应用最广泛、最有效的方法之一，可以快速繁殖其后代，比常规繁殖方法快万倍或数十万倍。

植物组织快繁具有取材少、培养物经济、培养条件可人为控制、生长周期短、繁殖率高、管理方便、有利于自动化控制的特点，可快速繁殖"名、优、特、新"等品种和珍稀濒危植物，培育无病毒植株，加速育种进程，保存种质资源及生产次级代谢物，提高植物生产技术水平，满足人们的需求，为发展我国经济建设、加速农林科学现代化服务。

一、植物组织快繁的意义

植物的无性繁殖技术是指以营养器官（枝条、根、叶）为繁殖材料，以扦插、嫁接、压条等方法进行的繁殖技术。无性繁殖又可分为常规无性繁殖、非试管快繁和离体快繁。植物组织快繁，是以特定植物器官、组织、细胞，在无菌和人工控制条件下在培养基上分化、生长，最终形成完整植株的过程。与其他方法相比，植物组织快繁技术有以下优势：①繁殖系数高、速度快，可加快繁殖系数低或种子繁殖困难的植物的繁殖；②可繁殖不易或无法进行有性繁殖或常规无性繁殖的植物；③可以繁殖无病毒苗木。

二、植物组织快繁的培养程序

植物组织快繁技术体系已相对成熟，其操作程序一般可以分为四个阶段（图2-1）：

第一阶段：初代培养，指从植株（母体）上切割的那一部分所进行的第一次培养，主要为获得无菌苗、嫩茎、丛芽或愈伤组织，从而建立起无菌培养体系。包括外植体的选择、消毒和接种，培养基的选择和制备等。

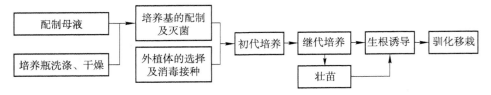

图 2-1　植物组培快繁程序

第二阶段：继代培养，指将初代培养获得的芽、丛芽、嫩茎或胚状体等培养物经切分，反复转移到新的继代培养基上，进行扩大增殖培养，达到大量繁殖的目的。

第三阶段：生根诱导，指将增殖培养获得的大量试管嫩茎、丛芽，经切割后接种在生根培养基进行生根培养，从而形成完整的小植株。

第四阶段：驯化移栽，指试管苗经过带瓶强光炼苗、开瓶炼苗等过程，使试管苗逐步适应瓶外自然环境条件，于温室或塑料大棚将试管苗移栽到沙床或营养钵中，经保湿、控温等进一步炼苗后，使试管苗从"异养"过渡到"自养"，再移栽到苗圃或大田。

第一节　培养基配制

一、培养基的组成与配制

培养基是人工配制的组织培养中离体材料赖以生存和发展的营养基质。培养基的组成对植物和细胞培养成功与否关系甚大。在离体培养条件下，不同种类植物对营养的需求不同，同一种植物不同部位的组织以及不同培养阶段对营养的要求也不完全相同。因此筛选合适的培养基是植物组织培养能否成功的关键所在。

（一）培养基的组成

植物需要若干矿物质元素及某些生理活性物质来维持自己的生命，这些必需元素有以下 4 方面生理作用：①作为结构物质与机体的建造，如碳（C）、氢（H）、氧（O）、氮（N）等；②构成特殊的生理物质，如 B 族维生素在代谢中起调节作用；③维持离子浓度的平衡、电荷平衡、胶体平衡等；④影响器官的形态发生和建成，如钾（K）、铁（Fe）等。

培养基分为固体培养基和液体培养基。固体培养基主要成分包括水分、无机营养物、有机营养物、植物生长调节剂、天然物质、凝固剂等；液体培养基与固体培养基成分相同，但不添加凝固剂。

1. 无机营养物

在植物生命中矿质元素是非常重要的，如 Ca 是细胞壁的主要组分，N 是氨基酸、维生素、蛋白质和核酸的重要组成部分。已知 C、H、O 为植物生长所必需，此外还有氮（N）、磷（P）、钾（P）、钙（Ca）、镁（Mg）、硫（S）、铁

（Fe）、锰（Mn）、铜（Cu）、锌（Zn）、硼（B）和钼（Mo）12 种元素，其中前 6 种元素需要量相对较大，称为大量元素或主要元素，后 6 种需要量少，称为少量或微量元素。根据国际生理学会的建议，将植物所需元素浓度大于 $0.5\ mmol \cdot L^{-1}$ 的称为大量元素，小于 $0.5\ mmol \cdot L^{-1}$ 的称为微量元素。

（1）大量元素（macroelement） 包括 N、P、K、Ca、Mg、S。植物吸收的氮主要以硝态氮（NO_3^-）和铵态氮（NH_4^+）存在，常使用含氮化合物有硝酸钾（KNO_3）、硝酸铵（NH_4NO_3）或硝酸钙 [$Ca(NO_3)_2$]。多数培养基将硝态氮和铵态氮混合使用，以调节培养基的离子平衡，利于生长发育。当作为唯一氮源时，硝酸盐优于铵盐，但单独使用硝酸盐时，培养基的 pH 向碱性漂移，对植物生长产生毒害作用，若在硝酸盐中加入少量的铵盐，会阻止这种危害的发生，因此培养基中几乎同时含有硝酸盐和铵盐。常用的磷酸盐主要有磷酸二氢钾（KH_2PO_4）或磷酸二氢钠（NaH_2PO_4）。钾与碳水化合物合成、转移以及氮素代谢等密切相关，常用的含钾化合物有氯化钾（KCl）或硝酸钾（KNO_3）；Ca、Mg、S 的浓度以 $1 \sim 3\ mmol \cdot L^{-1}$ 为宜，常以硫酸镁（$MgSO_4$）和钙盐的形式供给。

（2）微量元素（microelement） 包括 Fe、B、Mn、Cu、Mo、Co 等。微量元素是一些氧化酶、细胞色素氧化酶、过氧化氢酶和辅酶的重要组成成分，主要体现在酶的催化功能和细胞分化、维持细胞的完整机能等方面。其中铁盐的用量较多，在叶绿素的合成和延长生长中起重要作用，由于 $Fe_2(SO_4)_3$ 和 $FeCl_3$ 在 pH > 5.2 时易形成氢氧化铁 [$Fe(OH)_3$] 沉淀，不宜被植物直接吸收和利用，因此，配制培养基时不用 $Fe_2(SO_4)_3$ 和 $FeCl_3$，通常以硫酸亚铁（$FeSO_4$）和乙二胺四乙酸钠（Na_2-EDTA）结合成螯合物，以避免 Fe^{2+} 被氧化产生氢氧化铁沉淀。缺少 B、Mn、Zn、Cu、Mo、Co 等会导致生长发育异常现象。

综上，无机营养元素可组成植物结构物质和具有生理活性的物质，如酶、辅酶以及活化剂，参与活跃的新陈代谢；还可维持离子浓度平衡、胶体稳定、电荷平衡化学等。当某种营养元素供应不足时，愈伤组织表现出一定的缺素症状，如缺氮，会表现出一种花色素苷的颜色，不能形成导管；缺铁导致细胞停止分裂；缺硫，表现非常明显的褪绿；缺锰或钼则影响伸长。

2. 有机营养物

植物组织培养中幼小的培养物光合作用能力较弱，为了维持正常生长、发育和分化，培养基中需要加入一些有机物以满足培养物快速生长的需要，有机营养物主要有两类，一类是为植物细胞提供 C、H、O 和 N 等必需元素，如糖类（蔗糖、葡萄糖和果糖）、氨基酸及其酰胺类（如甘氨酸、天门冬酰胺、谷氨酰胺）；另一类是在植物代谢中起一定作用的生理活性物质，如盐酸硫胺素（VB_1）、盐酸吡哆醇（VB_6）、烟酸（VB_5）、生物素、肌醇、单核苷酸及腺嘌呤等。

（1）糖类 植物组织培养中幼小的培养物自养能力较弱，只能进行微弱的光合作用，因此培养基中的糖类物质成为培养物生命活动必不可少的碳源和能量供应；此外糖类还有调节培养基渗透压的作用。蔗糖、葡萄糖、果糖和麦芽糖等是最常用的碳源，常用的蔗糖含量为 $20 \sim 50\ g \cdot L^{-1}$。由于蔗糖对胚状体的发育起重要作用，因此在胚培养时蔗糖含量常为 $40 \sim 150\ g \cdot L^{-1}$。不同糖类对培养物生长的影响不同，如葡萄糖对水稻根培养的效果最好，果糖和蔗糖相当，麦芽糖差些。一般来说，以蔗糖为碳源时，有利于离体培养的双子叶植物根生长；以葡萄糖为碳源时，更有利于单子叶植物根的生长。在大规模生产中，蔗糖价格昂贵，常用食用绵白糖、白砂糖作为碳源，但不同的植物种类上，其使用的可行性及其含量需要小规模的生产性试验。此外，高压灭菌时一部分糖发生分解，因此制定培养基配方时要给予考虑。

（2）含氮物质 多数培养细胞能够合成所必需的全部维生素，可直接参与生物催化剂酶的形成，蛋白质和脂肪的代谢等重要生命活动。由于大多数植物细胞在培养过程中不能合成足够的维生素，所以培养基中必须添加一种或几种维生素，有利于植物细胞的生长发育。常用的维生素浓度为 $0.1 \sim 1.0$ mg $\cdot$ L^{-1}，主要有盐酸硫胺素（VB$_1$）、烟酸（VB$_5$）、盐酸吡哆醇（VB$_6$）、抗坏血酸（VC）、肌醇（inositol）等。不同标准培养基的维生素和氨基酸的组成差异很大，肌醇用量为 $50 \sim 100$ mg $\cdot$ L^{-1}。

许多组成成分不明确的复杂营养混合物，如水解酪蛋白（CH）、椰乳（CM）、玉米乳、麦芽提取液（ME）、番茄汁（TJ）和酵母提取物（YE）等也可促进某些愈伤组织和器官生长。由于不同样品尤其是果实提取物中促进生长的物质质量和数量往往随试验材料的品种、组织的年龄、环境及栽培条件的不同而变化，可能会影响结果的重复性，因而可用单个氨基酸有效地替代，如单独用 L-天门冬酰胺替代酵母提取物和番茄汁诱导玉米胚乳愈伤组织。

3. 植物生长调节剂

植物生长调节剂（plant growth regulator）是培养基中的关键性物质，用来维持组织和器官的生长、发育、分化方向和器官发生，用量小但作用很大，如生长素类、细胞分裂素类和赤霉素、脱落酸等，需要随试验组织的不同而变化，但主要取决于植物生长调节剂的种类、水平和它们之间的平衡状态。

（1）生长素（auxin） 在植物组织培养中，生长素类物质随茎和节间的伸长、向性、顶端优势和生长等而存在，主要促进细胞分裂和伸长，诱导愈伤组织的产生，促进茎尖生根和不定胚的形成。常用的生长素有吲哚丁酸（indole-3-butyric acid，IBA）、萘乙酸（naphthalene acid，NAA）、萘氧乙酸（naphthoxyacetic acid，NOA）、对氯苯氧乙酸（para-chlorophenoxyacetic acid，P-CPA）、2,4- 二氯苯氧乙酸（dichloro-phenoxyacetic acid，2,4-D）、吲哚乙酸（3-indolelacetic acid，IAA）。生长素与细胞分裂素配合使用，共同促进不定芽分化、侧芽萌发和生长。IBA 和 NAA 常用于组织生长，与细胞分裂素结合用于芽的增殖；2,4-D 对愈伤组织的诱导和生长非常有效，但往往会抑制芽的形成，适宜的用量范围较窄，过量又有毒害，因而一般用于细胞启动脱分化阶段。诱导分化和增殖阶段一般选用 IAA、NAA、IBA，它们作用的强弱依次为 2,4-D > NAA > IBA > IAA，常用含量为 $0.1 \sim 10$ mg $\cdot$ L^{-1}。生长素一般溶于 95% 乙醇或 0.1 mol $\cdot$ L^{-1} NaOH（或 KOH）溶液中，后者溶解效果更好些。

（2）细胞分裂素（cytokinin） 细胞分裂素主要促进细胞分裂和扩大，诱导胚状体和不定芽的形成，延缓组织衰老和促进蛋白质合成。植物组织培养中细胞分裂素主要用于愈伤组织和器官分化不定芽和减弱顶端优势的腋芽增殖。细胞分裂素和生长素的比值控制器官发育模式，若增加生长素浓度有利于根的形成，增加细胞分裂素浓度则促进芽的分化。常用的细胞分裂素有苄基腺嘌呤（benzylaminopurine，BAP）、异戊烯腺嘌呤（isopentenyl-adenine，2-ip）和激动素（kinetin，KT）。细胞分裂素常溶于稀盐酸或氢氧化钠。

（3）赤霉素（gibberellin，GA） 已知天然赤霉素有100多种，植物组织培养中主要用 GA_3 促进细胞生长和打破休眠。一般情况下，赤霉素对组织培养中器官和胚状体的形成起抑制作用，在器官形成后，可促进胚状体或器官的生长。赤霉素可完全溶于冷水至 1000 $mg \cdot L^{-1}$，但不稳定，容易分解，因此最好用95%乙醇配制成母液于4℃冰箱中保存。

（4）脱落酸（abacisic acid，ABA） 脱落酸有抑制生长和促进休眠的作用，植物组织培养中适量的外源ABA可明显提高体细胞胚的数量和质量，抑制异常体胚发生。在植物种质资源超低温保存时，ABA可促使植物停止生长后抗寒能力的形成，保证冷冻保存的顺利进行。

（5）其他生长活性物质 在植物组织和细胞培养中除以上生长调节剂外，还有多胺（polyamine，PA）、多效唑（PP333）、油菜素内酯（brassinolide，BR或BL）、茉莉酸（jasmonic acid，JA）及茉莉酸甲酯、水杨酸（salicylic acid，SA）、矮壮素（CCC）、嘧啶醇（ancymidol）等生长活性物质。多胺常用于调控部分植物外植体不定根、不定芽、花芽、体细胞胚的发生发育，延缓衰老，保证原生质体分裂及细胞形成等。多效唑用于试管苗的壮苗、生根，提高抗逆性及移栽成活率。茉莉酸及茉莉酸甲酯、水杨酸可促进诱导鳞茎、球茎、块茎及根茎等变态器官的形成。

4. 其他成分及其作用

培养基中除了以上成分以外，还加入活性炭、琼脂、抗生素、抗氧化物质等其他成分。

（1）活性炭（AC） 活性炭具有较强的吸附能力，植物组织培养中，培养基中添加活性炭可防止植物组织自身的酚类物质分泌和变褐老化，形态发生和器官形成；同时活性炭可创造黑暗环境，利于某些植物诱导生根；此外，活性炭还可降低光照强度而减轻褐变。但活性炭的吸附作用无选择性，吸附有毒酚类的同时，又吸附培养基中的有利物质，如植物生长调节剂、维生素 B_6、叶酸、烟酸等，且在不同植物的组培快繁中吸附的有效程度不同。因此决定使用活性炭时应先试验再确定是否采用，常用量为 1~5 $g \cdot L^{-1}$。

（2）琼脂 为避免液体培养时静止的培养物缺氧，培养基中添加琼脂形成固体培养基。琼脂是一种从海藻中提取的多糖，本身无营养，主要使培养基在常温下凝固，用量为 6~10 $g \cdot L^{-1}$，用量过多，培养基会变硬，营养物不易扩散到组织中。培养基 pH 较低、高温高压灭菌时间过长、温度过高都会影响琼脂凝固。琼脂存放时间过久，颜色变褐，也会逐渐失去凝固能力。新购置的琼脂要先试验其凝固能力，以便确定适宜的用量。

（3）抗生素 培养基中添加抗生素可防止菌类污染，减少培养材料的损失。使用抗生素时应注意：①不同抗生素能有效抑制的菌种具有差异性，因此要有针对性地选择抗生素种类；②单独使用哪一种抗生素对污染均无效时，几种抗生素配合使用杀菌效果较好；③当所用抗生素的浓度高到足以消除内生菌时，有些植物的生长往往也同时受到抑制；④使用抗生素后，污染率往往显著上升，这可能是原来受抑制的菌类又滋生起来造成的。

常用的抗生素有青霉素、链霉素、土霉素、氯霉素、卡那霉素、庆大霉素和特美汀等，用量一般为 $5 \sim 20 \ mg \cdot L^{-1}$。

（4）硝酸银　植物组织培养中植物组织会产生和散发乙烯，培养容器中乙烯的积累会影响培养物的生长和分化，严重时可导致培养物的衰老和落叶。硝酸银通过竞争性结合细胞膜上的乙烯受体蛋白，从而起到抑制乙烯活性的作用。因此，在许多植物组织培养时，培养基中加入适量硝酸银，能促进愈伤组织器官发生或体细胞胚胎发生，使某些原来再生困难的物种分化出再生植株。此外硝酸银对克服试管苗玻璃化、早衰和落叶效果明显。由于低浓度硝酸银能引起细胞坏死，产生的乙烯大于同一组织内非坏死细胞所产生的乙烯数量，因此培养物不能在含有硝酸银的培养基上长期保存，否则会导致再生植株畸形。硝酸银的用量一般为 $1 \sim 10 \ mg \cdot L^{-1}$。

（二）常用培养基的分类与特性

根据营养水平不同，培养基可分为基本培养基和完全培养基。基本培养基只含有大量元素、微量元素和有机营养物。完全培养基是指在基本培养基的基础上，根据试验的不同需要，添加植物生长调节剂和其他复杂有机物等的培养基。基本培养基种类很多，常用基本培养基主要有 MS、White、B5、N6、SH、WPM、H 等基本培养基，根据常用培养基配方中含盐量的多少可将培养基分为以下四大类：

1. 含盐量较高的培养基

这类培养基含较高浓度的硝酸盐、铵盐和钾盐，微量元素种类也多，如 MS、改良 MS、LS、BL 和 ER 培养基，有利于愈伤组织的诱导、生长和细胞培养。其中 MS 培养基在各类组织、器官、原生质体的培养中效果良好，是应用最广、适应性最强的培养基。

2. 硝酸盐含量较高的培养基

盐浓度尤其是硝酸钾含量较高的培养基，如 B5、N6 和 SH 培养基，培养基的 NH_4^+ 和 PO_4^{3-} 由 $NH_4H_2PO_4$ 提供。B5 培养基含有较低的铵盐，可能对不少培养物的生长具有抑制作用，因而更适合某些双子叶植物和木本植物的培养；有些植物愈伤组织和悬浮培养物在 B5 培养基上更适宜，特别是对铵离子比较敏感的植物组织和细胞的离体培养效果更好。N6 培养基铵离子浓度也较低，大多数铵态氮和硝态氮的比例合理，在禾谷类植物花药、花粉和原生质体培养中得到广泛应用。

3. 含盐量中等的培养基

这类培养基大量元素为 MS 培养基的一半，微量元素种类减少，但含量增加，维生素种类比 MS 培养基多，如 H 培养基、1/2 MS 培养基。

4. 低盐浓度的培养基

这类培养基无机盐数量比较低，如 White、WS 和 HE 培养基等。

以上培养基中，前两类培养基比较适合愈伤组织诱导和细胞培养，但选用哪类培养基，应依据植物种类、基因型和外植体等而定，后两类培养基利于根的形成。诱导愈伤组织常用的培养基为 MS 和 B5 培养基，高盐浓度的培养基可能对培养过程中愈伤组织数量及鲜重的增加有利。

（三）培养基的选择和制备

1. 培养基的选择

进行植物组培快繁时，选择最佳培养基是成功的关键，通常根据以往的研究确定或选用一种通用培养基进行选择。

（1）通过查阅相关文献资料，确定应用培养基的类型，是高盐浓度还是低盐浓度的培养基，然后在此基础上通过系列实验，对培养基中某些成分进行调整，尤其是激素的种类、浓度和配比的调整，直到获得一种满足实验要求的培养基配方，培养基中合适的生长素和细胞分裂素的用量和比例在控制离体培养物生长和分化上起着决定性的作用。

（2）对新的植物物种进行离体培养时，很难确定应用哪种培养基，一般选择通用培养基（MS 基本培养基），然后保持其他成分不变的情况下，用 MS、1/2MS 和 1/4MS 水平的无机盐配制培养基，对比高盐、中盐和低盐浓度的诱导效果。培养基中激素种类、浓度和比例的调整与第一种方法相同。

（3）在植物组培快繁中，要筛选出最佳培养基和培养条件需要进行大量的试验。为了减少试验次数，节约时间，常采用正交试验设计，用较少的试验次数得到较多的信息，方便地从众多因素中筛选选出主要影响因素及最佳水平，可以参照生物学统计学进行组培快繁多因素分析。

2. 培养基的制备

培养基制备是植物组织培养过程中最基本的工作，每种培养基往往需要 10 多种化合物，浓度不同，性质各异，特别是微量元素和植物生长调节剂用量极少，称量不易准确且易出现误差。在实际工作中，常常先配制母液，然后逐一量取母液制备成所需培养基，此法通用且方便，精确度高。

（1）母液的配制和保存

一般按照培养基配方所需浓度的 10 倍或 100 倍，甚至 1 000 倍配成母液。母液根据其化学性质分别配制，一般包括大量元素母液（10 倍或 20 倍）、微量元素母液（100 倍或 200 倍）、铁盐母液（100 倍或 200 倍）、维生素母液（50 倍）、氨基酸母液（50 倍），当配制培养基时按比例稀释。每种药物称量一次，就可使用多次，并可减少多次称量所造成的误差。

大量元素无机盐母液配制时，要防止在混合各种盐类时产生沉淀反应，各种药品必须在充分溶解后才能混合，混合时要注意先后次序，把钙离子（Ca^{2+}）和硫酸根离子（SO_4^{2-}）、磷酸根（PO_4^{3-}）错开，避免 KH_2PO_4 和 $MgSO_4$ 与 $CaCl_2$ 发生作用相互结合生成硫酸钙和磷酸钙沉淀。在混合各种无机盐溶液时，其稀释度要大，且慢慢混合，边混合边搅拌。

微量元素母液除铁盐外，B、Mn、Cu、Zn、Mo、Cl 等盐类混合溶液一般配成 100 倍或 200 倍的母液。配制时分别称量、溶解，充分溶解后再混合，以免产生沉淀。

铁盐容易产生 Fe(OH)$_3$ 沉淀，因此需要单独配制铁盐母液。铁盐以螯合物的形式容易被吸收，一般用硫酸亚铁（FeSO$_4$·7H$_2$O）和乙二胺四乙酸钠（Na$_2$-EDTA）配成 100 倍或 200 倍铁盐螯合剂母液，比较稳定，不易沉淀。配制时称量 FeSO$_4$·7H$_2$O 和 Na$_2$-EDTA，分别充分溶解，再将两种溶液混合在一起，定容后于棕色瓶中保存备用。

有机物母液主要是维生素、氨基酸类物质，按配方分别称量、溶解，混合后加水定容，一般配成 100 倍或 200 倍母液。

琼脂和蔗糖用量大，不需要配制成母液，配制培养基时按量称取即可。

植物生长调节剂母液应当分别配制，由于多数植物生长调节剂难溶于水，因此，需要少量溶剂助溶，如萘乙酸（NAA）、吲哚乙酸（IBA）、赤霉素（GA）和玉米素（ZT）可先用少量 95% 乙醇溶解，然后加水定容，若溶解不完全可再加热溶解；2,4-D 溶解于 95% 乙醇或 0.1 mol·L^{-1} NaOH 中，用去离子水或蒸馏水定容，贮于棕色瓶中，低温保存；细胞分裂素如激动素（ZT）、6-苄基腺嘌呤（6-BA）可先用少量 1 mol·L^{-1} HCl 溶解，然后用加热的蒸馏水定容；脱落酸（ABA）可用 95% 乙醇或甲醇溶解，由于光照易造成 ABA 生理活性丧失，配制时最好在弱光下进行。

配制母液时所用试剂应采用纯度等级较高的分析纯或化学纯，以免带入杂质和有害物质对培养材料产生不利影响，药品称量、定容都要准确。配制母液要用纯度较高的蒸馏水或去离子水；配好后，在容器上贴上标签，注明母液编号、配制倍数、配制日期及配 1 L 培养基时应移取的量。配制好的母液于 4℃ 冰箱保存备用，尤其是植物生长调节剂和有机物，贮存时间不宜过长，无机盐母液最好一个月内用完，如果发现有霉菌或沉淀发生，应停止使用。

（2）培养基制备程序

首先，依据培养材料和培养目的确定培养基配方；其次，根据培养材料及实验处理的多少确定培养基用量；最后，准备所需用具。配制时量取母液的体积（V_0）= 配制培养基体积（V_1）/ 母液浓缩倍数（T），培养基的配制程序如下：

① 准备工作　按照培养基配方及所需配制培养基体积计算所需成分的用量，准确称取琼脂、蔗糖。将贮存的各种母液按照顺序依次放好，并检查是否有沉淀或变色，避免使用已失效的母液。准备干净的玻璃器皿和去离子水，放在指定位置。

② 按母液顺序量取母液　根据不同母液的浓缩倍数量取母液，加入所需的植物生长调节剂，再加入琼脂和蔗糖。

③ 定容　加去离子水定容。

④ 调节培养基 pH　培养基的 pH 直接影响培养材料对离子的吸收，过酸或过碱都会影响培养材料的生长。此外，pH 会影响琼脂培养基的凝固程度，培养基定容后应立即调节 pH（一般 pH 为 5.6~6.0），最好用酸度计测试，准确度高；也可用精密 pH 试纸（应在干燥器中保存，以免吸湿而失效）。一般用 1 mol·L^{-1} HCl 或 1 mol·L^{-1} NaOH 调节培养基的 pH，之后加热溶解混匀。

⑤ 培养基的分装　由于温度低于 40℃ 时固体培养基中琼脂会凝固，将调节 pH 好的培养基趁热分装到干净的培养瓶中，若条件允许，使用培养基灌装

机更方便。分装时要掌握好分装量，一般分装到培养容器中的培养基厚度为
1.5~2.0 cm。同时注意不要将培养基沾到管壁上，以免引起污染。分装后立即盖
上瓶盖，并根据不同配方的培养基做好标记，以免混淆。

⑥ 培养基灭菌　一般有高温湿热灭菌和过滤灭菌两种方法。高温湿热灭菌
是将装好的培养基于高压灭菌锅，121℃灭菌 18~20 min。若培养基中需要添加
高温条件下不稳定或容易分解的物质，如植物生长调节剂、抗生素等溶液，一般
通过过滤灭菌后加入经高压灭菌后的培养基中，混合均匀后分装。

灭菌后的培养基在使用前应先验证灭菌效果，确定彻底灭菌后再使用，以免
实验材料被污染。将培养基于培养室中放置 3 d，如没有出现污染，说明灭菌可
靠，可以使用，灭菌后的培养基应及时使用，不宜长期保存。常温保存的培养基
最好在 7 d 内用完。

第二节　外植体的选择、消毒和接种

外植体（explant）是指从活体植物上切取下来的用于离体培养的器官、组织
或细胞，能否选择合适的外植体在很大程度上决定植物组织培养的成败。将外植
体接种到培养基上是植物组织培养的第一步，即称为初代培养。

一、外植体的种类

理论上讲，植物的一切组织、器官和细胞都具有发育成为完整植株的潜力，
即植物细胞全能性，但实际上，不同植物种类、同一植物不同器官甚至同一器官
不同生理状态，对外界的诱导反应能力和本身的再分化能力都是不同的。因此，
根据培养目的不同，选择外植体应考虑以下几点：

（1）带芽外植体　如茎尖、侧芽、原球茎、鳞芽等，在培养基中可以添加植
物生长素和赤霉素来诱导芽轴伸长，也可添加细胞分裂素抑制主轴发育，促进腋
芽最大限度生长，产生丛生芽。这类外植体产生植株成功率高，变异少，易保持
材料的优良特性。

（2）胚　胚培养是对自然状态和试管中受精形成的各时期的胚进行离体培
养。胚由大量分生组织细胞构成，生长旺盛，易于成活，主要分为未成熟胚培养
和成熟胚培养。

（3）已分化的器官和组织　包括茎段、叶、根、花茎、花瓣、花萼、胚珠、
果实等为外植体的培养，需要经过愈伤组织阶段再分化出芽或胚状体而形成植
株，因此形成的后代可能有变异。有些器官可不经愈伤组织直接形成不定芽或体
细胞胚，如以叶片为外植体进行离体培养，建立快速无性繁殖体系以便研究植物
光合作用、叶绿素形成等理论问题，不容易污染，操作方便，在植物遗传育种中
应用普遍。

（4）花粉及雄配子体　花粉及雄配子体中的单倍体细胞只有体细胞染色
体的一半，可作为外植体进行组织培养用来培养单倍体。小孢子培养在植物细
胞组织培养中应用广泛。

二、外植体的选择

外植体选择是植物组织培养中的关键步骤之一，适宜的外植体在离体条件下容易培养。因此，选择外植体时应注意以下几点：

（1）外植体的再生能力强　从健壮植株上选取生长发育正常的组织或器官生长代谢旺盛，再生能力强。同样生长良好的细胞或组织，分化程度越高其再生能力越弱，越不易脱分化。应尽量选择分化程度低的植物材料作为外植体。一般年幼的组织比年老的组织有更好的形态发生能力。尽量在植株生长旺盛的季节（春季和夏季）取材，其内源激素含量高，有利于再分化。

（2）材料易得且遗传稳定　确定取材部位时，要考虑培养材料的来源是否丰富，外植体经脱分化产生愈伤组织是否会引起变异丧失原品种的优良性状，因此应选择易取得且变异少的材料作为外植体。

（3）容易消毒　外植体材料要尽量少带菌。植物地上组织比地下组织容易消毒，一年生组织比多年生组织容易消毒，幼嫩组织比老龄组织容易消毒。温室材料比田间材料带菌少，在光照培养箱中萌发的材料消毒效果更好。

（4）外植体的大小　外植体的大小对植物组织培养是否成功影响较大，外植体材料大，较难彻底消毒，易产生污染，且浪费植物材料；外植体太小，多形成愈伤组织，成活率低。除茎尖脱毒培养外，外植体一般不宜过小。一般茎尖培养存活的临界大小应为一个茎尖分生组织带 1~2 个叶原基，大小 0.1~0.5 cm；花瓣、叶片等大小 0.5~1.0 cm²；茎段长 0.5~1.0 cm。

三、外植体的消毒

（一）消毒的目的和作用

植物组织培养所用外植体大部分取自田间，带有大量的细菌和真菌，是无菌培养的主要障碍，因此，通常应选择生长健壮、无杂菌感染、无病虫害的植株作为植物组织培养的外植体，在培养前进行严格的消毒处理。杂菌感染与外植体的大小、植物种类、植物栽培状况、分离的季节和操作者的技术有关。但一般外植体越大，杂菌发生越多，夏季比冬季污染多。在同种植物上，不同时期材料上杂菌感染的多少也有差异，如某年进行 80 d 花椰菜花球组织培养，没有发生污染现象，而在第二年，用来自同一地块、同一品种、同一部位的材料，污染度却高达 83.3%~100%，说明不同年份及不同部位的组织特点不同，因此，必须进行摸索实验，以达到最佳的消毒效果，既消毒培养材料，又不损伤或轻微损伤外植体，不影响其生长。

（二）常用的消毒剂

消毒剂要有良好的消毒效果，容易被蒸馏水冲洗掉或会自行分解，不损伤外植体，不影响外植体的生长。消毒剂主要有化学药剂和抗生素两种。常用的消毒剂有次氯酸钠溶液、次氯酸钙、氯化汞、乙醇、过氧化氢等（表 2-1），消毒剂的使用浓度和消毒时间应根据外植体对消毒剂的敏感性而定；对消毒剂敏感的外植体，消毒时间不宜过长，不敏感的则可适当延长消毒时间。

表 2-1　常用消毒剂使用浓度及消毒效果比较（引自沈海龙，2005）

灭菌剂	使用浓度 /（g·L^{-1}）	处理时间 /min	从外植体去除难易程度	消毒效果
次氯酸钠	9~10	5~30	容易	很好
次氯酸钙	2	5~30	容易	很好
过氧化氢	10%~12%（体积分数）	5~15	最易	好
氯化汞	1~10	2~15	较难	最好
乙醇	70%~75%（体积分数）	0.2~2	容易	好
溴水	1~2	2~10	容易	很好
硝酸银	1	5~30	较难	好
抗生素	0.004~0.05	39~60	中等	比较好
漂白粉	饱和溶液	5~30	易	很好

乙醇：能使蛋白质脱水变性，高浓度乙醇会使蛋白质很快脱水凝固，消毒作用反而减弱，70%~75% 乙醇的杀菌能力强，穿透力强，且具有一定的湿润性，可排除材料上的空气，利于其他消毒剂的渗入，但不能彻底杀菌，一般与其他消毒剂配合使用时间 10~30 s，消毒效果极佳。应严格掌握对植物材料的处理时间，否则易危及植物自身组织细胞。乙醇对人体无害，可作为接种者的皮肤消毒及环境消毒。

次氯酸钙 [Ca(ClO)$_2$] 和次氯酸（HClO）：能分解产生具有杀菌能力的氯气且易挥发，容易除去，对植物组织无毒害作用。常用浓度为 1% 有效氯离子，一般将植物组织在次氯酸钠溶液中浸泡 5~30 min 即可达到消毒目的。次氯酸钠具有强碱性，长期处理植物材料会对植物组织造成一定破坏，使用时应严格注意消毒时间。

过氧化氢（H$_2$O$_2$）溶液：具有强氧化性，会分解成无害化合物，常用体积分数为 6%~12%。

氯化汞（HgCl$_2$）：即升汞，是一种剧毒的重金属杀菌剂，汞离子能使蛋白质变性，使酶失活达到消毒效果。一般使用浓度为 1~2 g·L^{-1}，处理时间视材料而定。其消毒效果最好，是休眠种子最理想的消毒剂，但最难去除，消毒后要多次用无菌水冲洗，且消毒时间不能过长，以免杀死植物细胞。其对人畜具有强烈的毒性，处理不当会对环境造成污染，故不作为优先选择。

植物基因型、栽培条件、外植体来源、取材季节、取材大小和操作者技术水平等均影响外植体的消毒情况。因此，在植物组织培养中选择合适的消毒剂及方法对获得无菌外植体极为重要。可设计实验，以选择最佳的消毒剂、最适浓度和处理时间。为使植物材料充分浸润，还需在消毒剂中加入一定量的黏着剂或润湿剂，如吐温 20。有时还可配合使用磁力搅拌、超声振动、缺氧减压等方法，以提高消毒效果。

（三）消毒方法

消毒前植物材料先要用自来水冲洗 10 min 左右，有的材料需要用洗衣粉或洗涤剂等把泥土等清洗干净。带须根多的地下部等组织要用小刀削光滑，以利于彻底消毒。表面着生较多茸毛的材料阻止了消毒剂的附着，影响消毒效果，常采用流水冲洗 1~2 h，并用洗衣粉或洗洁精溶液洗涤，必要时用毛刷充分刷洗，或在药液中加入湿润剂，可提高消毒效果。

　　洗涤后的植物材料用滤纸吸干水分，然后浸入消毒剂中，处理时间和使用浓度依材料而定，一般选择两种消毒试剂配合使用。不同材料所用消毒剂和消毒方法不尽相同（表 2-2）。

表 2-2　不同材料所用消毒试剂和消毒方法

器官类别	消毒前	消毒	消毒后
茎尖、茎段	自来水冲洗 2 h 以上，用洗涤剂初步清洗干净	70% 乙醇处理 0.5~2 min 后倒出，再用 25~50 g·L^{-1} NaClO 溶液浸泡 8~10 min	无菌水冲洗 3~5 次，接种培养
种子、果实	自来水冲洗 10~20 min，然后 45℃ 温水浸种 6~24 min 软化种皮	70% 乙醇处理 0.5~5 min 后倒出，再用 25~50 g·L^{-1} NaClO 溶液浸泡 10~20 min	无菌水冲洗 3~5 次，于发芽床发芽，取幼根或幼芽来获取愈伤组织
花药、花蕾		70% 乙醇处理 6~7 min 后倒出，再用 25~50 g·L^{-1} NaClO 溶液浸泡 10~15 min	无菌水冲洗 3~5 次，接种培养
根、地下茎	自来水冲洗，并用软毛刷刷洗，用刀切去损伤及污染严重部位，滤纸吸干水分	70% 乙醇处理 0.5~2 min 后倒出，再用 25~50 g·L^{-1} NaClO 溶液浸泡 10~20 min	无菌水冲洗 3~5 次，从消毒材料内部取出培养材料

四、外植体的接种

　　无菌条件下将消毒过的外植体切割成所需大小并转移到适宜培养基的过程，称为外植体接种。

（一）准备工作

　　每次接种前要对接种室进行全面消毒，可用 70% 乙醇对空气中的细菌和真菌孢子进行消毒；超净工作台应先使用 70% 乙醇擦拭，再用紫外线灯照射 20 min 以上，或用臭氧发生器对接种室进行消毒；接种时应提前 10 min 启动超净工作台，使无菌的超净空气吹过台面上的整个工作区域；初次使用新购买的超净工作台，应在启动后等待 20 min 后再开始进行操作。

　　接种使用的镊子、解剖刀等器械要事先进行高温高压灭菌处理，使用灭菌器时应提前打开，使温度已上升到设定值。操作中，使用过的器械应经常灭菌并注意冷却以免灼伤外植体。

　　接种时，操作人员的工作服、帽子、口罩等要保持干净，并定期消毒或更换；操作人员应时刻注意手和双臂用 70%~75% 乙醇消毒，佩戴口罩，不与他人交谈，动作要轻，以免带入杂菌导致污染发生。无菌操作时，凡已灭菌过的物品在超净工作台上处于敞开状态时，应将其放在靠近超净台出风口的一侧，工作人员的手、手腕不得从这些物体的表面上方经过。已消毒的外植体、接种工作人员不得接触工作台和培养瓶外壁及各种物体表面。要防止交叉污染，每次接种用的刀、镊子等都应放入高温灭菌器中彻底灭菌，才可使用。

（二）外植体的接种

（1）无菌条件下切取已消毒过的植物材料，较大的植物材料可肉眼直接观察切离；较小的材料需在体视显微镜下观察操作，切取材料通常在无菌培养皿上进行。

（2）打开培养瓶瓶盖，用灭菌后冷却的镊子将适宜大小的外植体均匀分布在培养基上。

（3）将接种外植体的培养瓶封口。

（4）接种后要在接种容器上注明接种物名称、接种日期、处理方法、接种人等，便于日后的区分和观察。

第三节　植物组织培养条件

外植体接种后，需要在适宜的环境条件下进行培养，培养条件包括温度、湿度、光照、气体、培养基的渗透压和 pH 等。

一、温度

温度对植物组织培养有重要影响，常随着不同植物基因型和生长阶段的要求而不同，通常控制在（25℃±2℃）的恒温条件下培养。低于 15℃ 培养时组织生长停滞，而高于 35℃ 对生长不利，因此，组织培养的温度最高不超过 35℃，最低不低于 15℃。如铁皮石斛在 25～27℃，紫罗兰则需要 25～29℃ 的适当高温。如果利用智能型光照培养箱，还可依照植物生态习性采用变温培养。

二、湿度

培养环境的湿度会影响培养基的湿度，培养室湿度太低，培养基易失水、干裂而使培养基组分发生变化，不能满足生长要求而影响生长，湿度过高则培养基容易滋生霉菌造成污染，培养室的相对湿度一般控制在 50%～60%。

三、光照

光照对植物细胞、组织、器官的生长和分化影响较大，主要表现在光照度、光质和光周期等方面。一般培养室的光照度控制在 1 000～6 000 lx，不同植物或同一植物的不同生长时期对光照度的要求不同，但大多数植物在有光时均生长分化良好。

光质（光谱）影响植物细胞分裂和器官分化，对愈伤组织的诱导、增殖及器官分化也有显著影响，如红光和绿光下培养的烟草加入 IAA 促进生长效果比蓝光好，因为蓝光可分解 IAA；红光对烟草的芽苗分化起促进作用。铁皮石斛在蓝光下培养生长优于其他光照条件下的培养。

大多数植物对光周期较为敏感。$13～18\ h \cdot d^{-1}$ 光照有利于大蒜鳞茎形成，而

$8 \text{ h} \cdot \text{d}^{-1}$ 光照条件下有的品种根本不能形成鳞茎。植物组织培养中常使用的光周期是光照 16 h，黑暗 8 h。

四、气体

无论固体培养还是液体培养，试管苗的生长和繁殖均需要氧气，否则会导致培养物缺氧而死。因此，液体培养时需进行旋转振荡培养或浅层培养以保证充足的氧气供应。继代培养中烘烤培养容器口的时间过长、培养基激素含量过高等均会诱导乙烯的合成，而高浓度乙烯会抑制培养物的生长和分化，培养物呈无组织和结构的增殖现象，导致培养物不能进行正常的形态发生。此外，植物生长代谢过程中产生的二氧化碳、乙醇、乙醛等物质，浓度过高也会抑制培养物的生长和发育。

五、培养基的渗透压

培养基的渗透压主要影响植物养分的吸收，只有当培养基中各组分的浓度低于植物细胞内浓度时，根据渗透作用植物细胞才能从培养基中吸取养分和水分。常用蔗糖、葡萄糖和果糖调节培养基的渗透压，多数植物对糖含量的要求一般为 $20 \sim 60 \text{ g} \cdot \text{L}^{-1}$，根分化只需 $20 \sim 30 \text{ g} \cdot \text{L}^{-1}$，体胚发生需要大量的糖，一般最高可达 $150 \text{ g} \cdot \text{L}^{-1}$。

六、培养基 pH

不同植物材料对 pH 的耐受性差异较大，pH 不仅影响培养基的硬度，还影响植物对培养基组分的吸收，因此配制培养基时要调节培养基的 pH。大多数微酸性环境适应性较好，培养基的 pH 一般控制在 5.6 ~ 6.0。生长在酸性土壤的植物材料可适当降低培养基 pH，随着植物对培养基中营养物金属离子的吸收，pH 会降低，因此在植物培养一段时间后应选择更换培养基，也可在条件允许的情况下增加培养基数量，并尽量选用营养吸收较均匀的培养基类型。

第四节　继代培养

将初代培养得到的无菌培养材料转移到新的培养基中，这种反复多次转接的培养阶段称为继代培养。继代培养是植物组培快繁过程的重要环节，而长期继代培养则是种质资源离体保存的必要手段。

一、继代培养的作用

植物在长期培养中，若不及时更换培养基则会出现培养基营养丧失，对植物生长发育产生不利影响，造成生长衰退的现象；培养容器体积充满，不利于植物呼吸和导致植物生长受限；培养过程中积累大量代谢产物，对植物组织产生毒害作用，阻止其进一步生长，因此当培养基使用一段时间后有必要对培养物进行继代培养。对来源于外植体所增殖的培养物（包括细胞、组织或器官）通过连续多次继代培养（即转瓶阶段、试管苗快繁、增殖阶段），可增殖 3～10 倍或更高。

对培养材料进行继代培养的目的是为了培养物增殖，快速扩大培养物群体，有利于工厂化育苗。

二、继代培养中的驯化现象和衰退现象

植物组织培养中的驯化现象是指在开始的继代培养中需要植物生长调节剂的植物材料，其后加入少量或不加入生长调节剂就可以生长。这可能是由于在继代培养中细胞积累了较多的植物生长调节剂，可供自身的生长发育，时间越长，对外源激素的依赖性越小。因此在继代培养中应注意继代培养的次数，并根据继代培养次数的增加适当减少外源生长调节剂的添加。但长期驯化对培养物的生长会造成不利的影响，如只长芽不长根，芽的增长倍数很高，但芽细弱，不利于生根壮苗，如铁皮石斛原球茎继代培养超过 5 次即会导致不生根的现象。

植物组织培养中的衰退现象是指培养材料经多次继代培养导致形态建成能力丧失、生长发育不良、再生能力降低和增殖率下降等现象。主要原因可能是由于长期愈伤组织分化使拟分生组织丧失，或形态发生能力减弱和丧失，与内源生长调节剂的减少或产生调节剂的能力丧失有关，或可能是细胞染色体出现畸变，染色体数目增加或丢失，导致分化能力和方向的变异。导致这种现象产生的因素可能有：

（1）植物材料　继代繁殖能力与培养植物的种类、品种、器官和着生部位密切相关。一般是草本植物 > 木本植物；被子植物 > 裸子植物；年幼材料 > 老年材料；刚分离的组织 > 已继代的组织；胚 > 营养体组织；芽 > 胚状体 > 愈伤组织。

（2）培养基和培养条件　培养基和培养条件对继代培养的影响很大，因此常通过改变培养基和培养条件来保持继代培养，如水仙鳞片基部再生子球的继代培养中，添加活性炭可使再生子球提高 1 倍至几倍。

（3）继代培养次数　继代培养次数因培养材料不同而异，有的材料长期继代培养可保持原有的再生能力和增殖率，如矮牵牛、非洲菊、蝴蝶兰等。有的材料经过一段时间继代培养后才有分化再生能力，而有的材料则随继代次数的增加分化再生能力下降，如杜鹃茎尖培养，通过连续继代培养，产生小枝数量开始增加，但在继代第 4 或第 5 代则下降，虽可用光照处理或在培养基中提高生长素浓度以减慢下降，但无法阻止，因此必须更换材料进行培养；铁皮石斛原球茎继代培养超过 5 次后，培养物的生根能力下降。在保持生长量和增殖倍数的同时，应尽量减少继代培养的代数，防止变异现象的发生而改变植物原有的特性。

（4）培养季节　有些植物的继代次数和季节关系密切，常表现为春季 > 秋季 > 夏季 > 冬季。球根类繁殖和胚培养时，就要注意继代培养不能增殖，是由于球根类植物进入休眠状态，可加入赤霉素和进行低温处理打破休眠。

（5）增殖系数调控　一般能达到每月继代增殖 3～10 倍，即可大量繁殖，盲目追求过高增殖倍数会导致所产生的苗小而弱，给生根、移栽带来很大困难；也可能会引起遗传性不稳定。因此要合理控制增殖倍数，形成有效试管苗，以达到最佳效果。

（6）继代培养时间的长短　有的植物材料经过一定时间继代培养后才有分化再生能力。有植物材料的经长期继代培养还可保持原来的再生能力和增殖率，如葡萄、月季等。有些植物材料随着继代时间的延长会降低分化和再生能力。增殖体大小与继代培养的时间长短也有关。一般增殖体大，继代培养时间为 3～4 周，而增殖体较小的继代培养时间则长达 5～6 周。需要通过具体试验找出增殖体大小对应的最适培养时间，以获得更多的有效繁殖体。

第五节　植物组培苗驯化和移栽

一、植物组培苗移栽难以成活的原因

植物组培苗生长培养的环境条件和外界的自然环境条件不尽相同，组培苗的形态和生理特征存在差异，主要特点是组培苗生长在高湿、低透气、弱光、恒温、充足养分的条件下，形成了试管苗根、茎、叶特有的形态结构和生物学特性，存在一定的脆弱性，在移栽过程中很容易死亡，造成极大的经济损失。

第一，在高湿、弱光和低透气条件下分化和生长的叶片，其叶绿素含量和保卫细胞含量少，叶片嫩且薄，导致组培苗的光合作用能力极低，容易被自然光灼伤。

第二，组培苗茎较细弱，组织幼嫩，结构不紧密，细胞含水量高，内含物较少，机械组织很不发达，移栽过程中易发生机械损伤，降低成活率。生长在无菌培养瓶内的组培苗抗病虫能力较弱，易染病，如果直接移栽到田间或大棚环境中，极易失水发生萎蔫，或染病导致死亡。

第三，组培苗在无菌的环境中生长，对外界细菌、真菌的抵御能力极差，为了提高其成活率，需对移栽驯化基质进行灭菌，在移栽基质中可掺入 750 g·L^{-1} 百菌清可湿性粉剂 200～500 倍液进行灭菌处理。

因此，为了提高移栽组培苗的成活率，有必要在移栽前对组培苗进行驯化。

二、植物组培苗的驯化

植物组培苗长期生长在试管或组培瓶中，体表几乎没有保护组织，生长势弱，适应性差，要露地移栽成活，完成"异养"至"自养"的转变，需要一个逐渐适应的过程即驯化过程（acclimatization）（图 2-2），在移栽前要对组培苗进行适当锻炼，使植株生长健壮、叶片浓绿，抗性和对外界环境的适应能力增强，以提高移栽成活率。

植物组培苗驯化主要有两个阶段：

第一阶段，组培苗出苗前，在驯化室或组培室瓶内驯化 10～20 d，逐渐加强光照，打开封口增加通气性，逐步适应外界的环境条件，注意组培苗不能离开培养瓶。此间，驯化室或组培室后 5～7 d 洗去培养基，再用低浓度生根粉溶液浸泡根部 5 min 左右。

第二阶段，将组培苗移栽至营养钵或苗床，经过一段时间保湿和遮光的瓶外驯化。

图 2-2　组培苗驯化

经不同程序、不同培养基、不同继代次数及不同发生方式获得的组培苗，健壮苗要求根与茎的维管束连通，植株根系粗壮，有较多不定根，以扩大根系的吸收面积，增强根系吸收功能，提高移栽成活率。植物组培苗驯化的时间、时机和方式因不同植株而异。

三、植物组培苗的移栽

组培苗经过一段时间驯化后已适应自然环境条件，即可进行移栽。移栽方式有容器移栽和大田移栽。容器移栽指将驯化后的组培苗移栽到带基质的穴盘、营养钵等育苗容器中，可根据幼苗的大小选择不同的穴盘。大田移栽指驯化后的幼苗移栽到大田进行生产（图 2-3）。常选择疏松透气、具保水性、容易灭菌且不利于杂菌滋生的移栽基质，常用的基质有颗粒状的蛭石、珍珠岩、粗沙、炉灰渣、谷壳、锯末、腐殖土或营养土等，根据植物种类特性，常以一定比例的基质混合使用。

移栽前，先将基质浇透水，最好让植株根舒展开种植在基质上，防止弄伤幼苗。移栽时，先用镊子小心地将组培苗从培养瓶中取出，勿损伤根系，轻轻清洗干净根部黏附的培养基，不要伤根伤苗。由于固体培养基中含有多种营养成分，如果清除不干净，一旦条件适宜，微生物就会很快滋生，影响植株的生长，甚至导致烂根死亡。种植时幼苗深度应适宜，不能过深或过浅，覆土后需把苗周围

图 2-3　组培苗移栽及栽后管理

基质压实，也可将容器摇动几下待基质紧实即可，以防损伤组培苗的细弱根系和根毛。

四、植物组培苗移栽的注意事项

第一，从组培瓶中取苗时，为了防止折断苗根，损伤植株，用力不能太猛。如果培养基太干燥可先用清水浸泡一段时间，等培养基变软再取苗。

第二，清洗组培苗时，用力要轻，将附于根上的培养基和松散的愈伤组织清理干净，否则会导致霉菌污染而烂根。

第三，选择疏松、排水性和透气性好的基质，如蛭石、珍珠岩、粗沙、炉灰渣、谷壳和锯末等，最好使用理化性质好的复合基质。使用基质时要彻底灭菌，尤其是重复使用过的基质，可用 $3 \sim 5 \ g \cdot L^{-1}$ 高锰酸钾或 $175\,^{\circ}\!C$ 高温灭菌。基质的湿度不能太大，否则会导致通气不良，影响根的发育，进而导致烂根甚至秧苗死亡。

第四，应在无风阴湿的天气移栽，空气湿度和光照条件是组培苗能否移栽成活的重要因素，移栽的小苗应进行短期遮阴，经一般时间的适应生长后，才能逐步加强光照，以慢慢适应自然环境。

五、移栽后管理

植物组培苗能否移栽成功，移栽后的管理尤其重要，需要注意以下几点：

1. 保持小苗的水分供需平衡

植物组培苗移栽初期要提高周围空气相对湿度（90%~100%），减少叶面水分蒸腾，尽量接近培养瓶内的条件，才能保证小苗的成活。为保持小苗的水分供需平衡，湿度要求较高，营养钵的培养基质和苗床面必须浇透水，再搭设小拱棚提高空气湿度，减少水分蒸发，初期需经常喷雾，保持拱棚膜有水珠出现，当发现小苗有明显的生长趋势时，可减少喷水次数，定期打开拱棚通风，使小苗逐步适应湿度较小的环境条件，约 15 d 后可揭去拱棚的薄膜，并进行水分控制，逐渐减少浇水或不浇水，促进小苗生长。

同时，适当控制水分，移栽后第一次浇水必须浇透，但平时浇水要适量，勤观察，保持土壤湿润，夏天需喷与浇相结合，既可提高湿度，又可降低温度，防止高温伤害。

此外，还需注意适当透气，尤其是在高温季节，高湿的条件下幼苗得病而死亡。应根据植物种类与气候条件确定保湿时间的长短，一般木本植物和干旱季节的保湿时间可相对长些，反之则短，一般 1 周左右即可。保湿拱棚揭开后还应适当在苗上喷水，以利于植株的生长和根系的充分发育。

2. 防止菌类滋生

植物组培苗在培养瓶内的生长环境是无菌的，而移栽后很难保持完全无菌，因此在移栽时应尽量避免菌类的大量滋生，保证组培苗的移栽成活，提高成活率。

对基质进行高温高压灭菌、烘烤灭菌或药剂消毒均可有效防止菌类滋生，保护幼苗。如 800~1 000 倍多菌灵、托布津等，7~10 d 喷药一次。此外移苗时还应注意尽量少伤苗，伤口过多、根损伤过多，易导致死苗，组培苗移栽一周后，可施稀薄的肥水，视苗大小，浓度可由 $1 g \cdot L^{-1}$ 提高到 $3 g \cdot L^{-1}$ 左右，也可用 1/2MS 水平大量元素水溶液作追肥，以加快幼苗的生长与成活，增强抗性，有效抑制菌类的生长。

3. 保持一定的光温条件

组培瓶内培养物主要靠异养生活，出瓶后须靠自身进行光合作用维持生存，因此光照度不宜太弱，以强度较高的散射光较好，最好能够调节，根据苗的壮弱、喜光或喜阴、种植成活的程度而定，一般为 1 500 ~ 4 000 lx 甚至 1 500 ~ 10 000 lx，过强会破坏叶绿素，引起叶片失绿、发黄或发白，使小苗成活延缓；或会加强蒸腾作用破坏水分平衡，引起大量幼苗失水萎蔫死亡。

一般组培苗移栽初期可用较弱的光照，在小拱棚上加盖遮阳网，以防阳光灼烧小苗，并减少水分的蒸发；夏季先在荫棚下过渡，当小植株开始生长时，逐渐加强光照，后期可直接利用自然光照，促进光合作用产物的积累，增强抗性，促进移栽小苗的成活。

温度是导致组培苗移栽成活的主要因素之一。不同植物种类移栽所需的适宜温度不同，一般喜温植物以 25℃ 左右为宜，喜冷植物以 18 ~ 20℃ 为宜。温度过高会导致蒸腾作用增强、水分失衡以及菌类滋生，温度过低则导致幼苗生长迟缓或不易成活；一般组培苗夏季移栽时需先放在阴凉处，冬天则要先在温室过渡一段时间，以免由于温度过高或过低引起植株死亡，如有良好的设备或配合适宜的季节，可使移栽基质温度略高于空气温度 2 ~ 3℃，则更有利于生根和促进根系的发育，提高成活率。

4. 保持基质的通气性

具有良好疏松透性的移栽基质有利于植株根系的发育。一般选择疏松通气，具有适宜的保水性，容易灭菌处理且不利于杂菌滋生的栽培基质。栽培基质一般不重复使用，如重复使用，则应在使用前进行灭菌处理。同时日常管理中要注意浇水不宜过多，并及时沥除过多水分，以利于根系的呼吸，有利于植株的生根成活；此外，注意经常松土，以保持基质疏松透气，松土时必须小心操作，切勿损伤根系，所用工具的大小应视容器大小而定，一般用细竹筷。

5. 防风雨的影响

植物组培苗一般应在无风的地方进行移栽，同时移栽初期应注意避免大雨袭击，以减少移栽损失。在规模化生产的过渡培养温室内配置温度、光照、湿度等调节设备，可保障组培苗移栽的成活率。

综上所述，组培苗在移栽过程中只要精心养护，控制好水分平衡、菌类滋生、光照和湿度、基质通气性等条件，大多会苗壮成长，使移栽获得成功。

第六节　植物组织培养常见问题

植物组织培养过程中常常会出现培养物污染、褐变、玻璃化等问题，均会影响植物组织培养再生体系的建立，还会导致生产成本过高。

一、培养物污染

培养物污染是指在组培过程中由于真菌、细菌等微生物的侵染，培养瓶中滋生大量菌斑，使培养材料不能正常生长和发育的现象。根据病原菌不同，菌类污染可分为细菌污染和真菌污染两大类。

（一）细菌污染

1. 污染现象

细菌污染发生在外植体接种后，30℃左右培养 1～2 d 后，培养基表面或培养材料周围出现黏液、浑浊状水渍、云雾痕迹或泡沫等，多呈乳白色或橙黄色，这类病原菌呈现杆状或球状（图 2-4）。

图 2-4　细菌污染

2. 产生细菌污染的原因和预防措施

（1）外植体消毒不彻底　最初从室外或室内选取的外植体材料，都不同程度地带有各种微生物，通常多年生木本植物、老的材料、田间生长的材料、地下部分材料、一年中雨季材料带菌多，并且有些病菌可以侵入材料内部，即使采取表面消毒措施，也难以杀掉所有的病菌，从而造成严重的污染现象。

为避免外植体带菌，要认真对待外植体取材包括取材部位、年龄、季节、大小、外植体清洗、消毒和接种等所有环节的工作。最好选择生长健壮、无病的外植体；在晴天的下午或中午取材料；在室内进行预培养；选择适当的外植体消毒方法；在培养基中添加合适的抗生素。此外，外植体材料经消毒后，可能很多材料仍带菌，培养 1～2 d 后就开始长菌，需要及时检查并立即淘汰，否则会出现交叉污染。因此在初代培养接种时尽可能做到一个培养瓶只接种一个外植体，避免相互感染。

（2）培养基灭菌不彻底　高压蒸汽灭菌的湿度、压力、时间和操作的规范性，过滤灭菌的过滤膜孔径、过滤灭菌器械的灭菌处理和操作等都会影响培养基的灭菌效果。

为避免培养基灭菌不彻底造成的污染，培养基灭菌要求在 121℃灭菌 18～30 min，同时在灭菌过程中要将高压锅内的冷空气排尽。

（3）操作器具灭菌不彻底　接种过程中采用高压蒸汽灭菌或灼烧灭菌两种方式对操作器具进行灭菌，其中灼烧方法灭菌时间不易控制，也可能造成操作器具的污染。

接种时，接种器具经充分高温灭菌后，要特别小心勿接触污染物，因此接种时，接种器具每使用一次，要求彻底灭菌一次。

（4）操作人员操作时讲话或呼吸不注意，细菌接触到材料或器具，或手接触到器皿边缘，均可导致细菌污染。

接种前操作人员要用肥皂认真洗手，并用 70%～75% 乙醇消毒，在操作期间应戴口罩、穿工作衣、换工作鞋，禁止讲话、咳嗽；接种者应当熟练掌握操作技术，做到操作规范、熟练，以降低污染概率。

（二）真菌污染

1. 污染现象

培养基上长霉，呈白色、黄色、黑色或红色等，一般接种后于 30℃ 左右培养 3～10 d 即可发现（图 2-5）。

图 2-5 真菌污染

2. 产生真菌污染的原因

（1）接种室内空气不清洁和空气污染、超净工作台过滤装置失效、操作不慎等。

（2）培养瓶瓶口过大，或操作人员打开瓶盖或封口膜时，使瓶口边缘的真菌孢子掉入培养瓶内，造成污染。

3. 控制真菌污染的措施

（1）接种室和培养室要用紫外线灯或臭氧机进行定期灭菌，此外，接种前要用紫外线灯照射灭菌或用循环风紫外灭菌机进行灭菌。

（2）定期对超净工作台过滤器进行清洗和更换，防止超净过滤器工作失效，每次使用前提前 15～20 min 开机预处理，并用 70% 乙醇对台面进行喷雾消毒。

（3）在接种前严格操作，打开瓶盖或封口膜时，动作要轻缓；接种时培养瓶要拿成斜角，避免空气中的真菌孢子落入培养瓶内。

（4）及时清洗培养瓶，使用过的培养瓶应及时清洗，否则残留的培养基会滋生大量微生物；已污染的培养瓶不能随便就地清洗，必须经高压灭菌彻底杀死微生物后再进行清洗。

二、褐变现象

褐变现象是指在植物组织培养过程中，外植体材料向培养基中释放褐色物质，导致培养基逐渐变成褐色，外植体随之变褐而死亡的现象。主要原因是由于植物体内含有较多的酚类化合物，在完整植物体的细胞中，酚类化合物与多酚氧化酶分割存在，因而比较稳定。当外植体切割受伤后，切口附近细胞的分割效应被打破，植物组织中的多酚氧化酶被激活，而使细胞的代谢发生变化，酚类物质被多酚氧化酶氧化后产生棕褐色的醌类物质。褐变产物不仅使外植体、培养基褐变，而且对许多酶有抑制作用，引起其他酶系统失活，导致组织代谢紊乱，从而影响培养植物生长与分化，严重时导致死亡。

（一）产生褐变的因素

引起外植体褐变的因素比较复杂，常随植物种类、基因型、外植体年龄、取材时间和部位及培养条件等不同表现出不同的反应。

1. 植物种类和品种

不同植物、同种植物不同类型和不同品种的组织培养过程中，褐变发生的概率和严重程度存在很大差异。一般来讲，单宁含量高的植物容易褐变，木本植物比草本植物更容易发生褐变，而多年生草本植物本比一年生草本植物更容易发生褐变。

2. 外植体取材时间和部位

由于植物体内酚类化合物含量和多酚氧化酶的活性在不同的生长季节不相同，一般在生长季节含有较多的酚类化合物，即春季萌动时植物体内含有的酚类物质相对较少，随着夏秋季节的到来，酚类物质含量增加，多酚氧化酶的活性也逐渐增强，褐变现象更加严重，因而一般都选择在早春取材。

不同部位的外植体的褐变程度也不同，一般幼嫩茎尖比其他部位褐变程度低，木质化程度高的茎段表面消毒后褐变现象更严重。

3. 外植体材料的年龄和生理状态

外植体材料的生理年龄与接种后褐变现象密切相关，一般外植体老化程度越高，木质素含量也越高，越容易褐变；成龄材料酚类物质含量较多，比幼龄材料褐变严重。

4. 外植体大小和受伤程度

外植体材料越小越容易发生褐变，相对较大的材料出现褐变较轻；外植体材料切口越大，酚类物质被氧化面积越大，褐变程度越严重，因此，在切取外植体时，应尽可能减小其受伤面积，减轻褐变的发生。

5. 化学消毒剂

外植体表面消毒时所使用的化学消毒剂及较长消毒时间也会加重褐变现象，对不易褐变的种类，用氯化汞消毒后，一般不会引起褐变；而用次氯酸钠消毒，则很容易产生褐变现象。

6. 培养基

培养基的成分、pH 和硬度均影响褐变的发生。一般培养基的无机盐浓度过高会引起酚类物质大量产生，导致褐变；细胞分裂素水平过高也会刺激某些外植体多酚氧化酶的活性，从而加深褐变现象；液体培养可有效抑制褐变现象的发生；培养基硬度大，褐变率降低，而培养基硬度小，组织褐变加重。水稻体细胞培养中，pH 为 4.5～5.0 时，MS 液体培养基可保持愈伤组织处于良好的生长状态，表面呈黄白色；而 pH 为 5.5～6.0 时，愈伤组织严重褐变。

7. 培养条件

温度、光照和培养时间的长短对褐变有一定的影响。高温可促进酚类物质的氧化，而低温则能有效抑制酚类物质的合成，降低多酚氧化酶的活性，从而减轻褐变。由于光照可以提高多酚氧化酶的活性，从而促进培养物的褐变，因此在初代培养时，对外植体进行遮光处理，再切取外植体培养，能够有效抑制褐变的发生，遮光抑制主要是因为氧化过程中，许多反应受酶系统控制，而酶系统活性受光照影响；但培养时间过长会降低外植体的生活能力，甚至引起死亡。此外，培养材料时间过长，会引起褐变物的积累，加重对培养材料的伤害，甚至引起培养材料死亡。

（二）克服褐变现象的措施

1. 选择合适的外植体和培养条件

不同时期和年龄的外植体在培养中褐变程度不同，选择适当的外植体是克服外植体褐变的重要手段。处于旺盛生长状态的外植体具有较强的分生能力，褐变程度低；长期生长在遮阳处的外植体比全光照下生长的外植体褐变程度低，腋生枝上的顶芽比其他部位枝的顶芽褐变率低，因此尽量选择褐变程度低的品种和部位作为外植体。由于光照会提高多酚氧化酶的活性，促进多酚氧化物质的氧化，因此，初期在黑暗或弱光下进行培养可防止褐变现象的发生。培养温度不能过高，或采用液体培养基纸桥培养可使外植体溢出的有毒物质很快扩散到液体培养基中，可有效防止褐变现象的产生。

2. 对外植体进行预处理

对易褐变的外植体材料进行预处理可有效减轻褐变现象的发生。对外植体进行流水冲洗处理后，于 5～10℃低温处理一段时间，消毒后先接种在只含有蔗糖的琼脂培养基中培养 5～7 d，使组织中的酚类物质先部分渗入培养基中，取出外植体再用消毒剂进行消毒，再接种，可完全抑制褐变现象的发生。此外，还可用 $1\ g \cdot L^{-1}$ 8- 羟基喹啉、硫酸盐、PVP 处理外植体，均可以有效地防止外植体褐变。

3. 添加褐变抑制剂和吸附剂

在培养基中添加硫代硫酸钠、维生素 C、PVP（聚乙烯吡咯烷酮）等抗氧化剂可减轻外植体的褐变程度。在培养基中添加偏二亚硫酸钠、亚硫酸盐、硫脲等物质都可以直接抑制酶的活性，它们与反应中间体直接作用，阻止中间体参与反应形成褐色色素，或作为还原剂促进醌类物质向酚类物质的转变，同时还通过羧基中间体反应，抑制非酶促褐变。柠檬酸、苹果酸和 α- 酮戊二酸能显著增强某些还原剂对多酚氧化酶活性的抑制作用，从而防止褐变发生。添加一定浓度的活性炭可吸附培养物在培养过程中分泌的酚类和醌类物质，减轻褐变的危害。

4. 连续继代培养

对容易褐变的植物材料，在外植体接种 1～2 d 时立即转移到新鲜培养基上，连续处理 7~10 d，可减轻酚类物质对培养基的毒害作用，褐变现象便会得到控制或大大减轻。

三、玻璃化现象

玻璃化现象是指植物组织培养过程中组培苗的嫩茎、叶片呈半透明水渍状，外观形态异常的现象。玻璃化是一种生理病害，包括茎叶半透明状、墨绿色、水渍状等现象，出现玻璃化的茎叶表面完全无蜡质，导致细胞丧失持水能力，细胞内水分大量外渗，增加植株水分的散发和蒸腾，极易造成植株死亡。组培苗玻璃化现象严重了影响植物组织培养的效率，造成人力、物力、财力的极大浪费，成为当今植物组培工作尤其是工厂化生产和试管离体保存的一大障碍。

玻璃化苗是在芽分化启动后的生长过程中，碳、氮代谢和水分发生生理性异常所引起，实质是植物细胞分裂与体积增大的速度超过干物质生产与累积的速度，植物细胞含有大量水分，从而表现玻璃化。玻璃化苗绝大多数来自茎尖或茎切段培养物的不定芽，仅极少数玻璃化苗来自愈伤组织的再生芽，已成长的组织、器官不可能再玻璃化。已经玻璃化的组培苗随着培养物和培养环境在培养过程中的变化有可能逆转，亦可通过诱导组织形成而再生成正常苗。造成玻璃化现象的原因包括细胞分裂素浓度过高或细胞分裂素与生长素相对含量高、琼脂和蔗糖浓度过低、温度过高、光照时间不足及通气不良等不良培养环境，使组培苗含水量过高，茎叶透明，出现畸形的现象。

1. 影响玻璃化发生的因素

（1）培养基成分　培养基中离子种类比例不适合可能会造成组培苗玻璃化现象的发生。培养基中 NH_4^+ 过多容易导致组培苗玻璃化发生；如月季组培时 MS 培养基中减少 3/4 NH_4NO_3 或不添加 NH_4NO_3 能显著减轻玻璃化苗的产生；此外增加琼脂用量可降低培养瓶内湿度，明显减少玻璃化苗的产生，但培养基太硬会影响养分的吸收，使组培苗的生长速度减慢。

（2）植物生长调节剂　细胞分裂素和生长素比例失调，细胞分裂素占比显著升高，使组培苗正常生长所需的生长调节剂的水平失衡，也会导致玻璃化苗的发生。但在培养基中添加少量聚乙烯醇、脱落酸等物质，能够在一定程度上减轻玻璃化的现象发生。

（3）培养条件　温度、湿度和光照等培养条件均会导致玻璃化苗的产生。由于培养瓶内空气温度过高，透气性差会导致试管苗的茎、叶表面无蜡质，体内的极性化合物水平较高，细胞持水量差，植株蒸腾作用强，无法进行正常移栽。随着培养温度的升高，组培苗的生长速度明显加快，但达到一定限度后，高温会对正常的生长和代谢发生不良影响，促进组培苗玻璃化的发生。变温培养时，温度变化幅度大，温度忽高忽低容易在培养瓶内形成小水滴，增加容器内湿度，进而提高玻璃化苗的发生率；此外，光照不足再加上高温，极易引起组培苗的过度生长，加速玻璃化的发生。

2. 预防措施

植物组培苗玻璃化是组培过程中的难题之一，玻璃化问题的解决将有助于提高整个植物组织培养的科学水平和经济效益，因此，实际工作中有必要采取措施使组培苗的玻璃化现象降低到最低限度，直至消除玻璃化现象。

（1）改良培养基成分　适当控制培养基中无机营养成分，降低培养基中氮素含量尤其铵态氮浓度，提高硝态氮浓度，可减少玻璃化苗比例；适当提高培养基中蔗糖含量，可降低培养基的渗透势，以免外植体从培养基获得过多的水分；而适当提高培养基中琼脂的含量，可降低培养基的供水能力，造成细胞吸水阻遏，此外，还可降低培养基中细胞分裂素含量，加入适量脱落酸，添加间苯三酚、根皮苷或马铃薯提取液、多效唑或矮壮素等均可有效减轻或防止组培苗玻璃化的产生。

（2）改善培养条件　提高光照度、适当延长光照时间、充分利用自然光可以减低玻璃化苗发生频率，这是因为自然光中的紫外线能促进组培苗成熟，加快木质化；但光照时间不宜过长，大多数植物以 8~12 h 为宜，光照度在 1 000~1 800 lx，就可满足植物生长的要求。

如果培养室温度过低，应采取增温措施，此外，热激处理可适当防止玻璃化现象的发生，同时还能提高愈伤组织芽分化的频率。常用通气好的封口膜或瓶盖来增加容器通风，降低培养瓶内湿度和乙烯含量，改善空气交换状况。

四、遗传稳定性

遗传稳定性，是指要保持原有良种的特性。

（一）影响遗传稳定性的因素

植物组织培养过程中，培养材料的基因型、继代次数、发生方式和植物生长调节剂的浓度均会导致培养材料发生芽变等变异。自然芽发生频率一般约为 10^{-6}，自然芽体较大，变异发生后，由于层间取代等原因，变异细胞被正常细胞取代，因而成活机会较少。但在组培条件下会出现体细胞变异（somatic variation），变异发生频率因繁殖材料不同而异，使用原生质体、单细胞进行培养，变异频率最高，可达 90%；使用茎芽、茎段进行培养，变异频率最低，约为 0.001%；使用愈伤组织进行培养，变异频率介于两者之间。

自然条件下无性繁殖速度较慢，突变体繁殖数量较小。但离体快繁过程中，由于繁殖速度快，以年生产百万株的繁殖速度，变异培养物很容易表现出来，且随着继代培养次数的增加，变异试管苗有可能被大量繁殖，容易造成繁殖群体商品性状不一致，而影响快繁植株的商业化应用。

（二）提高遗传稳定性的措施

（1）植物组织培养快速繁殖时，应尽量采用不易发生体细胞变异的增殖途径，以减少或避免植物个体或细胞发生变异，如采用生长点培养、腋芽增殖和胚状体途径，可有效减少变异。

（2）取幼龄的外植体材料，缩短继代时间，限制继代次数，每隔一定继代次数后，重新接种新的外植体进行继代培养。

（3）培养基中采用适当的生长调节剂种类和较低的浓度；减少或不使用容易引起诱变的化学物质。

（4）定期检测，及时剔除生理、形态异常苗，并进行多年跟踪检测，调查再生植株开花结实特性，以确定其生物学形状和经济形状是否稳定。

（5）对已成功建立的无菌培养材料使用有限繁殖代数，定期从原植株上采集新的外植体以更换长期继代的无菌培养材料。

思考与讨论题

1. 植物组培快繁的定义和意义是什么？

2. 简述植物组培快繁技术的培养程序。

3. 植物组织培养中常出现的问题是什么？

4. 植物离体快繁的影响因素有哪些？

5. 什么是培养物污染？污染的原因及预防措施有哪些？

6. 茎段培养的目的是什么？有哪些优点？

7. 继代培养基和生根培养基有什么异同？如何移栽生根试管苗才能提高其成活率？

8. 现在需要你配制 2 L 铁皮石斛的 MS 固体培养基，请阐述从母液配制、培养基的配制和分装直到灭菌的全部技术过程。

数字课程资源

视频讲解　　教学课件　　彩图　　自测题、

第三章
植物体细胞胚发生

知识图谱

植物体细胞胚（somatic embryo，以下简称"体胚"），也称为胚状体，是指在自然或离体培养条件下没有经过受精过程而形成的胚胎类似物。体胚在形态上与合子胚相似，具有两极性并具有典型的合子胚所应有的器官。在自然条件下，体胚发生比较罕见，如芍药属（Paeonia）植物的体胚发生在胚珠（ovule）中，铁角蕨属（Asplenium）和伽蓝菜属（Kalanchoe）等的体胚发生在叶片上。离体培养条件下，体胚发生已被证明是植物组培系统广泛而具特征性的一种潜能。在过去的半个多世纪中，已在大量植物中实现了体胚发生，且新的植物种类和培养方法仍不断地被报道。目前，植物体胚发生已成为植物胚胎学研究中的一个模式体系，可广泛应用于生物反应器进行大规模快繁、基因库建立以及基因转化等领域的研究。

第一节　植物体细胞胚形态建成及结构特征

一、植物体细胞胚形态建成途径及起源方式

植物离体培养中体胚发生有两种方式：一是植物外植体的组织或细胞不经过愈伤组织阶段而直接诱导分化成体胚，即直接发生途径。一般认为该途径中是由原来就存在于外植体中的胚性细胞经培养后直接进行胚胎发生而形成体胚。如核桃、槐树等的体胚发生途径（图 3-1A、B）；体胚再生植株表皮细胞中含有预胚胎决定细胞，有时甚至不需要借助外源生长调节剂的作用，即可在合适条件下直接进行体胚发生，如胡萝卜和石龙芮等。二是外植体的细胞先脱分化形成愈伤组织再分化形成体胚，为间接发生途径。大多数植物通过第二种途径进行体胚发生，如山核桃、烟草等（图 3-1C、D）。植物经过何种途径形成体胚，除与外植体类型有关外，还与基本培养基类型、培养基中的激素组成及配比等密切相关。此外，体胚直接发生途径和间接发生途径有时很难严格地区分，或两种发生途径同时存在。到目前为止，科学家们在探索植物体胚的形态建成方面已取得了很大进展。

图 3-1　体胚直接发生与间接发生形态
A. 体胚从核桃幼胚子叶表面直接发生（张启香摄）；B. 体胚从烟草叶表皮直接发生（引自 Quiroz-Figueroa et al., 2006）；C. 体胚从山核桃愈伤组织间接发生（引自张启香等，2011）；D. 体胚从烟草愈伤组织间接发生（引自 Quiroz-Figueroa et al., 2006）

　　植物体胚的细胞起源是植物胚胎学、发育生物学及细胞遗传学研究的一个重要方面。目前，大多数研究认为植物体胚与合子胚相似，起源于单细胞，例如水稻、糜子、花生、四合木等植物体胚是由单细胞起源，可观察到单个胚性原始细胞及后续的二细胞、四细胞、八细胞原胚，有些具胚柄的则可以看到三细胞、五细胞原胚。然而，关于植物体胚也有多细胞起源的报道，即植物体胚可由胚性细胞复合体的全部或一部分细胞构成，但是能够发育成体胚的这些细胞团或胚性细胞复合体最初可能是由一个单细胞多次连续分裂和生长形成，只不过在产生体胚之前经历了一个无序分裂而形成胚性细胞复合体的过程。悬浮培养的枸杞细胞先分裂成细胞团，再由一些胚性细胞团发育形成一个或几个体胚。研究表明，在不同培养条件下，一种植物的体胚可经不同发生途径和不同起源方式形成，如花生成熟胚子叶在 2,4-D 和 TDZ 诱导下其体胚分别以直接发生、多细胞起源方式和间接发生、单细胞起源方式产生（图 3-2）。研究表明，以单细胞方式起源的体胚建立的遗传转化体系，可以有效地避免嵌合体的出现。

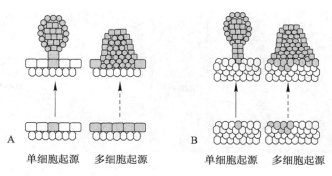

图 3-2　植物体胚的细胞起源示意图（引自
Quiroz-Figueroa et al., 2006）
A. 体胚直接发生；B. 体胚间接发生

二、植物体细胞胚形态特征

植物体胚建成与诱导器官发生型再生相比具有明显的特点，具体如下：

（一）体胚具有两极性

在植物体胚建成的早期就具有胚根和胚芽两极的存在，胚性细胞第一次分裂多为不均等分裂，形成顶细胞和基细胞，继而由较小的顶细胞继续分裂形成多细胞原胚，而较大的基细胞经过少数几次分裂成为胚柄部分，在形态上具有明显的极性，发育过程与合子胚相似（图 3-3）。体胚一经形成，多数可生长为小植株，成苗率高。因此，可将发育至一定时期的体胚制作成人工种子，以达到快速繁殖优良种质的目的。

（二）存在生理隔离

体胚形成后与母体植物或外植体的维管系统较少连接，出现生理隔离现象，与器官发生途径完全不同（不定根或不定芽往往与愈伤组织的维管组织连接）（图 3-4）。

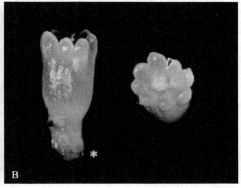

图 3-3　体细胞胚的两极性
A. 核桃体细胞胚（张启香摄）；B. 白云杉体细胞
胚（引自 Stasolla and Yeung, 2003）
（星号和箭头分别指形态学下端和形态学上端）

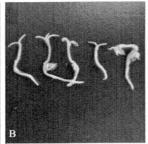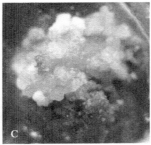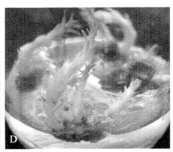

图 3-4 杉木体细胞胚发生与器官发生途径
A, B. 体胚发生与植株再生（引自 Zhou et al., 2016）; C, D. 器官发生与不定芽再生（引自 Hu et al., 2016）

（三）遗传性相对稳定

体胚是由那些未经过畸变的细胞或变异较小的细胞形成，并可以实现全能性表达，通过体胚形成的再生植株变异小于器官发生途径形成的再生植株。正是由于体胚的基因型与亲本相似，产生的后代植株表型也与亲本基本相同。因此，体胚可以制作成人工种子，不仅加速繁殖，且可保持优良种质的遗传稳定性。而器官发生途径再生植株一般要经过脱分化和再分化过程，发生变异的可能性较大，且诱导分化率和成苗率较低。

（四）重演合子胚形态发生的特性

合子胚是指由植物的雌雄配子融合形成合子继而发育形成的胚（图 3-5）。植物组织培养形态发生的几种方式中，体胚发生途径（图 3-6）是最能体现植物细胞全能性的一种方式，它不仅表明植物体细胞具有全套遗传信息，而且重演了合子胚形态发生的进程。

图 3-5 种子植物合子胚发育示意图（引自 Arnold et al., 2002）

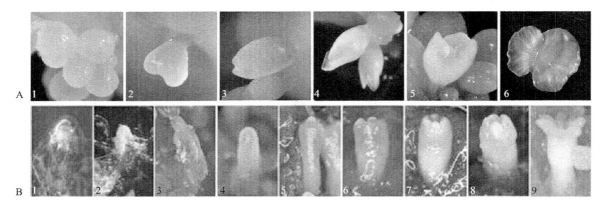

图 3-6 种子植物体细胞胚发育过程
A. 核桃体胚发育过程：1. 球形胚；2. 心形胚；3,4. 子叶胚；5. 早期子叶胚；6. 子叶胚（张启香摄）；
B. 云杉体胚发育过程：1~3. 原胚；4,5. 棒状胚；6~9. 子叶胚（引自 Pullman et al., 2003）

第二节　植物体细胞胚发生与植株再生

研究表明，植物体胚发生与植株再生一般来说需经过以下 4 个步骤：第一步，胚性培养物诱导，将外植体置于含植物生长调节剂（PGRs）的培养基中诱导培养，主要为生长素，也常含有细胞分裂素等，用于诱导形成能发生体细胞胚的胚性培养物；第二步，胚性培养物的增殖，将诱导培养产生的胚性培养物在含有与上述诱导期类似的 PGRs 的固体或液体培养基上使其增殖；第三步，体胚形成与成熟，将胚性培养物放置于无 PGRs 的培养基上，可抑制其增生，并刺激体胚的形成和早期发育，进一步将体胚接种至含 ABA 和（或）降低渗透势物质的培养基上促进体胚成熟；第四步，体胚植株再生，将成熟体胚接种至无 PGRs 的培养基上使其再生出植株。

一、胚性培养物诱导

植物胚性培养物的诱导和发生与植物材料、培养基类型及其组分、植物生长调节剂种类与浓度以及温度、光照等条件密切相关。

（一）植物材料

1. 基因型

基因型是影响植物体胚发生的重要内在因素之一，选择同一树种不同基因型的外植体，并且使用相同培养条件进行诱导试验时，其胚性组织诱导率也会存在很大差异。造成这一差异的原因可能是由于不同基因型的最适合诱导条件不同，也可能是由于基因型的不同导致其自身的诱导率存在差异。在诱导胚性组织时，体细胞脱离了整体，可以离体培养，转化为胚性组织，这一转化过程中由于基因型间存在遗传基础的差异，导致了基因的差异表达，因此，其胚性组织的诱导能力也出现了显著差异。

不同基因型的大豆体细胞胚发生率有显著差异。在大豆供试品种中，'垦丰23'的体细胞胚发生率最高，为 99.7%，'合丰 55'等基因型体细胞胚诱导率为 70%～90%，登科 4 等基因型无体细胞胚发生；'垦丰 23'的体细胞胚呈葡萄状、颜色鲜绿，每个未成熟子叶上体细胞胚的数量较多、无畸形胚，且每个体细胞胚是独立存在的，其他诱导率较高的基因型每个未成熟子叶分化体细胞胚的数目较少，且部分基因型含有畸形胚（图 3-7）。番木瓜和猕猴桃的两性体比雄性体更易产生体胚。在毛白杨的离体培养研究中发现，当外植体同时采用相同的消毒方法、培养基种类相同，或生长调节剂种类和浓度相同的条件下，不同基因型的体胚诱导率均存在显著差异。采用大小一致的外植体和相同培养条件诱导塞尔维亚云杉的 5 个品种体胚发生，其体胚诱导率各不相同，最高可达 18.7%，最低仅为 1.3%。同样，杂种落叶松的亲本选择对未成熟合子胚胚性培养物的诱导率也具有明显影响，当欧洲落叶松 267 作父本，日本落叶松 3016、3026 作母本时，其子代的胚性培养物诱导率较高；当欧洲落叶松 139 作父本时，母本不变，其子代的胚性培养物诱导率较低。日本落叶松 3026（母本）× 欧洲落叶松 267（父本）杂种的

图 3-7　不同品种大豆体细胞胚诱导（引自王鹏飞等，2013）

胚性培养物诱导率比欧洲落叶松 267（母本）× 日本落叶松 3026（父本）的高。

2. 外植体类型

选择合适的外植体是植物胚性组织能够成功诱导的一个重要环节。植物细胞的全能性是指植物体的每一个活细胞（包括根部、茎尖、叶片以及种子等各类组织细胞）均有可以发育形成完整植物体的潜能。然而，报道显示，同一种植物选择不同的外植体类型以及同一外植体类型选用不同的发育阶段材料为试材，进行诱导反应结果均有所不同。植物体中可作为外植体进行胚性培养物诱导的部分较多，如合子胚（图 3-8）、胚乳、胚珠、花序、花粉、根、茎、叶、下胚轴（图 3-9）、叶柄等做外植体都有成功诱导体胚的报道，但选用胚性感受态程度高（即分化程度低）的植物组织作为外植体，较易诱导出胚性细胞团并进一步分化形成体胚。在植物体胚发生中，胚性组织经常是由幼嫩组织诱导形成。有研究表明，针叶树体胚诱导产生胚性组织的最佳外植体是分化程度较低的组织，由于未成熟合子胚的细胞全能性高，且容易脱分化，因此未成熟的合子胚常作为针叶树种胚性组织诱导的外植体。

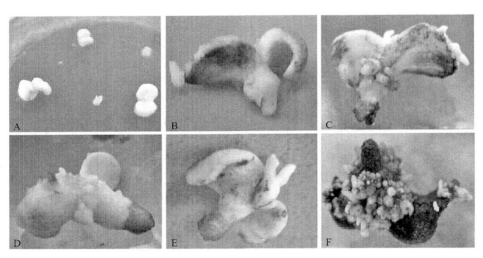

图 3-8　牡丹幼胚诱导体胚发生（引自周秀梅，2008）
A. 以牡丹幼胚为外植体诱导体胚发生；B,C. 体胚从子叶发生；D. 体胚从胚轴发生；E. 子叶胚发生；F. 体细胞胚团（黑色为活性炭）

此外，体胚发生的成功不仅依赖于外植体的来源和选择部位，而且与外植体的生长发育和生理状态密切相关。研究表明，不同发育时期的林木合子胚对体胚诱导有很大影响。以山核桃自然授粉后 10～12 周的未成熟合子胚作为外植体诱导体胚发生，随着幼胚逐渐成熟，胚性感受态下降，体胚诱导率下降。以不同品种核桃自然授粉后 7～11 周的未成熟合子胚为外植体，接种于附加 6-BA 和 KT 的 DKW 基本培养基中进行培养，体胚诱导率高达 86%～88%。欧洲落叶松合子胚的不同发育阶段也对体胚发生具明显影响，前子叶期合子胚及早期子叶合子胚比子叶期合子胚诱导胚性愈伤组织更容易。另外，成熟的体胚再诱导胚性培养物的频率较高。目前，含有合子胚的雌配子体是云杉属树种体胚起始的最有效外植

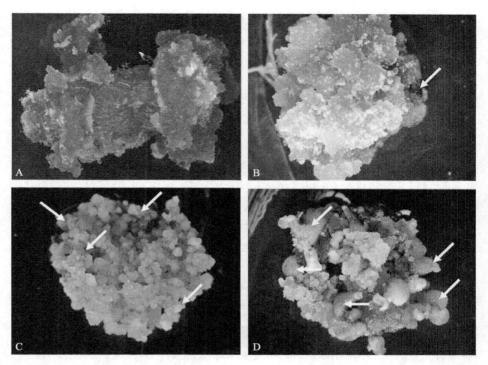

图 3-9 棉花下胚轴诱导体胚发生（引自程文翰，2016）
A. 以下胚轴为外植体诱导愈伤组织发生；B. 愈伤组织形成；C. 胚性愈伤
组织；D. 体胚形成

体。并且有研究证实，与成熟合子胚相比，以未成熟合子胚为外植体可获得更高
的诱导率。挪威云杉未成熟合子胚诱导形成胚性愈伤组织的能力要比成熟合子
胚高 40%～60%。粗枝云杉胚性愈伤组织诱导率随种子成熟程度的增加呈下降
趋势。

　　除合子胚外，胚珠、花药、茎尖、叶片、根尖等也可以作为诱导体胚发生的
外植体。以'嘎拉'苹果试管苗叶片为外植体，在附加 1.0 mg·L^{-1} BA、5.0 mg·L^{-1}
NAA、0.5 mg·L^{-1} 2,4-D 和 20 g·L^{-1} 蔗糖的 MS 固体培养基上可获得的胚性细
胞，再将其转入 1.0 mg·L^{-1} BA +20 g·L^{-1} 蔗糖的培养基上，65% 的叶片可以形成
体细胞胚。采集'嘎拉'苹果单核靠边期到双核早期的花药（未开放的花蕾），
低温处理后进行离体培养，经体胚诱导（体胚诱导率为 0.7%），可分化培养形成
再生苗，再经生根培养获得花药再生植株。

（二）基本培养基

　　外植体经采集、清洗、消毒处理后接种在培养基中诱导体胚发生。不同种类
植物的体胚发生一般需要选择不同的培养基。植物组织培养中常用的基本培养基
主要有 MS、DCR、SH、LM、N6、LP、WPM、DKW 等。

　　1. MS 培养基

　　MS 培养基是目前使用最为广泛的培养基。研究者认为，由于 MS 培养基含
有较高水平的 NH$_4$NO$_3$，对果树的体胚发生具有良好的促进作用。研究者在杂

交鹅掌楸的体胚发生研究中发现，以 MS 为基本培养基，对体胚的诱导最为有效。以刺槐成熟合子胚为外植体，采用 MS 培养基可诱导产生体胚。以 MS 为基本培养基，利用苹果叶片、珠心组织成功诱导出了胚性愈伤组织或体胚。在附加 3～15 mg·L^{-1} NAA 或 1.0 mg·L^{-1} NAA、1.0 mg·L^{-1} 2,4-D 的 MS 培养基中，蓝桉体胚诱导率可达 30%（图 3-10）。在附加 1.0 mg·L^{-1} 2,4-D、0.2 mg·L^{-1} KT、1.0 mg·L^{-1} 6-BA 的 MS 培养基中，百合体胚诱导率最高；进一步以 MS 为基本培养基，添加 IBA 可促进体细胞胚萌发成苗，体细胞胚植株再生的最佳培养基为附加 0.2 mg·L^{-1} 6-BA 和 1.0 mg·L^{-1} IBA 的 MS 培养基（图 3-11）。在 MS 附加 2.0 mg·L^{-1} 2,4-D 和 0.4～0.8 mg·L^{-1} BA 的培养基中，也可诱导出欧洲落叶松

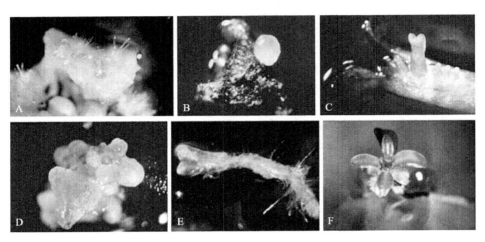

图 3-10　MS 培养基诱导蓝桉体胚发生（引自 Pinto et al., 2002）
A. 胚性愈伤组织；B. 球形胚；C. 鱼雷形胚；D. 体细胞胚团；E, F. 再生植株

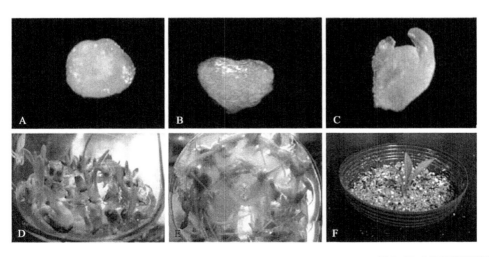

图 3-11　MS 培养基诱导百合体胚发生（引自翟彦等，2011）
A. 球形胚；B. 心形胚；C. 子叶胚；D, E. 体胚萌发；F. 植株再生

胚性培养物。

2. DCR 培养基

针叶树体胚诱导一般需要较低浓度的 NO_3^- 和 NH_4^+。因此，NO_3^- 和 NH_4^+ 浓度较低的 DCR 培养基在针叶树的组培中应用较多。在相同激素条件下，DCR 培养基对落叶松体胚的诱导效果明显优于 MS 培养基。将白皮松成熟合子胚接种于 DCR 培养基中，愈伤组织生长迅速，且具有较强的分化能力。采用 DCR 培养基对黑松和杉木未成熟合子胚进行诱导，成功建立了黑松和杉木的体胚发生体系（图 3-12）。

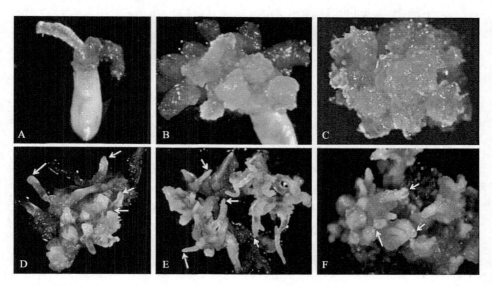

图 3-12　DCR 培养基诱导杉木体胚发生（引自 Zhou et al., 2017）
A～C. 胚性愈伤组织诱导；D～F. 体细胞胚发生

3. 其他培养基

培养基种类繁多，不同植物种类、不同发育阶段对基本培养基的选择也有物种特异性，MS 培养基在云杉属树种体胚诱导中起阻碍作用，一般常用 LP 培养基。相比其他培养基，LP 培养基钙盐含量较高，可以加速植物体内代谢，促进生长。北美云杉和红云杉体胚诱导的最适培养基是 1/2 LM。SH 培养基中的有机成分含量高于 LM 培养基 5 倍以上，在沙地云杉和香榧体胚研究中均有良好的应用（图 3-13）。WPM 培养基中阔叶乔木的初代培养效果较好。B5 培养基是文冠果愈伤组织诱导的最佳基本培养基，在弱光中悬浮培养容易形成体胚。DKW 培养基是核桃类植物体胚发生的最佳培养基，WPM 更适用于黑核桃。而柑橘在 MT 固体培养基上的愈伤组织生长速度与体细胞胚胎发生之间的比例最佳。

（三）植物生长调节剂

植物体是一个高度复杂的多细胞系统，植物的体细胞有着各自分工并且高度分化，它们相互协调配合行使功能，这些高度分化的细胞经分裂后只能产生特定

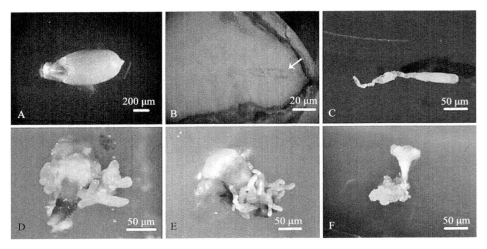

图 3-13　SH 培养基诱导香榧体胚发生（引自 Zhang et al., 2015）

A. 香榧种子；B. 香榧幼胚位于雌配子体内；C. 香榧幼胚；D, E. 原胚团发生；F. 胚性愈伤组织发生

的组织器官，细胞全能性并不能得到表达。如果想使植物的全能性得到表达，首要条件就是使高度分化的细胞恢复到未分化的状态。这种通过改变细胞周围环境，使得高度分化的细胞重新恢复到未分化状态的过程称为脱分化。脱分化的本质就是解除细胞分化，使其恢复到分化前的状态，以恢复细胞的全能性。前人大量研究证明，许多植物各种高度分化的组织器官，脱离其母体之后，在一定的条件下进行培养，都可以脱分化形成愈伤组织。也就是说，能否成功诱导愈伤组织的关键不是实验材料，而是培养条件，这其中激素组成和比例是最重要的因素。而生长素和细胞分裂素对于诱导胚性愈伤组织的产生及促进其迅速分裂是必需的。

胚性培养物的诱导是否需用植物生长调节剂来启动，取决于所用外植体的发育阶段。一般来说，胚性愈伤组织在含生长素的培养基上形成。最近研究表明，应用新一代生长调节剂如寡糖精、茉莉酮酸、多胺类和油菜素类固醇可启动植物的体胚发生。在一些植物中，非植物生长调节剂的化合物也能成功地启动体胚发生。如在培养基中加还原型 N，如铵态氮或酰胺态氮常能刺激体胚发生。胡萝卜受伤的合子胚在不加激素的培养基上能启动胚性培养物，在以铵态氮为唯一氮源、pH 为 4 的条件下，在不加任何激素的培养基上，该培养物能稳定维持胚性。培养基中附加外源激素和有机物的种类、浓度及组合对体胚的诱导、增殖、分化以及发育都会产生较大的影响，合理选择生长调节剂，对建立体胚发生体系十分重要。

1. 外源激素

（1）生长素

生长素是最早发现的一类植物激素，它能影响细胞的伸长、分裂和分化等，但不同植物组织对生长素的敏感性和反应有所不同。生长素调控体胚发生的机制之一为酸化细胞质和细胞壁。生长素包括天然存在的和人工合成的，其中人工合成的生长素如 2,4-D 和 NAA 被植物组织吸收后，可调控植物体内游离的活性生长素水平。

植物体胚发生过程中，外植体诱导形成愈伤组织，一般需要添加较高浓度的生长素。常用的生长素有 2,4-D、NAA 和 IBA 等。2,4-D 在植物体胚发生期可以起到调节和平衡内源生长素的作用，是诱导多种植物离体培养体细胞转变为胚性细胞的重要激素。大多数情况下 2,4-D 需与细胞分裂素结合使用，如山竹培养中 2,4-D 与 KT 结合使用能诱导出节状结构，而与 6-BA 结合使用的诱导率可达到 53.3%。单子叶植物和双子叶植物诱导体胚胎发生时所要求的 2,4-D 的浓度不同，对单子叶植物而言，一般要求较高浓度的 2,4-D，其浓度为 $0.5 \sim 5.0 \ \mathrm{mg \cdot L^{-1}}$，通常使用的浓度为 $2 \ \mathrm{mg \cdot L^{-1}}$；而对双子叶植物而言，一般要求较低浓度的 2,4-D，其浓度范围为 $0.02 \sim 1.0 \ \mathrm{mg \cdot L^{-1}}$，通常使用的浓度为 $0.1 \ \mathrm{mg \cdot L^{-1}}$。

对大多数林木来说，必须在含有 2,4-D 的培养基中才能诱导体胚发生。将黄檗幼嫩无菌苗叶片分别接种在含有不同浓度 2,4-D 的培养基上进行愈伤组织的诱导，$2.0 \ \mathrm{mg \cdot L^{-1}}$ 2,4-D 培养环境下的出愈率最高，诱导出的愈伤组织状态较好，在 2,4-D 浓度为 $4.0 \ \mathrm{mg \cdot L^{-1}}$ 时，则完全抑制外植体产生愈伤组织（图 3-14）。同样，一定浓度的 2,4-D 是影响龙眼体胚发生的关键因素，但是体胚的进一步发育则需要降低生长素浓度。愈伤组织在含有 2,4-D 的培养基上长时间培养，容易造成体胚成熟能力的减弱或丧失。在荔枝的体胚再生研究中发现，高浓度的 2,4-D 阻碍了体胚的进一步发育，而低浓度的 NAA 和 IBA 的配合使用有利于体胚的发育成熟。可采用降低浓度继代培养或用作用较弱的 NAA、IBA 等替换的方式，有利于体胚的分化和发育。特别是在增殖培养阶段，用 NAA 代替 2,4-D 更有利于体细胞胚的发生。也有研究表明，在植物组织培养中添加生长素混合物，如 2,4-D 和 IAA 混用比单用更有效。目前，在已诱导出体胚的植物中，约有 65% 单独或与其他激素搭配使用了 2,4-D。

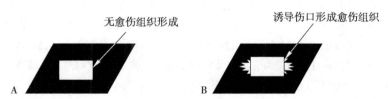

图 3-14　培养基中添加生长素诱导叶片形成愈伤组织（李东霞等，2018）
A. 培养基中未添加生长素；B. 培养基中添加适宜浓度的生长素

在植物愈伤组织培养中，外源生长素必须通过调控内源激素才能发挥作用，即外源生长素的合理使用，才能诱导愈伤组织产生并分化。施用外源生长素能从根本上改变由遗传编码所决定的生理程序。拟南芥的愈伤组织培养可在含 2,4-D 的培养基上启动和维持，但随着维持的时间越长，逐渐丢失其形态发生能力，直至 6～8 个月后不能再生（图 3-15）。再生能力的丢失与继代培养次数和过氧化物酶活力逐渐降低等因素有着密切的关系。将愈伤组织从添加 2,4-D

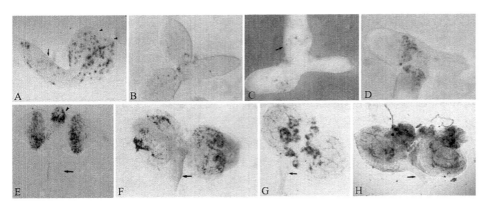

图 3-15 2,4-D 处理对拟南芥体胚发生的影响（引自 Raghavan，2004）

A. 刚分离的胚 GUS 活性染色；B~H. 培养 1 d、2 d、4 d、6 d、8 d、10 d 的胚 GUS 活性染色。注：蓝色表示 GUS 阳性胚性细胞或组织

的培养基移至没有添加 2,4-D 培养基后又能将这种降低逆转，推测认为过氧化物酶水平的降低会造成内源 IAA 水平的升高。

目前，对生长素作出反应的细胞是如何转向成脱分化状态而开始分裂的，对生长素诱发重编码程序的作用等机制还缺乏了解。有研究表明生长素能使 DNA 甲基化水平上升，因此，认为这可能是已分化的细胞重编程序所必需的。这种高甲基化或许把组织特异的尤其是与分化相关的程序关闭，同时一小部分细胞达到某种最终分化状态。

（2）细胞分裂素

细胞分裂素也是影响植物体胚发生与植株再生的重要因子。一般来说，低浓度的细胞分裂素即可启动胚性培养物的发生，但单独用细胞分裂素启动胚性培养物诱导的相当罕见，只有将细胞分裂素（常包括 6-BA、KT 和 ZT 等）与生长素合理搭配使用才能有效提高体胚发生概率，但体胚成熟一般不需要或仅需要低浓度的细胞分裂素参与，因为细胞分裂素的使用会促进次生胚的再生，而不利于体胚的成熟。据报道，欧洲七叶树的胚性愈伤组织诱导和增殖的最佳培养基是 MS 附加 8.0 mg·L^{-1} 6-BA 和 1.0 mg·L^{-1} NAA，在添加 2.0 mg·L^{-1} ZT 或 5.0 mg·L^{-1} 6-BA 的 MS 培养基上培养则有利于体胚的发育和成熟（图 3-16）。

（3）其他外源激素

除生长素和细胞分裂素外，其他生长激素对植物体胚的发生也起到重要的调控作用。如 TDZ 是新合成的一种杂环芳香脲，它具有很高的活性，同时具有生长素和细胞分裂素的双重特点。TDZ 对植物内源生长激素起调节作用，它具有调节细胞膜结构、调节细胞能量水平等多种作用。低浓度的 TDZ 与 6-BA 配合使用，可以实现生物学效应的互补，提高体胚的分化效率。但 TDZ 对植物体胚发生的作用因植物种类而异。此外，TDZ 对植物体胚发生的作用还可能与其浓度和处理时间有关。

油菜素内酯被称为第六大类植物激素，与细胞伸长、分裂和分化等过程相关，对植物生长发育具有重要的调控作用。人工合成的具有高活性的油菜素内酯

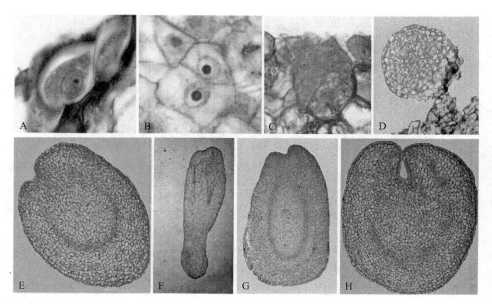

图 3-16　细胞分裂素诱导欧洲七叶树体胚发生（引自吕秀立等，2001）
A. 单细胞原胚；B. 二细胞原胚；C. 多细胞原胚；D. 球形胚；E. 心形
胚；F. 鱼雷形胚；G. 子叶胚初期；H. 子叶胚

类化合物，被称为表油菜素内酯（epibrassinolide，EBR）。BR 除了对植物的生长发育有着重要作用，在植物体胚发生过程中也至关重要。BR 与其他激素配合使用，常可提高胚性组织的诱导率以及生长量。研究表明，BR 会通过激发 *BRU1*基因的表达，使得细胞壁松散，从而促进细胞的伸长，相比植物生长素（如2,4-D、IAA、NAA 等）更具有生物活性以及协同性。在诱导培养基中，添加BRs 或表油菜素内酯可以提高火炬松、花旗松和挪威云杉等胚性组织的诱导率。同时，在被子植物陆地棉的体胚发生时，发现在培养基中添加 BR 可以促进体胚发生，产生胚性组织，并可以有效地保持胚胎发生能力（图 3-17）。此外，乙烯等在植物体胚发育过程中也起着重要的调控作用。乙烯对植物体胚发生的影响因植物种类不同而异，多数学者认为抑制作用大于促进作用。有研究表明，在植物

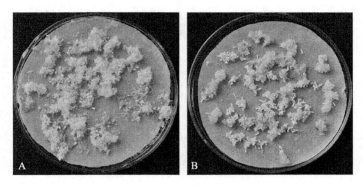

图 3-17　表油菜素内酯对粗枝云杉体细胞胚分化
的影响（引自苗晓娟，2017）
A. 未添加 EBR 诱导的胚性组织分化；B. 添加
EBR 的胚性组织分化的体细胞胚

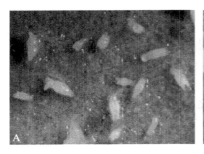

图 3-18　茉莉酸甲酯对杂交鹅掌楸体胚发育的
影响（引自成铁龙等，2017）
A. 未添加茉莉酸甲酯诱导的胚性组织分化；
B. 添加茉莉酸甲酯的胚性组织分化的体细胞胚

离体培养中添加乙烯抑制剂如水杨酸、茉莉酸甲酯（图 3-18）等物质时可调控体胚的发生和发育。

尽管各类植物激素对植物的生理作用具有相对专一性，但实际上植物发生的各种生理反应是不同种类植物激素相互作用的结果。体胚发生过程中，植物激素的平衡是调控胚胎发育的重要条件，许多植物的体胚发生需要生长素、细胞分裂素、脱落酸等多种激素的协作调控。

多胺（polyamine，PA）在植物体胚发生过程中的决定作用主要是由于在体胚发生过程中精氨酸脱羧酶（arginine decarboxylase，ADC）和鸟氨酸脱羧酶（ornithine decarboxylase，ODC）途径对于内源多胺的影响（图 3-19），在胚性细胞系中这两个途径的活性比非胚性细胞系更强，球形胚发育阶段这两个途径活性较强，而到鱼雷形胚和子叶胚阶段活性则逐渐降低。外源多胺对体胚发生的作

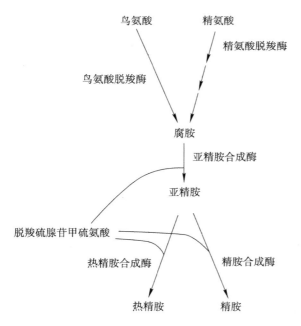

图 3-19　植物多胺生物合成的途径（引自梁艳等，2012）

用，除取决于植物种类及其内源多胺外，还与它们如何被吸收、运输和降解等密切相关。多胺与体胚发生的关系在胡萝卜的研究中较多。胡萝卜胚性细胞中腐胺、精胺含量比非胚性的高，在胡萝卜体胚发生的前胚时期多胺含量一般较低，从球形胚、心形胚到鱼雷形胚时期，精胺和亚精胺含量逐渐升高，心形胚时期以腐胺为主，鱼雷形胚时期则富含亚精胺。在枸杞体细胞胚胎发生中发现，一定水平的内源多胺是枸杞体胚发生的必要因素。在研究不同类型伏令夏橙愈伤组织体胚发生能力的差异与多胺水平的变化之间的关系时发现，胚性愈伤组织的多胺含量高于非胚性愈伤组织，体胚发生能力与多胺水平呈正相关。研究还表明，胚性细胞只有在分化早期才与多胺生物合成关系密切。

2. 糖类

植物胚性培养物诱导同样会受到培养基中碳源种类及浓度的影响。糖类作为重要的碳源，为细胞提供合成新化合物的碳骨架，细胞的呼吸代谢提供底物和能量。植物体胚发生一般采用蔗糖、葡萄糖、麦芽糖、海藻糖、果糖等。体胚的不同生长发育阶段对糖类种类和浓度的要求也不同。一般认为，蔗糖在培养基中既可以起到提供营养的作用，也可调节培养基渗透压，渗透压的原理主要是引起细胞失水，使细胞内含物升高，从而影响体胚的发生。在枸杞体细胞胚发生过程中，蔗糖浓度在 $30 \sim 60 \ g \cdot L^{-1}$ 条件下，体胚诱导率可维持在较高水平，但蔗糖浓度达到 $90 \ g \cdot L^{-1}$ 时，由于影响细胞生长渗透势，抑制体胚发生与发育，导致体胚诱导率显著下降。木豆的研究中发现，在附加 2,4-D 和蔗糖的 MS 培养基上，体胚的诱导率高于其他处理。蔗糖 $10 \ g \cdot L^{-1}$ 和 $20 \ g \cdot L^{-1}$ 果糖组合有利于无籽葡萄体胚的发生。当蔗糖含量从 $30 \ g \cdot L^{-1}$ 提高为 $45 \ g \cdot L^{-1}$ 时，培养基渗透压升高，培养物呈颗粒状，山核桃体胚诱导率提高。在香樟体胚诱导阶段，将蔗糖浓度从 $30 \ g \cdot L^{-1}$ 提高到 $45 \ g \cdot L^{-1}$ 时，体胚诱导率有小幅度提高，并且在维持 $15 \ g \cdot L^{-1}$ 的蔗糖浓度基础上添加 $30 \ g \cdot L^{-1}$ 山梨醇使得外植体的体胚发生能力增强，产生的体胚更容易分化成熟。在针叶树中，体胚成熟也需要较高的渗透压。黑松胚性愈伤组织在添加蔗糖、麦芽糖、葡萄糖及果糖的培养基中均可发生。在对美国白松成熟种子诱导体胚的研究中也发现，通过添加混合碳源可以显著提高体胚的诱导率。

二、胚性培养物的增殖

胚性培养物一旦形成，在一定条件下即可继续增殖形成原胚细胞团。一般来说原胚细胞团的增生需要一定浓度的生长素，但胚性愈伤组织长时间在附加高浓度生长素的培养基上易造成体细胞胚成熟能力的丧失，所以增殖阶段需要对培养条件进行调整，使诱导出的愈伤组织保持较强增殖能力和分化潜力。胚性愈伤组织可维持在与启动培养相似的培养基上，维持在半固体培养基上也能增殖。但对于大规模繁殖来说，一般采用悬浮培养比较好，悬浮培养除增殖效率较高外，同步性也较好。悬浮培养过程中，单细胞和细胞团都能发育成一个个可分离的结构。因此，这些细胞很容易采用过筛或离心方法进行分离，然后再按需继代培养。此外，pH 对维持胚性培养物增生十分重要，继代培养期间 pH 有所降低。

三、体细胞胚形成与成熟

植物体胚的形成与成熟阶段所需的植物生长调节剂成分与胚性愈伤组织诱导和增殖阶段有着很大的区别，胚性培养物向体胚的转变通常需将胚性培养物转移至低浓度生长素甚至不含生长素的培养基上。植物体胚在发育和成熟阶段，会经历形态和生化等方面的变化。对于大多数植物来说 ABA 是影响体细胞胚成熟的关键因子，它主要促进体胚成熟并防止裂生多胚等畸形胚的形成，针叶树尤其如此。ABA 可降低培养基中腐胺的水平，以减少次生胚发生或抑制体胚的过早萌发，增加贮藏蛋白质的积累量，也有人认为 ABA 可能参与了糖类的代谢，从而提高体细胞的质量。

研究表明，在附加 1.0 mg·L^{-1} BA、5.0 mg·L^{-1} NAA、0.5 mg·L^{-1} 2,4-D 和 20 g·L^{-1} 糖的 MS 固体培养基上获得'嘎拉'苹果试管苗叶片的胚性细胞后，再转入移除生长素的培养基上，65% 的叶片可以诱导获得体胚。0.12~0.15 mg·L^{-1} 的 ABA 可促进橡胶胚性愈伤组织形成体胚。英国栎的体胚再生发现，在 1/2MS 培养基上高浓度的蔗糖（80 g·L^{-1}）与较高浓度的 2.7 mg·L^{-1} ABA 结合使用成熟处理 4 周的体胚，转至含 0.5 mg·L^{-1} 6-BA 的 1/2MS 培养基上体胚萌发率（根伸长）和转化植株率（根芽都伸长）分别达到 43% 和 36%。在杂交鹅掌楸体胚分化培养基中添加 ABA 对体胚的分化及成熟具有促进作用，添加 0.5~1.5 mg·L^{-1} ABA 可加快体胚发育，且体胚形态正常；添加 2.0~2.5 mg·L^{-1} ABA 时，虽使体胚分化率明显提高，但畸形胚比例增加；低浓度 ABA 处理 30 d 后转入光培养两周体胚即可成熟；而未添加 ABA 处理的体胚在同样条件下未完全发育成熟，体胚呈白色、子叶淡黄色（图 3-20，图 3-21）。

不同植物种类对 ABA 浓度的反应不同，在针叶树的体胚成熟过程中，子叶胚的发育通常在附加 ABA 的培养基上促进后期原胚的成熟，形成 4~5 mm 带有伸长子叶的体胚，但单独使用 ABA，则有可能抑制体胚发生。一般来说，ABA 处理时间不宜过长，延长处理时间可能增加成熟胚形成的数量，但对植株生长会有负面效应。华北落叶松体胚的成熟培养过程中 ABA 浓度高达 19 mg·L^{-1}。花旗松体胚的活力及形态建构在同时使用 25~100 mg·L^{-1} ABA 和 0.05%~0.25% 活性炭的培养基中表现良好，可产生大量高质量的子叶胚。以欧洲落叶松未成熟的合子胚为外植体，接入改良 MS 附加 2.0 mg·L^{-1} 2,4-D 和 0.4~0.8 mg·L^{-1} BA 的培养基诱导胚性培养物后，将胚性培养物转接入去除生长素，即改良 MS 附加 0.1 mg·L^{-1} BA 和 0.5 mg·L^{-1} ABA 的培养基中培养，培养一段时期后转入无激素的培养基中，可成功诱导体胚形成。将继代培养 14 d 的落叶松胚性胚柄细胞团（embryonal suspensor mass，ESM），分别转接到含 ABA 和不含 ABA 的分化与成熟培养基上，发现 ABA 可以抑制细胞分裂，诱导早期胚胎形成，并促进胚胎的进一步发育与成熟；而当 ABA 不存在的情况下，组织内部胁迫程度加重，ESM 由白色逐渐转变为褐色，体细胞胚发育受阻，最终无法形成正常的胚胎（图 3-22）。

研究表明，除 ABA 等调控体胚成熟的重要因子外，其他因素如光照、脱水干燥、低温贮藏、活性炭、硝酸银、PVP、乙烯、渗透逆境、pH 等也影响体胚

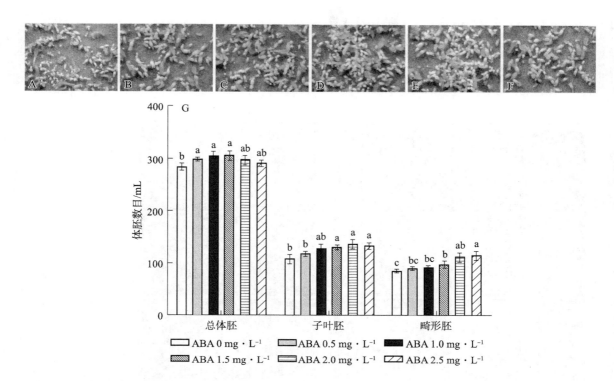

图 3-20　不同浓度 ABA 对杂交鹅掌楸体胚分化的影响（引自陈婷婷，2019）
A~F. 0、0.5 mg · L⁻¹、1.0 mg · L⁻¹、1.5 mg · L⁻¹、2.0 mg · L⁻¹、2.5 mg · L⁻¹
ABA 诱导的体胚经暗培养 3 周后的状态；G. 不同浓度 ABA 诱导体胚分化
的数目。不同小写字母表示在 5% 水平差异显著

图 3-21　不同浓度 ABA 对杂交鹅掌楸体胚成熟的影响（引自陈婷婷，2019）
A~F. 0、0.5 mg · L⁻¹、1.0 mg · L⁻¹、1.5 mg · L⁻¹、2.0 mg · L⁻¹、2.5 mg · L⁻¹
ABA 诱导的体胚经光培养两周后的状态；G~L. 经 3/4MS 基本培养基培养一
个月后再生植株的状态

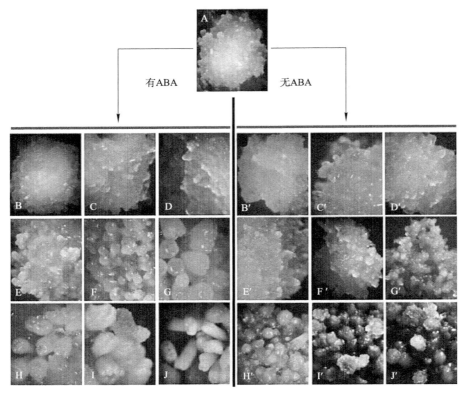

有ABA   无ABA

图 3-22　ABA 促进落叶松体胚成熟（引自张立峰，2014）
A. 继代培养 14 d 的落叶松 ESM；B~J. ESM 转接至分化与成熟培养基（含 ABA），培养 1 d、2 d、5 d、1 周、2 周、3 周、4 周、5 周、6 周和 7 周的表型结构；B'~J'. ESM 转接至不含 ABA 的分化与成熟培养基，对应时期的表型结构

的成熟过程。已报道的影响体胚成熟的光照因素有光强和光质。一般认为，植物体胚成熟过程都是在黑暗或极弱光照下完成的。在光强对花生体胚发生及再生体系的建立研究中发现，光照条件下体胚无明显的根端，芽端虽明显变绿，但往往发育不充分，停滞于鱼雷形期或更早时期。但也有相反的报道，在白杆体胚的悬浮培养中，将黑暗条件下产生的悬浮培养物转到光照下进行体胚的成熟培养，30 d 后产生大量成熟子叶期体胚。在金花茶的体胚诱导中发现，白光利于体胚发育成熟，单质光不利于体胚发育成熟。此外，体胚成熟阶段的培养要求胚合成积累大量的贮藏物，且含水量有一定程度的下降，所以此时期的培养基多采用高渗培养基。调节培养基渗透势的常用方法包括改变蔗糖浓度、使用 PEG 等。PEG 能引起龙眼体胚成熟过程中淀粉含量的变化，从而促进体胚的成熟。而某些植物的体胚成熟培养中需要添加较高浓度的谷氨酸、水解酪蛋白等物质，如添加谷氨酰胺或谷氨酸及活性炭能促进丁香体胚的成熟与萌发。将经 ABA 加 PEG 处理后的白云杉和黑云杉成熟体胚在相对湿度 81%～43% 的条件下甚至在空气中干燥两周后，其含水量会从原来的 60%～70% 降至 32% 后再复水，可使体胚转化率高达 80% 以上。低温对体胚的成熟和萌发也有促进作用。将栓皮栎体胚置于铺有湿润的纤维素滤膜的封闭培养皿中 5℃ 低温处理 10 周和 22 周，发现低温可有效

地打破休眠，促进下胚轴伸长，然后将体胚转接在含低浓度 6-BA 的培养基上，体胚上胚轴萌发得到再生植株。活性炭可吸附培养过程中产生的有毒代谢物和多余植物生长调节剂，对体胚发育有利。在子叶期胚发育培养基中同时加入 ABA 和活性炭，可使子叶胚产生一种与合子胚更加类似的顶端优势区，几周后即可形成大量粗壮的子叶胚。在培养基中加入有机物如水解酪蛋白（CH）来促进体胚的成熟发育，但 CH 对体胚的诱导和发育还存在分歧，尽管一些实验表明 CH 的作用不明显，但另一些研究认为，CH 中含有 NH_4^+，通过调节培养基渗透压而影响体胚发育。此外，白云杉通过在培养基中添加硝酸银，栓皮栎通过添加硝酸银和 PVP，均可有效促进体胚的成熟发育。

此外，TDZ 对体胚的成熟培养也有一定作用，如 TDZ 处理后的贡蕉体胚在萌发率及植株转换率上比 BA 处理的要高 3 倍以上。有正常形态的成熟体胚在积累了足够多的贮藏物质后才能萌发成植株。赤霉素也常用于体胚的成熟培养中，如橡胶体胚的培养中发现添加 $0.5 \sim 1.0$ mg·L^{-1} GA_3 可以促进体胚的成熟和萌发，但在棉花的较大体胚成熟和萌发培养中却发现 GA_3 有抑制效应。体胚成熟过程中释放的乙烯在培养容器中可能积累至较高浓度水平，从而影响到体胚的成熟。

四、体胚植株再生

一般来说，在添加低浓度或不添加任何生长调节物质的培养基上，成熟体胚可萌发，随着子叶的生长和下胚轴及胚根的不断伸长，最终发育为具有真叶的小苗。小苗经炼苗后移栽至温室发育为完整植株。将栓皮栎成熟子叶胚转接至附加 0.5 mg·L^{-1} BA 和 0.25 mg·L^{-1} IBA 的 1/2MS 萌发培养基上，体胚萌发率达 65.9%，再生植株转化率达到 9.4%（图 3-23）。将番木瓜胚性愈伤组织团在不含任何激素的培养基上可完成体胚的诱导、成熟、萌发和生根过程。挑取具有芽和根的体胚转移到植株再生培养基培养，30 d 后可获得具有正常叶片和根系的完整植株，52.5% 发育为正常植株（图 3-24）。将香榧成熟子叶胚转接至 SH 基本培养基中，2 个月萌发成 $2 \sim 3$ cm 的再生植株，经过炼苗后可移栽至温室（图 3-25）。火炬松成熟子叶胚在合适培养条件下可获得植株再生并在温室中健壮生长（图 3-26）。

图 3-23 栓皮栎体胚发生与植株再生（引自张焕玲，2005）
A. 胚性愈伤组织；B. 成熟子叶胚；C. 再生植株

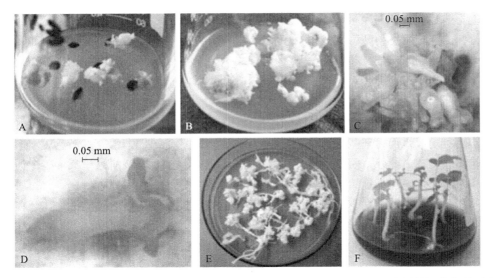

图 3-24　番木瓜体胚发生与植株再生（引自魏岳荣等，2018）

A. 成熟种子诱导的愈伤组织；B. 胚性愈伤组织增殖培养；C. 体视镜下观察到的体细胞胚团；D. 子叶型体细胞胚；E. 胚性愈伤组织的体胚诱导、成熟、萌发和生根培养；F. 植株再生

图 3-25　香榧体胚萌发与植株再生（引自 Zhang et al.，2015）

A. 成熟子叶胚；B. 体胚植株再生；C. 再生植株移栽至温室

图 3-26　火炬松体胚萌发与植株再生

A. 成熟子叶胚；B. 体胚植株再生；C. 再生植株移栽；D. 二年生再生植株

第三节　植物体胚发生期的相关基因及表达调控

　　植物体胚发生过程始于体细胞到胚性细胞的转变，这一转变伴随着 DNA 和 RNA 合成的改变、pH 的变化、氧摄入速率的增加、酶活性的提高、细胞骨架的

变化、细胞质失活因素以及成熟促进因子的出现等现象。目前，已对多种植物体胚发生途径的分子发生机制进行了深入研究，已鉴定了体胚发生不同阶段表达的关键基因，并分析了这些基因的表达方式及其在胚胎发生途径中可能的机制。

一、细胞周期相关基因

体胚发生需要对细胞分裂和延伸进行严格的时空控制，胚性愈伤组织通过精确控制细胞分裂和延伸模式来建立胚胎的极性。因此，DNA 合成和细胞分裂的启动对在体外培养的体细胞胚胎发生过程中初始及后续步骤非常关键。体胚发生还取决于细胞壁的合成和细胞壁上信号分子的调控。这些过程可能导致一系列相关细胞周期和细胞壁合成基因的表达发生根本改变，并且在体细胞胚胎发生的不同阶段这些相关基因的功能会发生相应的改变。$S-$ 腺苷甲硫氨酸（SAM）的转甲基作用是翻译后表观遗传重要的调控模式，它可能改变染色质结构和细胞周期基因的表达。有研究已经证实，棉花细胞分化早期阶段相关基因的差异表达和 SAM 代谢途径有关。

二、激素应答相关基因

在植物的各种生长调节因子中，生长素是体胚发生的最有效诱导因子之一。大多数生长素控制的发育过程涉及调节基因的上调或下调。已鉴定出很多对生长素有反应的基因，如 *Aux/IAA*、谷胱甘肽 $-S-$ 转移酶（glutathion-S-transferase，*GST*）、生长素上调的小 RNA（small-auxin-upregulated RNA，*SAUR*）、氨基环丙烷羧酸（amino cyclo propane carboxylic acid，*ACC*），以及生长素响应因子 ARF、GH3、PIN。研究表明，2,4-D 可以提高龙眼愈伤组织的诱导率，较高质量浓度的 2,4-D 对龙眼形成松散型胚性愈伤组织是必要的。分子生物学研究表明，生长素主要通过生长素信号分子的应答机制来改变细胞内基因的表达进而诱导体胚的形成和发育。ABA 促进胚胎发育和成熟的作用已在合子胚和体细胞胚中得到证实。ABA 调控转录和转录后的基因表达程序，如转录过程、mRNA 的稳定性、翻译控制和蛋白质代谢。在体胚发育的各个阶段，体细胞胚胎中不同 mRNA 和相应蛋白质都有显著积累。贮藏蛋白的积累标志着体细胞胚胎进入成熟阶段，包括胚胎发育晚期丰富蛋白（LEA）的积累，其中一些已被确定是 ABA 诱导的系统的组成部分。

三、胁迫相关基因

对离体培养的植物细胞进行一定程度的胁迫，能够诱导体胚发生。热激蛋白（HSP）的表达和调控系统是有机体对多种内外环境胁迫条件产生应激反应达到自我保护的物质基础。

热激蛋白基因 *DcHSP1* 在胡萝卜体胚发育的整个时期表达，在紫花苜蓿的体外培养中发现一个热激蛋白基因 *MsHSP18*，它在体胚的早期球形胚和心形胚时期表达。生物体为了减轻和防止胁迫损伤，已形成了复杂的氧化应激机制，其中主要是通过提高几种抗氧化物质的含量和活性，如 SOD 和 GSH。有研究表明，细胞分化过程中氧化胁迫水平升高，细胞分化频率与 SOD 活性和 GSH 含量密切相关。

四、信号转导相关基因

在体胚发生过程中，对激素刺激或第二信使如钙的识别，都伴随着一连串的信号转导。在植物体内钙介导的信号转导中，钙调素（CaM）是一个典型的中间信号物，植物的钙调素蛋白由一个多基因家族编码。在胡萝卜体胚发生过程中，$200\ \mu mol \cdot L^{-1}$ 的钙含量是产生体胚的临界浓度。

五、晚期胚胎丰富蛋白基因

合子胚发育末期到成熟时期，胚和种子急剧脱水，以 ABA 的积累为特征。在分子水平上，一些特殊基因开始表达，其产物多种多样，作用是保护种子干燥时期成熟胚的细胞结构和避免合子胚在种子发育时期萌发。由于这些基因在胚成熟时期表达，因此被称为 *LEA* 基因。胡萝卜体胚中含有几个 *LEA* 基因成员，它们之间具有很高的同源性，且受 ABA 调控。由于这些基因在体胚发育各阶段也存在时空表达差异，可作为体胚发生早期或晚期的分子标记。

六、胞外蛋白基因

胞外蛋白在被子植物胚胎发生发育过程中起重要作用，其表达模式的改变与体胚发生的诱导和启动密切相关。Bishop-Hurley 等从松科植物胚发生培养体系建立的 cDNA 文库中分离出了 6 个在胚胎形成时期特异表达的基因家族，与非胚性组织（根、幼芽、针或愈伤组织）相比，这些基因在胚性组织中有很高的 mRNA 转录水平，经鉴定此基因家族包括 4 个推测的胞外蛋白基因、1 个细胞色素 P450 酶基因和 1 个未知功能的基因。因此，体胚发生过程中大多数胞外蛋白基因编码的是几丁质酶或葡聚糖酶，它们不仅与早期胚发育有关，还可为体胚诱导和细胞壁降解提供一个有利的环境条件。阿拉伯半乳糖蛋白（AGP）是一类主要分布在细胞表面和胞外基质中的糖蛋白，在不同的植物器官和不同的发育阶段产生，其生物功能目前还不确定，推测可能与细胞增殖、细胞扩张和体胚发育的调控有关。在梨的悬浮培养中筛选到了第一个编码 AGP 核心蛋白的 cDNA，之后又从不同的培养体系中发现了至少 6 个编码 AGP 的 cDNA。AGP 这类特殊蛋白的存在与特定条件下体胚形态发生和蛋白质组成相关，并能影响细胞分化过程。类脂转移蛋白（LTP）是另一类胞外分泌蛋白，其作用可能是将磷脂从其合成部位内质网转移到细胞的各个区域，间接地参与胁迫环境下的植物防御和防止水分散失。此外，在体胚发生后期，还有植物凝集素和贮藏蛋白等的表达。

思考与讨论题

1. 简述植物细胞全能性对于植物体细胞胚发生的意义。
2. 离体培养条件下，植物体胚发生有哪些途径？

3. 简要说明植物体胚发生与植株再生的影响因素。

4. 植物体细胞胚培养在农林业中有哪些应用？

数字课程资源

🖨 视频讲解　　💻 教学课件　　🖥 彩图　　📝 自测题

第四章
植物胚胎培养

知识图谱

植物胚胎培养是指在离体条件下使胚或具胚器官发育成幼苗的培养技术。它包括胚培养（embryo culture）、胚珠培养（ovule culture）和子房培养（ovary culture）。广义的胚胎培养还包括胚乳培养（endosperm culture）和离体授粉（*in vitro* pollination）等。

植物胚的发育过程包括从合子分裂经幼胚形成直至发育为成熟胚的过程。胚培养是指在无菌条件下将胚从胚珠或种子中分离出来，置于培养基上进行培养的技术。

胚乳培养是指对处于细胞期的胚乳组织的离体培养；胚珠培养是指对未受精或受精后的胚珠的离体培养；子房培养是指对授粉或未授粉的子房的离体培养。由于心形期前的幼胚培养难度大，采用胚珠培养或子房培养的方法可提高培养成功率。

离体授粉是指在无菌条件下培养离体的未受精子房或胚珠和花粉，使花粉萌发产生的花粉管进入胚珠完成受精而结实的过程。由于从花粉萌发到精卵细胞融合形成种子，直至种子萌发产生幼苗都是在试管内完成的，所以也可将其称为试管授精。离体授粉是克服远缘杂交受精前生殖障碍最有效的方法之一。

离体受精是指在离体及人工控制的环境下，精卵细胞融合形成合子的过程。它包括配子的分离、雌雄配子融合和合子培养三个阶段。

第一节　植物胚培养

早在 1904 年，Hanning 就培养了萝卜和辣根菜的胚，发现离体胚可以充分发育，并可提前萌发形成小苗，这是世界上胚培养最早获得成功的一例试验。1925—1929 年，Laibach 通过培养亚麻种间杂种幼胚，成功地获得了亚麻种间杂种，首次证实了这种方法在实际应用中的价值。目前，幼胚培养技术已经被广泛地应用于农业、林业和园艺植物的育种工作中，在生产实践中起到了很大的作用。

一、胚培养的意义

（一）克服远缘杂交不孕和幼胚败育，获得种间或属间杂种

远缘种间或属间杂交是植物育种的重要手段，尤其是在长期品种间杂交单向选择造成基因贫乏的状况下，远缘杂交引入种间杂种基因资源很有必要。但是，远缘杂交的一个难点是杂交不孕现象。不孕的原因可能是杂交不亲和，也可能是幼胚败育。杂交不亲和可以通过试管授精技术解决，幼胚败育现象则可以通过胚培养技术来挽救。目前胚培养技术已应用于多种作物（水稻、玉米、棉花、甘蓝、柑橘、猕猴桃和番茄等）的远缘杂交育种中，获得了一些有价值的杂种。

（二）缩短育种周期

对于一些多年生植物，传统育种程序复杂，周期很长，应用胚培养技术则可以加快育种进程。例如，有些李属的果树种子萌发困难，若剥离胚进行体外培养则可短期萌发成苗。利用胚抢救技术，以无核葡萄为母本进行无核葡萄的育种，可以大大提高育种效率，使育种周期缩短一半。

核果类果树的早熟品种的果实发育期短，胚发育不成熟，导致常规层积播种很难成苗，胚培养技术则能够有效提高早熟品种的萌芽率和成苗率，为核果类早熟以及特早熟品种育种工作的顺利开展提供了条件。迄今为止，国内外已通过胚培养技术培育出了许多桃、杏等果树的优良早熟品种或品系。

一些植物如柑橘、芒果等的种子存在多胚现象，其中，只有一个胚是通过受精产生的有性胚，其余的胚都是由珠心细胞发育而成，因此称其珠心胚。在杂交育种中，由于珠心胚的存在，很难确定真正的杂种；且珠心胚生活力很强而杂种胚生活力低，使得杂种胚早期夭折，而往往得不到杂种苗。通过幼胚培养可解决这一难题。

（三）获得单倍体植株

单倍体的诱导以及加倍后形成高度纯合的加倍单倍体，在植物育种中具有重要的应用价值。通过远缘杂交结合胚培养技术是获得单倍体的有效方法之一。如栽培大麦与球茎大麦杂交，但在胚胎发生的最初几次分裂期间，父本染色体被排除，形成单倍体的大麦胚，然而受精后 $2 \sim 5$ d 胚乳逐渐解体，使得单倍体胚生长很缓慢。因此可以通过对单倍体胚的培养获得大麦的单倍体植株。

（四）打破种子休眠，提早结实

一些植物的种子由于种胚发育迟缓存在生理后熟现象，另一些植物的种子因含抑制萌发的物质而处于休眠状态。通过幼胚培养可打破休眠，促使种子萌发成苗，提早结实。此外，胚培养可用于种子生活力的快速测定，且检测结果比常用的染色法更准确可靠。

（五）建立高频再生体系

许多植物具有较高的利用价值，如红豆杉提取物紫杉醇是一种重要的抗癌药物。紫草根中的紫草素具有治疗烧伤、抗菌消炎和抗肿瘤等作用。因此，人们对这些植物的需求量很大。然而这些植物的自然繁殖系数低，大量采集、采伐很容易造成资源匮乏。为了克服供求矛盾，建立这类植物的高频再生体系，加快繁殖速度非常必要。利用成熟胚培养技术加速苗木繁殖速度是条重要途径，目前，已在小麦、水稻、苹果和山楂等植物开展了这方面的研究。

二、胚培养的类型

植物胚培养通常是指从种子或果实中剥离取出胚进行离体培养的技术。根据胚培养的取材时期不同可以分为两类：即成熟胚培养和幼胚培养。

成熟胚（mature embryo）培养一般所要求的培养条件和操作技术均相对简单，实质上是胚的离体萌发生长，因此它的发育过程与正常的种子萌发没有本质区别。成熟胚培养较适用于珍稀杂种的种子萌发、某些难繁殖植物的抢救等，成熟胚培养可以克服由种皮或果皮等造成的发芽障碍，同时也可避免自然环境对种子萌发的不利影响，特别是对某些结实困难或种子休眠期过长的植物更为有效。幼胚（immature embryo）培养，是指未发育成熟的胚培养，它要求较好的培养条件和较复杂的操作技术（胚剥离）。

（一）成熟胚培养

成熟胚培养是指子叶期至发育成熟的胚培养，具有取材方便、方法简便、实验周期短、不受时间限制、愈伤组织生长快和一次成苗率高等优点。在自然状况下，许多植物的种皮对胚胎萌发有抑制作用，需要经过一段时间的休眠，待抑制作用消除后种子才能萌发。从种子中分离出成熟胚后进行体外培养，可以解除种皮的抑制作用，使胚胎迅速萌发。成熟胚已经储备了能满足自身萌发和生长的养分，因此在只含有无机营养元素、几种维生素和少量激素的简单培养基上可培养。由于成熟胚培养实质上是胚的离体萌发生长，因此所要求的培养条件与操作技术比较简单。根据朱至清的研究，大量元素减半的 MS 培养基适用于多种植物的成熟胚培养。

成熟胚的培养过程：把成熟的种子用 70% 乙醇进行表面消毒几秒到几十秒（消毒时间取决于种子的成熟度和种皮的厚度），再将其放到漂白粉饱和溶液或 0.1% 氯化汞溶液中消毒 5～15 min，然后用去离子水冲洗 3 次，之后在解剖镜下解剖种子，取出种胚接种于培养基上，在常规条件下培养即可（图 4-1）。

（二）幼胚培养

幼胚培养是指处于原胚期、球形期、心形期、鱼雷形期的胚培养。幼胚在胚珠中是异养的，需要从母体和胚乳中吸收各类营养物质和生物活性物质，因此幼胚培养对培养基要求比较严格，需提供适宜的培养条件。不仅要求培养基具有完全的营养成分，而且对培养基的渗透压、激素水平及附加成分都有一定的要求。

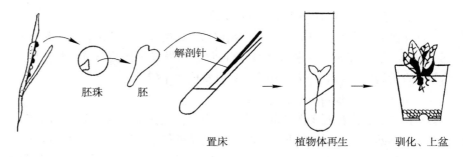

胚珠　胚　解剖针

置床　植物体再生　驯化、上盆

图 4-1　成熟胚培养过程示意图

一些植物的低龄幼胚直接培养很难成活，此种情况可采用胚珠培养，待幼胚在胚珠中长大后，将胚取出进行离体培养。

1. 幼胚培养的基本程序

（1）取材

大多数幼胚培养成功的实例证明，适宜于幼胚培养的胚发育时期多为球形胚至鱼雷形胚阶段。在形成球形胚之前的原胚阶段，对胚胎进行剥离和培养均比较困难。对于以幼胚抢救为目的的胚培养取材，应了解胚退化衰败的时期，以便在此之前取出幼胚进行培养。一般来讲，幼胚死亡时间越早（如球形胚之前），抢救工作就越困难。

胚培养在取材时常常是连同果实一起取下来，然后对果实或种子进行消毒，由于胚包被在种皮内，一般是不带菌的。只要果实或种子消毒彻底，在无菌条件下分离出的幼胚一般不会污染。

（2）幼胚剥离

一个胚就是一个植株的另一种形态，因此胚剥离的成功与否是幼胚培养能否成功的关键。在进行幼胚培养时，比较困难的一步就是必须把胚从周围的组织中剥离出来。对于大多数植物的幼胚剥离来讲，均要借助解剖镜，特别是那些种子较小的植物更是如此。另外，幼胚是一种半透明、高黏稠状组织，剥离过程中极易失水干缩，因此，在剥离时一定要注意保湿、无菌，且操作要迅速。

有关胚发育的细胞学和生理生化研究表明，胚柄（suspensor）积极参与幼胚的发育，特别是球形期以前的幼胚。胚柄的存在对于幼胚培养能否成活及成苗率的高低有重要影响。胚柄含有较高的赤霉素，它的存在可促进幼胚发育；若去掉胚柄，不仅减少了赤霉素供应，还会产生伤口，使幼胚难以成功培养。因此，许多学者认为，幼胚培养需要带胚柄结构，所以幼胚剥离时应带胚柄一同取出。

（3）接种培养

剥离出来的幼胚要立即接种到培养基上进行培养，否则会影响胚的生活力。胚培养相对于其他培养来讲要容易一些。但是，在培养之前必须充分了解所培养的对象在自然发育条件下的特性，如胚的休眠问题、是否需要春化作用和胚萌发的温度等，这些对提高胚培养的成功率均有重要影响。

2. 幼胚离体培养的生长发育方式

幼胚培养中，常见的生长方式有以下三种。

（1）胚性发育（embryonal development）

幼胚接种到培养基上以后，仍然按照在活体内的发育方式发育，最后形成成熟胚（有时甚至可能类似种子），然后再按种子萌发途径出苗形成完整植株。这种途径发育的幼胚，一般一个幼胚将来就发育成一个植株。

（2）早熟萌发（early mature sprouting）

幼胚接种后，离体胚不继续胚性生长，而是在培养基上迅速萌发成幼苗，这种现象即为早熟萌发。通过这种方式形成的幼苗往往细弱、畸形，难以成活。因此，在幼胚培养中应防止早熟萌发。在大白菜、向日葵等植物幼胚培养时发现，低渗培养基易使幼胚发生早熟现象，采用提高培养基中的糖类和无机盐浓度、加入甘露醇等方法均可抑制这种现象的发生。另外，添加 ABA、CH（酪蛋白水解物）也有一定的抑制作用。

（3）愈伤组织（callus）

在许多情况下，幼胚在离体培养中以细胞脱分化的方式进行细胞增殖，形成愈伤组织。一般来讲，由胚形成的愈伤组织大多为胚性愈伤组织，很容易分化形成植株。与成熟器官如叶片、茎或根及成熟种子的胚相比，由幼胚诱导的愈伤组织具有高度的植株再生能力，特别是在禾谷类作物如水稻、玉米、小麦、高粱和大麦中更是如此（图 4-2）。

3. 影响幼胚培养的因素

（1）培养基

常用的培养基有 Nitsch（1953）、Tukey（1934）、Rijven（1952）、Rappapon（1954）、Norstog（1963）、B5（1968）、MS（1962）和大量元素减半的 MS 等。不同的植物胚培养适用的培养基不同，如核果类果树（桃、杏、李和樱桃等）采用 MS 培养基较多，十字花科植物胚培养主要采用 B_5 和 Nitsch 培养基，禾谷类的幼胚培养也可采用 N6 和 B5 培养基。

不同发育阶段的幼胚对培养基的渗透压要求不同。一般来说，胚龄越小，要求渗透压越高。这是由于在自然条件下原胚就是被高渗液体包围着。随着胚的发育，营养物质不断由营养液转移至胚。培养基渗透压主要是通过糖的浓度来调节的。培养基中的蔗糖具有提供碳源和调节渗透压的双重作用，一般来说，蔗糖

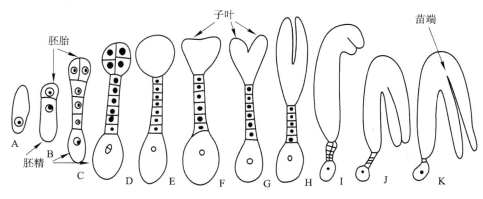

图 4-2　荠菜胚胎发育过程（引自朱至清，2003）

的浓度多在 $40 \sim 120 \text{ g} \cdot \text{L}^{-1}$，幼胚所处的发育阶段越早，所要求的蔗糖浓度越高，如球形胚一般要求蔗糖浓度 $80 \sim 120 \text{ g} \cdot \text{L}^{-1}$，而心形胚至鱼雷形胚则只要求蔗糖浓度 $40 \sim 60 \text{ g} \cdot \text{L}^{-1}$。确定适宜蔗糖浓度的方法是在接种前将幼胚剥离出来后分别放到若干个不同浓度的蔗糖溶液中，观察胚细胞质壁分离现象，等渗溶液浓度即为最佳浓度。若培养基中的蔗糖含量过高，会对幼胚培养产生不利影响，此时可用代谢上惰性的甘露醇代替蔗糖，起到调节渗透压的作用。另外，加入适量的氯化钠也可提高渗透压，使用浓度一般为 $2 \sim 4 \text{ g} \cdot \text{L}^{-1}$。

一些附加物对幼胚培养有一定作用。一些氨基酸或复合氨基酸能刺激幼胚生长。常用的氨基酸有谷氨酰胺、甘氨酸、谷氨酸、天冬氨酸和酪蛋白水解物。大量的研究表明，谷氨酰胺是促进离体幼胚生长发育最有效的氨基酸。酪蛋白水解物是一种氨基酸复合物，它除了具有促进幼胚生长发育的效应外，对培养基渗透压也有调节作用，也可促进幼胚早熟萌发。一些天然提取物如椰子汁、酵母提取物、胚乳汁、麦芽提取物、番茄汁、马铃薯提取物和蜂王浆等也可用于幼胚培养，具有一定的促进作用。现有研究表明，不同发育阶段椰子的乳汁对胚培养的效果不同，通常八分成熟的椰子汁对幼胚的促进作用最为明显。需要注意的是不同的植物、不同的胚龄对上述附加物的种类、浓度的要求和反应不同。

维生素一直用于幼胚培养，常用的维生素有维生素 B_1、维生素 B_6 和烟酸等。在某些情况下，维生素对胚培养有抑制作用。因此，需要通过实验证实其在胚培养中的促进作用后，再在培养基中加入维生素。

生长调节剂对幼胚培养也有重要影响。离体幼胚在培养过程中，它自身产生的内源激素较少，难以维持其生长发育，这是早期幼胚培养不成功的主要原因之一。因此，在培养基中加入低浓度的生长素、细胞分裂素或赤霉素有利于促进某些植物的幼胚生长。不同植物、不同胚龄的胚培养对生长调节剂的要求不同。如 IAA 可促进向日葵胚生长，反而抑制陆地棉生长；GA_3 对荠菜心形胚形成无影响，但对鱼雷形胚形成却有明显影响。此外，生长素与其他激素的比例有时也会影响胚的发育方式，生长素比例高一般容易产生愈伤组织。

培养基 pH 对幼胚的胚性发育有重要影响。通常幼胚培养的培养基 pH 为 $5.2 \sim 6.3$。培养基 pH 因植物种类不同而异，如桃 pH 为 5.8、大麦为 5.2、番茄为 6.5、水稻为 $5.0 \sim 8.6$。

（2）环境条件

幼胚在离体培养时，其生长发育状况除与培养基成分密切相关外，也受环境条件的影响。通常认为，弱光和黑暗更有利于幼胚培养，因为在自然条件下，胚在胚珠内发育是不见光的。大多数处于球形期至心形期的幼胚，需在黑暗条件下培养两周后再给予一定时间的光照。实验研究认为，在胚培养的形态分化期，光照对胚芽生长有利，而黑暗则对胚根生长有利。因此，以光暗交替培养为好。对多数植物来说，每天保持 16 h 光照、8 h 黑暗较为合适。另外，光能抑制幼胚的早熟萌发。

幼胚培养的温度以该植物种子萌发的适宜温度为好，一般以 $25 \sim 30\text{℃}$为宜。有的植物需要较低的温度，如马铃薯以 20℃为宜；有的要求较高的温度，如棉花幼胚培养在 32℃最好。有些植物的幼胚培养需要在给予适宜温度之前要求一定的低温条件。例如，桃、樱桃、李等核果类果树的幼胚培养，若不经过低温（1~5℃）处理，常导致胚活力不强，萌芽率不高，易形成畸形苗。胚需低温处理的时间与品种及成熟期相关。如桃幼胚培养需要先在 2~4℃条件下处理 60~70 d，之后再转入 25℃条件下培养。

（3）胚乳看护培养

尽管人们对培养基已做了不少改进，但早期胚和杂种未成熟胚的培养仍很难成功。Ziebur 和 Brink 采用大麦胚乳看护培养技术，成功地进行了大麦未成熟胚培养。Kruse 报道，在某些属间杂交中，若把杂种幼胚接种在事先培养的大麦胚乳上进行培养，能显著提高获得杂种植株的频率。这说明同一物种或另一相近物种的离体胚乳对胚的生长发育有促进作用。例如，在大麦和黑麦的属间杂交中，采用这种培养方法可使 30%~40% 的杂种幼胚培养成苗，而传统的胚培养法成功率仅有 1%。

后来，一些学者对胚乳看护培养做了一些改进，把离体杂种幼胚嵌入双亲之一或另一物种的胚乳中，而后将其置于培养基中进行培养。在车轴草属植物中，利用该方法获得了许多种间杂种。

（4）防止幼胚提前萌发

幼胚未达到生理和形态上的成熟时，提前萌发生长成弱小畸形的幼苗，这种现象称为早熟萌发（precocious germination）。在离体培养条件下，成熟期以前的胚容易提前萌发，尤其是培养基中加有激动素和 GA_3 的条件下，更易出现提前萌发。提前萌发的胚产生弱小畸形的幼苗，往往不能存活。抑制幼胚提前萌发的方法有：

① 提高培养基的渗透压　提高培养基中蔗糖的浓度（高于 $100 \text{ g} \cdot \text{L}^{-1}$），或加入甘露醇，可部分地代替蔗糖。

② 加入 $0.01~0.2 \text{ mg} \cdot \text{L}^{-1}$ ABA 和 $200~500 \text{ mg} \cdot \text{L}^{-1}$ 酪蛋白水解物　其中 ABA 的作用在于抑制幼胚的吸水过程，使胚胎逐渐脱水干燥，发育为形态正常的成熟胚，产生健壮的幼苗。

③ 将培养物在高温（32℃）和强光条件下培养。

（5）胚龄

一般来说，胚龄越小离体培养越困难。因而在进行胚胎培养时，应选择适当发育时期的胚胎进行离体培养，才能取得成功。从营养需求来看，胚的发育可分为异养期和自养期两个阶段，胚由异养到自养的转变是一个关键时期。对于双子叶植物来说，球形胚阶段之前属于异养期，心形胚以后转入自养期，一般心形期胚培养比较容易，而球形期胚之前的胚则很难培养。

三、植物胚培养的操作实例

（一）猕猴桃杂种幼胚培养

猕猴桃属于猕猴桃科、猕猴桃属，全世界大约有 55 个种，其中，绝大多数原产于我国，其果实具有较高营养价值。猕猴桃属内种间杂交是培育新品种的主要手段。在猕猴桃属内种间杂交育种中，许多杂交组合虽然能产生杂种胚，但由于胚乳中途败育形成无生活力的种子。在这种情况下，杂种幼胚的离体培养就是获得杂种植株唯一可行的方法。母锡金等对猕猴桃属内种间杂种的胚拯救进行了系统研究，获得了优良的新种。此研究是利用杂种胚拯救技术培育果树新品种的范例之一。

其培养步骤如下：

（1）在杂交授粉 100 d 后陆续从树上采集接近成熟的果实。

（2）在超净工作台上对果实表面消毒。先将果实在 75% 乙醇中浸泡数十秒，再用 1.5% 次氯酸钠溶液消毒 10～15 min，然后用去离子水漂洗 3 次。

（3）将果实放在解剖镜下，从果实中剥出种子，并用解剖针剥开种皮。

（4）再挑选直径大于 1 mm 的杂种幼胚接种于培养基中（MS + 2ip 2 mg·L^{-1} + NAA 0.5 mg·L^{-1} + GA$_3$ 0.5 mg·L^{-1}），所用蔗糖浓度为 30 g·L^{-1}，用琼脂固化。于 26～28℃，8 h·d^{-1} 光照培养。经过一段时间后可顺利长成小苗。

（5）将幼苗或不定芽转移到 MS 培养基或附加 0.5 mg·L^{-1}GA$_3$ 的 MS 培养基上，可发育成具有根和真叶的完整小植株。

（二）核桃离体胚培养

核桃（*Juglans regia*）是胡桃科（Juglandaceae）核桃属（Juglans）的落叶乔木，位列世界著名的四大干果（核桃、扁桃、腰果、榛子）之首。核桃是我国重要的经济树种，其营养价值高，经济效益好。核桃很多品种都具有无融合生殖能力，不同的年份之间不同的品种之间无融合生殖率差异很大，雌先型和雄先型核桃品种均具有无融合生殖能力，且雌先型的无融合生殖能力低于雄先型的无融合生殖能力。

其培养步骤如下（图 4-3）：

（1）杂交授粉 100 d 左右后从树上采集核桃果实。

图 4-3　核桃胚萌发成苗的过程（引自常董董，2017）
A. 离体胚接种；B. 愈伤组织；C. 分化培养；D. 完整植株

（2）将采集的核桃新鲜果实在实验室清洗干净后，去除果皮，转移到超净工作台上，用解剖工具将其破壳取胚。在超净工作台上对离体胚进行消毒。先用70% 乙醇消毒 30 s、0.1% 氯化汞表面消毒 5 min，然后用去离子水漂洗 3 次。

（3）在超净工作台上将胚剥离出来并接种于培养基中（DKW + 6-BA 2.0 mg · L^{-1} + PVP 200 mg · L^{-1} + 蔗糖 30 g · L^{-1} + 琼脂 7 g · L^{-1}，pH 为 5.6～6.0），在 26 ± 2℃、相对湿度为 30%～50%、光照度 2 500～3 500 lx 环境下培养。经过一段时间后可顺利长出小苗。

（4）将核桃茎段不定芽转移到分化培养基上（DKW + 6-BA1.5 mg · L^{-1} + IBA 0.01 mg · L^{-1} + PVP 300 mg · L^{-1} + 蔗糖 30 g · L^{-1} + 琼脂 7 g · L^{-1}），可发育成具有根和真叶的完整小植株。

四、胚培养的应用

胚的离体培养是最早直接应用于植物改良的组织培养技术。离体胚培养可以克服种、属间受精障碍，克服杂交后胚的衰亡，保证种内或种间杂交的成功，或用于无性繁殖困难的植物培养。胚培养还可以打破种子休眠，缩短育种周期，克服种子生活力低下和自然不育等，对于植物界物种进化具有极其重要的意义。

（一）拯救杂种胚，获得稀有杂种

植物界由于长期自然选择，产生了两种隔离机制：拒绝异种受精和拒绝自花受精。拒绝异种受精，杂交不亲和现象在种、属以上的植物杂交中常见。由于杂交不亲和性的存在才能保持物种的遗传稳定性。拒绝自花受精，由于自交不亲和现象的存在，才能确保物种具有强生活力。拒绝自花受精现象普遍存在，据不完全统计，植物界自交不亲和的植物超过 3 000 个种，涉及 55 科。

植物受精不育障碍主要表现为以下几种形式：一是花粉在柱头上不萌发，或萌发后花粉管不能伸入花柱，或能伸入花柱，但花粉管生长很缓慢，结果使配子丧失受精的机会。二是花粉萌发后，花粉管生长正常，能进行正常的精卵融合，但由于胚的败育而导致受精不育。胚败育可能是因为胚乳早期败育或胚胎发育和珠心组织发育不同步。三是有配子融合，但由于缺乏同源染色体，在染色体配对上出现障碍。

在种间和属间杂交时，杂种的合子和胚乳核均含有两个遗传结构不同的基因组。在形成胚和胚乳的过程中，两个基因组的表达不协调，导致杂种胚和胚乳发育不正常，不能形成有萌发能力的种子。在多数情况下，杂种胚乳最先败育，而胚是正常的，此时进行离体胚培养，可以将杂种幼胚培养成植株，称为胚胎拯救（embryo rescue）。由于不同杂交组合杂种胚退化的时间不同，因此有必要事先进行胚胎学观察，以确定胚胎拯救最合适的时间。

禾谷类作物抗病性和抗逆性的提高，品质改善，细胞质雄性不育系的获得乃至产量的提高，在很大程度上都有赖于从近缘的野生物种中获得有用的基因。小麦、大麦、水稻和玉米等作物在与其近缘种属杂交时，不孕率和杂种胚败育率都很高，在很多情况下只有采用幼胚培养的方法才能获得杂种植株。

禾谷类的远缘杂交在作物育种上具有重要作用。在禾谷类远缘杂交研究中，

幼胚培养最早被应用于大麦属种间杂交。大麦属的野生种具有抗病性，但大麦属种间杂交成功率很低，即使形成杂种胚，它们也会在授粉后 15 d 左右死亡。孙其信等进行了小麦与披碱草（*Elymus rectisetus*，$2n = 6x = 42$，line1050）杂种的胚胎拯救。采用的方法是先诱导杂种胚产生愈伤组织，然后再分化出杂种植株。Magdalita 等和 Drew 等分别进行了番木瓜的种内杂交，得到合子胚后，进行了胚培养，以促进杂交成功。澳大利亚国际农业技术研究中心对番木瓜和其野生种的杂交胚进行了深入的研究，并得到了杂交后代，野生种的抗性、高含糖量等优良性状得到了遗传。猕猴桃属（*Actinidia*）有大约 55 个野生种，绝大多数原产我国。20 世纪初新西兰从我国引入的猕猴桃的种质资源中选育出了大果型猕猴桃品种 "Hayward"，从此猕猴桃成为世界著名的水果。以果实大、维生素 C 含量高的美味猕猴桃 "26 号"（*A. Deliciosa*，$2n = 6x = 174$）为母本，与果实小、绿皮无毛的软枣猕猴桃（*A. arguta*，$2n = 4x = 116$）杂交，通过杂种幼胚培养，获得 16 株杂种植株，并从中选出果型中等、维生素含量高、绿皮无毛的猕猴桃新品种。

（二）打破种子休眠，缩短育种周期

一些植物的种子因休眠期太长而延缓育种进程。许多植物的种子具有休眠或后熟的特性，从母体脱落后不能立即萌发。通过胚的离体培养，可使休眠期缩短。

如兰科二色兰品种，种子从蒴果散出时，种胚尚处于细胞期原胚阶段，未达到生理和形态上的成熟，故播种后不能发芽，需借助土壤中一种真菌进行"共生萌发"。再如，银杏种子离开母体时，胚很幼小，长度仅有成熟胚的1/3，仍需要继续吸取胚乳的营养，4～5 个月后才能完成后熟过程。油棕的种胚需要经过几年的时间才能成熟。通过胚培养，提供胚发育的条件，可在较短的时间内使幼胚达到生理和形态成熟而萌发成植株。苹果属的垂枝山楂的种子在土壤中需要9 个月才能萌发，而离体培养 48 h 即开始萌发，4 周之内就能形成适于移栽的幼苗，5 个月之后幼苗长到约 1 m 高。野燕麦种子很难发芽，利用胚培养，可以打破种子休眠，使其提前发芽。

此外，胚培养还可以克服种子的自然不育。有些植物虽然具有形成种子的能力，但种子的生活力低下，或无生活力，播种后不能萌发成苗。胚培养可以促进这类种子的萌发和幼苗的形成。

（三）稀有植物的繁殖

野蕉（*Musa balbisiana*）是香蕉的近缘野生种，其种子在自然条件下不能萌发，然而通过离体胚的培养很容易产生幼苗。有些椰子果实发育异常，不能形成液体胚乳，而是产生一种柔软肥厚的组织，这种果实叫 Makapuno，十分罕见，因而价格非常昂贵。这种椰子的种子在自然条件下不能萌发，通过离体胚培养技术已经成功地将其种子培养成幼小植株。

第二节　胚乳培养

早在 1933 年，Lampe 和 Mills 就对玉米胚乳培养进行了尝试。1949 年，La Rue 对胚乳组织在离体培养条件下的生长和分化规律进行了广泛的研究。Johri 首次在檀香科寄生植物柏形外果（*Exocarpus cupressiformis*）上成功地诱导成熟胚乳细胞，直接分化出三倍体茎，有力地推动了胚乳培养的研究。1973 年，印度学者首次从被子植物罗氏核实木的成熟胚乳培养中获得了三倍体胚乳再生植株，从而证实了在自然状态下从不发生器官分化的胚乳细胞同样具有全能性。我国于 20 世纪 70 年代初开始进行植物胚乳培养研究。据不完全统计，至今已获得 52 种植物的胚乳愈伤组织，其中，25 种有不同程度的器官分化，27 种再生成完整三倍体植株，15 种再生植株移栽成活。

一、胚乳离体培养的意义

胚乳组织是一种极好的实验材料。胚乳培养在理论上可用于胚乳细胞的全能性、胚乳细胞生长发育和形态建成、胚和胚乳的关系以及胚乳细胞生理生化机制等方面的研究。胚乳培养对于研究某些天然产物如淀粉、蛋白质和脂类的生物合成与调控具有重要意义。

在实践上，通过胚乳离体培养的方法获得三倍体快而且较为容易。胚乳培养产生的三倍体植株通过快速繁殖技术可获得大量苗木。因此胚乳培养对于提高植物产量与品质改良具有重要的意义。首先，三倍体植株的种子在早期就发生败育，因此可利用三倍体植株生产无籽西瓜、香蕉和苹果等。其次，三倍体植株比二倍体植株高大、生长速度快、生物产量高，这在以营养器官为产品的植物生产上有重要价值，例如，有些甜菜、桑树和茶树的优良品种是三倍体。最后，三倍体植物的品质优于二倍体，如三倍体颤杨的木材能制出质量较好的纸浆。有些重要作物的三倍体品种如苹果、香蕉、猕猴桃、枸杞（图 4-4）、桑树、甜菜和西瓜等已在生产中得到了应用，并产生了较高的经济效益。

二、胚乳培养技术

（一）胚乳培养过程

取含有胚乳的果实或种子，先进行表面消毒，然后在无菌条件下剥离胚乳并将其接种于培养基上进行培养。胚乳培养分为带胚培养和不带胚培养两种方式，一般胚乳带胚培养较容易获得成功。

（二）影响植物胚乳培养的主要因素

胚乳是一种特殊的组织，在被子植物中它是双受精的产物。胚乳培养的目的是为了直接获得三倍体植株。胚乳细胞虽处于未分化状态，但它与分生组织细胞有着本质的不同，胚乳细胞是一种特化了的薄壁细胞，其培养的难度远比其他器官大得多。所以，在胚乳培养过程中植物的基因型、胚乳发生的类型和发育程

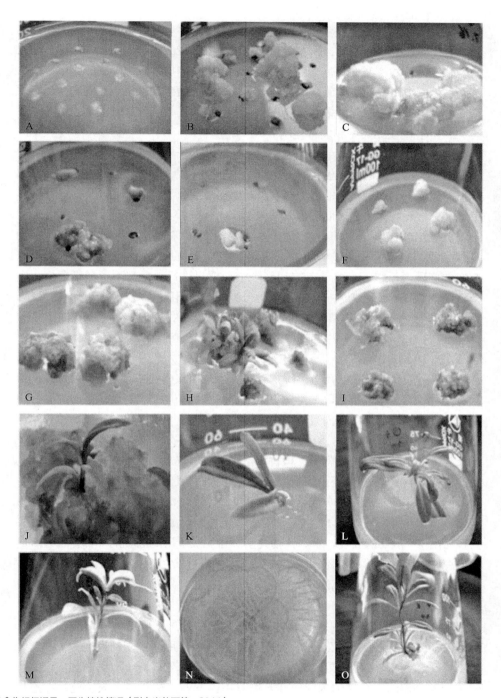

图 4-4 枸杞胚乳培养愈伤组织诱导、再生植株情况（引自米佳丽等，2011）

A. 接种到培养基上的胚乳；B，C. 愈伤组织；D. 6-BA 和 NAA 组合产生的愈伤组织；E. 暗培养下产生的愈伤组织；F，G. 分化培养；H. 玻璃化苗；I，J. 愈伤组织分化出芽；K~N. 生根培养；O. 完整植株

度、胚因子及培养基种类和成分等均影响胚乳的培养效果。

1. 基因型

供体植株的基因型是影响胚乳培养成功的关键因素之一。不同基因型植株的胚乳对培养基的反应不同，如在胚乳培养过程中形成的愈伤组织其诱导率、分化率、胚状体诱导率及植株诱导率等在不同的培养基中明显不同。在猕猴桃属中，不同种之间愈伤组织诱导率有明显的差异，其中，硬毛猕猴桃愈伤组织的诱导率为 87.9%，中华猕猴桃为 56%。

2. 胚乳的发生类型和发育程度

植物胚乳可以分为两大类：被子植物胚乳和裸子植物胚乳。被子植物胚乳是双受精的产物，它由两个极核和一个雄配子融合形成，所以在染色体倍性上它属于三倍体组织。裸子植物的胚乳在受精前就已形成，为配子体的一部分，由大孢子直接分裂发育而成，因此它是单倍体组织。

被子植物胚乳的发育与植物其他组织相比具有独特性，根据其发育初期是否形成细胞壁可分为核型胚乳、细胞型胚乳和沼生目型胚乳。绝大多数被子植物的胚乳属于核型胚乳，其初生胚乳核前期只进行核分裂不形成细胞壁，多个核游离在一个细胞质中，之后才开始逐渐形成细胞壁成为真正的胚乳细胞，处于细胞期的胚乳组织培养容易成功，而游离核时期和成熟期胚乳均不适合离体培养。细胞型胚乳主要存在于大多数合瓣花植物中，如烟草、芝麻和番茄等。

胚乳的发育进程大致可分为早期、旺盛生长期和成熟期。处于发育早期的胚乳，接种较为困难，且难以产生愈伤组织；旺盛生长期是取材的最适时期，在该期最容易产生愈伤组织，而且诱导率也较高。例如，苹果和桃的胚乳，愈伤组织诱导率皆高达 90% ~ 95%。绝大多数成熟期胚乳是不分化的，只有少数植物的成熟胚乳（如水稻及一些大戟科、檀香科植物）可形成愈伤组织并持续生长，有的还能进行器官分化并形成三倍体植株，但是诱导率很低。

一些草本植株胚乳培养的合适发育时期如下：水稻为授粉后 5 ~ 7 d 的胚乳；玉米、小麦为授粉后 8 ~ 11 d 的胚乳；大麦为授粉后 58 d 的胚乳；小黑麦杂交种为授粉后 7 ~ 14 d 的胚乳。木本植物处于旺盛生长阶段的胚乳的外部特征是胚分化已完成，胚乳已形成细胞组织（核型胚乳）并充分生长，几乎达到成熟时的大小，外观为半透明固体，富有弹性。

3. 胚因子

胚在发育过程中产生某种物质影响胚乳的发育过程，这种胚对胚乳的影响称为"胚因子"影响。"胚因子"在胚乳培养中的作用一直受到人们的关注。朱登云和 Srivastava 认为，原位胚的参与或代之以 GA_3 处理对于成熟胚乳愈伤组织的诱导是必需的。在桃的未成熟胚乳培养中也发现，在胚存在的情况下，愈伤组织诱导率从 60% 提高到 95%。但处在旺盛生长阶段的未成熟胚乳，只要培养条件合适，无需胚的参与就能脱分化而形成愈伤组织，这已被苹果、猕猴桃、柚、枇杷等的胚乳培养结果所证实。如果接种时胚乳的生理状态介于上述两者之间，在无胚存在时可以形成愈伤组织，而有胚存在时则可显著提高愈伤组织的诱导率。完全成熟的胚乳特别是干种子的胚乳，其生理代谢活动非常微弱，在诱导其脱分化形成愈伤组织前，必须借助于原位胚的萌发使其活化，活化所需时间的长短因植物种类不同而异。而成熟胚乳细胞经活化之后，即无须"胚因子"的继续存在也可在适宜的培养基上进行增殖。有实验表明，赤霉素具有部分"胚因子"的作用。

总之，胚乳培养是否必须有原位胚的参加，主要与接种时胚乳的生理状态和胚乳的年龄有关。

4. 培养基

诱导愈伤组织常用的基本培养基有 MS、LS、White 和 MT 等，向其加入适当生长调节剂，如 2,4-D $0.5 \sim 2.0$ mg·L^{-1} 或 NAA $0.5 \sim 2.0$ mg·L^{-1}、KT $0.1 \sim 1.0$ mg·L^{-1}，蔗糖浓度 $20 \sim 50$ g·L^{-1}，可提高愈伤组织的诱导率。大多数植物胚乳培养是先诱导愈伤组织，再分化形成植株。植物激素对胚乳愈伤组织的诱导和生长起着重要作用，诱导不同植物愈伤组织所需植物激素种类的种类不同。单子叶植物需要较高浓度的生长素，而双子叶植物往往是细胞分裂素配合生长素使用效果较好；大麦胚乳只有在添加一定浓度 2,4-D 的培养基上才能产生愈伤组织；在猕猴桃胚乳培养中，玉米素（ZT）效果最好；而枣胚乳培养似乎对外源激素的种类无特别要求。

愈伤组织分化常用的培养基是 MS 和 White，添加 6-BA $0.5 \sim 3.0$ mg·L^{-1} 或 KT $0.5 \sim 3.0$ mg·L^{-1} 和 NAA $0.5 \sim 2.0$ mg·L^{-1}。生根培养基为 1/2MS 和 White，添加 NAA 0.5 mg·L^{-1} 或 IAA $1.0 \sim 5.0$ mg·L^{-1}。一些天然的提取液对胚乳培养有促进作用，如酵母提取液、水解酪蛋白、番茄汁和葡萄汁等。另据报道，在小麦、葡萄和变叶木胚乳培养中，在培养基中添加少量的椰子乳也是必需的。

胚乳培养对 pH 的要求较高，不同植物其适宜的 pH 不同。如玉米为 $6.1 \sim 7.0$，蓖麻以 5.0 为好，苹果 $6.0 \sim 6.2$ 较为适宜。

（三）胚乳培养的器官发生

在胚乳培养研究中，器官发生是一种最为常见的植株再生方式，迄今通过这种方式产生完整再生植株的植物有苹果、梨、枇杷、柚、橙、檀香、马铃薯、枸杞、大麦、水稻、玉米、小黑麦杂种、罗氏核实木、猕猴桃和西番莲等 20 余种。与器官发生途径相比，在胚乳培养中通过胚胎发生途径获得再生植株的报道较少，柑橘是通过胚胎发生途径获得的胚乳再生植株的首例植物。

1. 愈伤组织的形成

在离体培养条件下，胚乳经过一定时间培养即可形成愈伤组织。愈伤组织一般由胚乳表层细胞分裂产生。苹果胚乳在培养 $8 \sim 10$ d 后形成愈伤组织，柑橘为 20 d，桃为 $20 \sim 30$ d，蓖麻为 10 d，大麦为 $10 \sim 12$ d，小黑麦杂种为 7 d。

2. 器官发生

胚乳组织器官分化有两种途径，一种是先诱导愈伤组织，然后从愈伤组织中分化出芽；另一种是胚乳组织不形成愈伤组织，直接分化产生茎芽。大多植物通常以第一种器官发生途径为主。另外，有些植物的胚乳组织培养可通过愈伤组织产生胚状体，再由胚状体形成植株，如柑橘、桃、核桃、枣和猕猴桃等。

现有的研究资料表明，愈伤组织分化与培养基所含的激素种类和浓度有关。例如，水稻胚乳在含有 KT（2.0 mg·L^{-1}）和 IAA（4.0 mg·L^{-1}）的培养基上的分化频率高于只含有单一生长素的培养基；GA$_3$ 对于马铃薯形态分化和小苗生长起着重要的促进作用；ZT 对猕猴桃组织分化非常有效。多数研究表明，胚乳组织分化出芽至少需要一种细胞分裂素参与分化诱导。胚乳培养的不同阶段对培养基的要求不同，另外，胚乳接种方式对茎芽分化和分布也有显著影响，切口向下接触培养基时诱导产生的茎芽数量多。

长期培养的胚乳愈伤组织的细胞染色体数目常发生变化，形成多倍体、非整倍体，其原因可能是在体内发育（或离体培养）过程中发生不正常分裂和核融合过程。当然，也有些植物如桑科、豌豆和罗氏核实木等胚乳愈伤组织染色体组成相对稳定。胚乳组织培养获得的再生植株，不一定保持其原来性状，且三倍体只以很小的比例存在。有的植物的胚乳再生植株大多是三倍体，其在形态上和解剖学特征上与合子胚形成的植株相似。

（四）胚乳培养的应用前景

胚乳培养是一种产生三倍体的途径。三倍体植物在经济上有重要价值。首先，由于三倍体植株的种子在早期就发生败育，可以利用三倍体植株来生产无籽果实，例如无籽西瓜、香蕉和苹果等。其次，三倍体植物比二倍体植物高大，生长速度快，生物量高，这在以营养体作为产品的植物上具有重要价值，例如甜菜、桑树和茶的优良品种常常是三倍体。最后，三倍体植物的品质有时优于二倍体，例如三倍体颤杨（*Populus tremuloides*）的木材能生产出质量较好的纸浆。

产生三倍体常规的方法是先用秋水仙碱诱导二倍体，使其染色体加倍，形成四倍体，再用四倍体和二倍体杂交产生三倍体。但在有些情况下，四倍体和二倍体杂交不能成功，因而三倍体种子的来源没有保障。对于木本植物来说，四倍体经过多年的生长发育才能开花，需要花费多年的时间才能产生三倍体，实际上这样做是行不通的。因此，在这些情况下，可采用胚乳培养的方法来获得三倍体植株。三倍体一旦产生，就可以通过快繁技术生产种苗。

三、植物胚乳培养的操作实例

（一）猕猴桃胚乳培养

猕猴桃果实小且有大量的种子，因此获得无籽或少籽的大果型猕猴桃对提高猕猴桃的品质有重要意义。植物三倍体一般会表现出巨大型和高度不育性，因此猕猴桃胚乳培养有望培育出无籽或少籽的优良品种。

其培养步骤如下：

（1）取材。选取"早金"猕猴桃品种的健康果实。

（2）消毒。用自来水冲洗 30 min，然后用 75% 乙醇消毒 1 min，之后在超净工作台内用 0.2% 氯化汞消毒 20 min，再用无菌水冲洗 3 次。

（3）接种。在超净工作台内的无菌条件下，取出种子，剥去种皮后并去掉胚，将胚乳接种在培养基中。所用的基本培养基为 1/2MS 培养基，琼脂粉添加量为 5 g·L^{-1}，蔗糖使用浓度为 20 g·L^{-1}。然后用 0.1 mol·L^{-1} 的 NaOH 调节 pH 至 5.7 ~ 5.8，用高压锅在 121℃下灭菌 20 min。

（4）向培养基中加入 0.1 μmol·L^{-1} NAA 和 5 μmol·L^{-1} 6-BA，可促进愈伤组织不定芽的形成。

（5）向培养基中加入 0.5 μmol·L^{-1} NAA 和 1 μmol·L^{-1} 6-BA，可促进愈伤组织不定根的形成。

（6）培养条件：培养温度为 25℃，光周期为 16 h/8 h，光照强度为 40 μmol·m^{-2}·s^{-1}）。每个处理栽植 6 瓶，每瓶内 10 个外植体。

（二）柑橘胚乳培养

我国柑橘资源丰富，优良品种繁多。柑橘果实既可鲜食，又可加工成果汁，深受广大消费者的喜爱。我国柑橘品种资源虽然丰富，但栽培的品种多是有核甚至多核的，因而影响了商品价值和在国际市场上的竞争力。在柑橘中，通过胚乳再生的植株通常也是三倍体，可产生无籽果实。

其培养步骤如下：

（1）以果龄 2 个月左右的柑橘幼果为实验材料。

（2）幼果处理。将新鲜果实用 70% 乙醇浸泡 30 s，再用 1 g·L^{-1} 氯化汞溶液浸泡 6 ~ 7 min，然后用无菌水冲洗 3 ~ 4 次，每次 3 ~ 5 min。再用干燥的无菌滤纸吸干种子表面的水分后，将果实放在无菌培养皿内。

（3）取胚乳。在超净工作台内的无菌条件下，在种子的合点端纵剖一刀，打开种子取出胚囊。轻轻挤压胚囊的胚端，挤出幼胚，剥离出胚乳，选择半透明状固体、富有弹性的胚乳，单独接种。

（4）愈伤组织诱导。所用培养基以 MS 为基本培养基，加入 1.0 mg·L^{-1} 6-BA、0.2 mg·L^{-1} 2,4-D、40 g·L^{-1} 蔗糖。每个处理接种 10 瓶。及时对其进行形态观察，50 ~ 60 d 后统计愈伤组织诱导率。

（5）不定芽诱导。待胚乳愈伤组织进行增殖培养后，将其接种于不定芽诱导培养基。以 MS 为基本培养基，加入 0.5 mg·L^{-1} TDZ、0.2 mg·L^{-1} NAA、40 g·L^{-1}。每个处理每次接种 20 块愈伤组织。不定时观察愈伤组织动态变化，50 ~ 60 d 后统计不定芽发生情况。

第三节　植物胚珠和子房培养

胚珠培养（ovule culture）是指未受精或受精后的胚珠离体培养。未受精胚珠培养可为离体受精提供雌配子体，也可诱发大孢子发育成单倍体植株。子房培养（ovary culture）是指授粉和未授粉的子房培养。因为合子和早期原胚很难剖取，培养条件要求极高，难于成功。通过对已授粉胚珠和子房进行培养，可对合子及早期原胚离体培养过程进行研究，并使早期原胚发育成苗。

胚珠培养最早的尝试性工作开始于 1932 年，1942 年首次在兰花上获得成功，得到了种子。1958 年，培养授粉后 5 ~ 6 d 罂粟胚珠获得成功，但是胚珠中仅含合子或两个细胞的原胚。20 世纪 70 年代末 80 年代初，开始进行未授粉胚珠培养，培养了未授粉非洲菊和烟草胚珠，并经愈伤组织阶段分化成单倍体植株。

子房培养工作最早始于 1942 年。1949 年和 1951 年，Nitsch 培养了番茄、小黄瓜、菜豆等传粉前或传粉后的子房，其中已授粉的黄瓜和番茄的子房在简单培养基上发育成了有种子的成熟果实，未授粉番茄子房在添加生长素的培养基上发育成了小的无籽果实。

1976 年，法国科学家山挪姆（San Noeum）通过培养未授粉的大麦子房首次获得了单倍体植株。后来相继获得了大麦、烟草、小麦、向日葵、水稻、玉米、百合、青稞、荞麦、白魔芋、杨树等数十种单倍体植株。受精后，子房仍需进行表面消毒后再接种。未受精子房可将花被表面消毒后，在无菌条件下直接剥取子房接种。子房培养可以采用 MS、White、Nitsch 等培养基。

一、胚珠培养

将胚珠从子房中剥离出来进行培养，然后将花粉授在胚珠的珠孔端，也可以实现双受精，获得健康的种子。这种方法在远缘杂交中经常使用，以避免花粉和柱头之间的不亲和。

通常采用带胎座的胚珠进行培养，胎座的存在使培养的胚珠更容易成活。由于胚珠存在于子房内，处于无菌状态，所以只需要对子房进行表面消毒，在超净台上剥出胚珠，进行接种。授粉时可以将无菌的花粉撒在胚珠上，也可以先将花粉撒在培养基上，然后将胚珠接种在撒播的花粉中。

二、子房的培养

1. 传粉后子房的培养

传粉和受精后子房的培养目的在于研究果实发育的营养需求和激素调控。LaRue 曾进行过传粉后子房的培养。Nitsch 在合成培养基上培养黄瓜、草莓、番茄、烟草和菜豆的传粉后的子房，在黄瓜和番茄上获得了成熟的、体积较小的果实和生活力正常的种子。研究表明，要想使授粉后的子房发育为含有种子的果实，必须在培养基中加入糖类、生长素、激动素、维生素和无机盐。Chopra 对蜀葵（Althaea rosea）的研究表明，带有一部分花器官（花萼）的传粉后子房更容易培养，而且子房中的胚胎能够正常发育。小麦传粉后 4 ~ 6 d 的子房如果带有稃片，可以培养形成具有正常胚的颖果。离体培养保留颖片和稃片的大麦幼穗，其原胚能够正常发育到成熟胚，如果去除颖片和稃片，胚胎发育会受到阻碍。近年来，许多育种学家培养麦类的传粉后子房，以便获得远缘杂交种或由染色体排除产生的单倍体植株。

2. 未传粉子房的培养

未传粉子房培养的目的之一是诱导卵细胞或其他的胚囊分子产生单倍体植株（图 4-5）。此外，通过对未传粉子房的培养可以研究离体受精。

离体培养子房的方法是将不同发育阶段的子房连同一段花梗，经表面消毒，

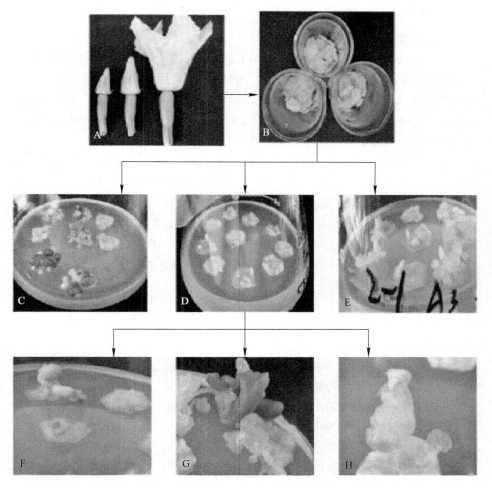

图 4-5 西葫芦未授粉子房胚状体的生长发育过程（引自唐桃霞，2015）
A. 雌瓜；B. 1 mm 厚的子房切片；C. 子房培养 30 d 后变硬的胚珠；
D. 子房切片培养 3 d 后萌动的胚珠；E. 子房切片培养 30 d 后透明白化的
胚珠；F. 子房切片诱导的正常胚状体；G. 子房切片诱导的玻璃化胚状体；
H. 子房切片诱导的淡黄色透明胚状体

接种到琼脂培养基上，然后授以无菌花粉。在离体培养的金鱼草雌蕊的柱头上观察到花粉萌发，此后花粉管生长，受精和胚胎发育都很正常。

雌蕊离体授粉技术是一种接近自然授粉情况的试管授精技术。Gengenbach对玉米进行雌蕊培养和离体受精，并获得了成功，受精率高达 46%。叶树茂等对小麦雌蕊离体授粉，获得了 89.1% 的结实率，并培育出试管苗和成年植株。

未授粉的子房培养和雌蕊离体受精的成功率受到许多因素的影响。一般采取开花 1~2 d 的子房进行培养，培养时最好带一些花梗和花冠组织。授粉时花粉数量尽量充足。雌蕊培养基一般为 MS 培养基，并添加酪蛋白水解物、GA_3、KT，以提高授粉后子房成活率和有效结实率。

三、试管授精在育种上的应用

在植物远缘杂交中，不亲和性阻碍了远缘杂种的产生。离体试管授精能够在一定程度上克服远缘杂交的不亲和性。Dhaliwal 等利用离体雌蕊培养和授粉的方法获得了玉米和墨西哥玉米的杂交种。在女娄菜属（*Melandrium*）、烟草属以及芸薹属的种间杂交中，常由于花粉管在通过花柱组织时受到阻碍而不能受精，利用胚珠培养和离体受精可获得种间杂种。

胚珠培养和离体受精还可用来克服一些植物的自交不亲和性。自交不亲和常常是由于花粉在柱头上不能萌发或花粉管在花柱中生长受阻。在这种情况下，给离体培养的胚珠授粉就可能实现受精作用，并且得到种子。通过这种方法成功克服了矮牵牛的自交不亲和性。将牵牛的花粉撒在离体培养的胚珠上，3 h 后花粉萌发，1 d 后花粉管进入胚珠，3 d 后胚珠明显增大，在培养的第 24 d 得到具有正常胚和胚乳的种子。利用类似的方法克服了怀庆地黄的自交不亲和性，获得了有生活力的种子。

思考与讨论题

1. 植物胚胎培养包括哪些种类？
2. 植物胚培养的意义是什么？
3. 幼胚培养的基本程序是什么？
4. 影响幼胚培养的因素有哪些？
5. 植物胚乳培养的意义是什么？
6. 影响胚乳培养的因素有哪些？

数字课程资源

 视频讲解　　📺 教学课件　　☁ 彩图　　📝 自测题

第五章

植物人工种子技术

知识图谱

在自然条件下，部分植物的结实率比较低，不利于种质资源的保存；也有部分植物因为长期无性繁殖，病毒等有害微生物在植物体内积累，使植物品质下降。因此人工种子技术受到了广泛的关注，相对于传统的植物组织培养技术，人工种子具有体积小、重量轻、便于储藏和运输，可省去在无菌条件下的生长阶段，直接在土壤中萌发，节约时间与成本，同时在人工种子的种皮或胚乳成分中加入一定的激素和抗生素，能够人为控制植物的生长发育和抗性。随着生产工艺优化和制作成本的减少，人工种子作为一项高新技术将会被广泛应用于农业、林业育种和作物的良种繁育，环境绿化以及生物多样性保护等生产实践中。

第一节　植物人工种子的发展

随着植物组织培养技术的迅速发展，以此技术为基础的其他生物工程也应运而生、迅速发展并显示出其巨大潜力。植物人工种子是近年来生物工程技术中发展迅速的领域之一。人工种子，又被称作体细胞种子或合成种子，是将组织培养产生的体细胞胚和性细胞胚包裹在能提供养分的胶囊里，再在胶囊外包上一层具有保护功能和防止机械损伤的外膜，制造出的一种类似于自然种子可以生根发芽的一种物质。植物人工种子包括以植物组织培养的胚状体、不定芽、顶芽和腋芽等为材料，通过人工薄膜包装得到的种子。

自 1978 年美国生物学家首先提出人工种子的概念以来，引起了各个国家的高度重视，列入高技术研究计划。40 多年来，已有几十个国家的科研人员从事着这方面的研究。欧洲把它列入"尤里卡"计划，美国普渡大学的 Kitto 和 Janide（1985）以胡萝卜（*Daucus carota*）胚状体为包裹材料首次制造出小圆片状的人工种子。美国、法国、日本、芬兰、印度、朝鲜等国都在进行人工种子的研究。美国已研制出胡萝卜、莴苣（*Lactuca sativa*）、花旗松（*Pseudotsuga menziesii*）等植物的人工种子，日本着力于研究水稻和蔬菜等作物的人工种子。我国在 1987 年把人工种子研究纳入了国家"863"高技术研究与发展计划，先后投资大量资金，并在棉花、序菜、水稻等作物人工种子的制作技术及生理生化的研究方面取得了重要成果和可喜的进展。

人工种子的研究，最早是利用包埋体细胞胚来制作人工种子，如胡萝卜、苜蓿（*Medicago sativa*）、芹菜（*Apium graveolens*）等模式植物。后来人们用芽、短枝、愈伤组织等材料作为胚状物进行人工种子的研究。至今，已对 35 科近 40 种植物进行了人工种子的研究。人工种子作为一种可替代天然种子的人造体，可直接播种于田间。人工种子这种新的生物技术在农业上的应用，将给农业带来巨大的经济效益。

然而，要真正实现人工种子的实践应用，还取决于两个关键技术的成熟程度，即繁殖体生产技术和人工种皮材料的研制。从离体培养技术的角度上看，诸多植物的离体培养已经成功。但应用于生产实际的人工种子必须要有良好的性状一致性和遗传稳定性，繁殖体离体培养中所出现的变异仍是人工种子应用的一个难题。尽管目前已试验过许多人工种皮材料，但离实际应用的要求也还有一定距离，因此，人工胚乳及人工种皮材料的研制，仍是人工种子研究的重要课题。此外，人工种子的贮藏技术也是目前还没有完全解决的问题。相信随着研究的深入，人工种子将会在更多植物中得以应用，并促使细胞工程技术在植物生产中发挥更大的作用。

第二节　人工种子

一、人工种子的概念及特点

人工种子又称合成种子，一般是指离体培养条件下的植物材料，通过繁殖获得大量高质量的成熟胚状体，把这些胚状体外面包上有机化合物作为保护胚状体及提供营养的"种皮"，从而创造出与真种子类似的结构。它具有同天然种子类似的结构，由胚状体、人工胚乳和人工种皮三部分组成（图 5-1）。最外一层由有机薄膜包裹，即人工种皮，以保护水分免于丧失和防止外部物理力量的冲击；中间含有培养物（即胚状体）所需的营养成分和某些植物激素及人工胚乳，作为胚状体萌发时的能量和促进因素；最里面的是胚状体。在适宜条件时人工种子同普通种子一样发芽成苗，故又称作合成种子或种子类似物。

人工种子属于无性繁殖，具有很多优点：①由于在室内生产，不受自然环境的影响，一年四季均可进行，还可节省大面积种子田。②可通过细胞悬浮培养和用发酵罐生产，繁殖速度快，能大大提高育种效率，缩短育种时间。③人

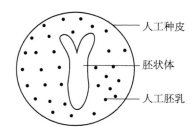

图 5-1　人工种子的结构示意图

人工种皮
胚状体
人工胚乳

工种子可以进行工业化生产，且不存在品种退化，一旦获得优良基因表达，便可以多年使用，不需要另找父本、母本等配套育种的复杂过程。④利用重组DNA、细胞融合等现代生物技术可以生产出人类所需要的任意优良性状的作物。这主要是由于人工种子在培养过程中可以采用基因工程（如基因重组）、细胞培养、组织培养等，在基因组测序及功能基因挖掘的基础上，按照人们的需要进行外源优良性状的导入或利用刺激细胞突破等方法获得更加优质的人工种子。⑤在人工种皮中可以加入天然种子所没有的特殊成分，以促进农作物的生长，如加入杀虫剂、除草剂、各种肥分等，这样种植时就不需要再施基肥，便可使苗木生长健壮、提高抗性。例如：美国的植物遗传公司同纽约州的一家生物技术公司合作，将杀真菌剂同胚状体合包在胶囊内制成人工种子，播种后长出的植株能抗病虫害。他们还进行了另一项合作，就是把微小的线虫装进人工种子胶囊内，种子发芽后，这种对作物无害的线虫，却能够吃掉伤害作物的昆虫的幼虫，有效地保护了作物。⑥节省劳动力并可降低成本。人工种子可保证种子同步发芽生长并同时成熟，这对管理和收获都是非常有利的。

二、人工种子的制作

1986 年，Redenbaugh 等建立起制作人工种子的完整体系：①选取目标植物；②诱导胚性愈伤组织；③采用固体或液体培养基培养体细胞胚；④同步化调控体细胞胚；⑤机械分选大小、成熟度一致的体细胞胚作为包埋繁殖体；⑥人工胚乳和人工种皮包埋体细胞胚；⑦人工种子贮藏；⑧人工种子的萌发与转化成苗；⑨人工种子体胚苗农艺性状和变异特性研究。

（一）目标植物和外植体的选取

植物种类和外植体类型不同，体细胞胚的诱导难易程度也不相同，影响人工种子的应用前景。在植物种类上，单子叶植物比双子叶植物体细胞容易发生，同一植物的不同品种之间体细胞胚的诱导率也有较大差异，而幼嫩、生理状态活跃的材料比较容易培养。在外植体类型如茎尖、茎段、叶片、子叶，下胚轴、花瓣等选取上，因植物种类不同诱导产生体细胞有难有易，如茄子（*Solanum melongena* L.）叶和子叶更容易产生体细胞胚，番茄（*Solanum lycopersicum*）下胚轴更易产生胚状体。即使同一外植体部位不同，诱导产生体细胞胚潜力也各异，茄子中下胚轴末端比中间更具有成胚能力。此外，外植体选择与体细胞胚质量有关，例如水稻幼穗诱导的胚性愈伤组织质量最好，其次是有胚或成熟的种子胚，而由其他部分诱导出来的愈伤组织则很难产生体细胞胚。

（二）胚状体和胚类似物的诱导

1. 胚状体的诱导和形成

生产高质量的胚状体是制作人工种子的关键。自从 1958 年在胡萝卜的组织培养中最先发现胚状体（体细胞胚）以来，诱导出体细胞胚的植物不断增加。迄今为止，植物学家已在 100 多种植物中得到了体细胞胚胎，而且在许多珍稀或重要树种上也实现了体细胞工程育苗的产业化。植物体细胞胚胎发生的方式分直接发生和间接发生两种：直接发生即体细胞胚直接从原外植体不经愈伤组织阶段发育而成，其来源细胞可以是外植体表皮、亚表皮、合子胚等；间接发生即体细胞胚是从愈伤组织，有时是从已形成的体细胞胚的一组细胞中发育而成。实际操作中，一般在试管中诱导出愈伤组织，并在含生长素的培养液中培养，然后置于含生长素的培养基上，使细胞迅速扩增，再将细胞移入无生长素的培养基上诱导出大量胚状体。

2. 胚类似物

以体细胞胚为包裹材料的人工种子要求高质量的体细胞胚能够大量同步发生，而目前只有少数植物能建立这样的体细胞胚发生系统，如胡萝卜、苜蓿、龙眼（*Dimocarpus longan*）、烟草（*Nicotiana tabacum*）、芹菜、棉花（*Gossypium* spp.）等，许多经济作物还需要进一步提高胚的质量。为此，人们积极探讨用体细胞以外的胚类似物来生产人工种子。

胚类似物或非体细胞胚是指芽、短枝、愈伤组织、花粉胚、块茎、球茎等繁殖体。据报道，胚类似物的应用比例已超 46.4%，发生这一变化，是因为目前只有少数植物能建立起高质量的体细胞胚发生系统，并且已建立起良好体细胞胚发生系统的植物，如胡萝卜、苜蓿和芹菜等实际上几乎没有必要用人工种子作为繁殖手段，而只是作为模式植物进行研究。

相对于体细胞胚人工种子来讲，非体细胞胚人工种子有以下优点：①几乎所有粮食作物、经济作物、园艺作物在离体条件下都能以不定芽、原球茎、茎段等方式进行增殖；②诱导植物体细胞胚胎发生难度很大，而以非体细胞胚为包裹材料降低了人工种子制作的难度；③体胚诱导一般需要对外植体进行脱分化与再分化，这个过程中体细胞克隆存在高频率的变异，而通过微芽的方式能把变异的风险降到最低。

制作人工种子的非体细胞胚分为三类：第一类是球茎、原球茎等天然单极性繁殖体（natural unipolar propagule，NUP）；第二类是微切段（micro cutting，MC），如带顶芽或腋芽的茎节段、不定芽；第三类是处于分化状态的繁殖体（differentiating propagule，DP），如拟分生组织、细胞团、原基等。

（1）天然单极性繁殖体（NUP）这种繁殖体贮藏有较多的营养物质，本身具有较强繁殖能力；制成的人工种子一般不需添加植物生长激素就具有很高的发芽率。例如，铁皮石斛原球茎制成的人工种子发芽率达 80%；半夏（*Pinellia ternata*）小块茎制成的人工种子，在无菌培养基上的萌发率可达 70%，在未灭菌泥炭土中约为 30%。人工种皮内添加适当激素可促进萌发。

（2）微切段（MC）目前非体胚人工种子主要集中在微切段，已有很多文献对其进行了综述。1998 年冉景盛等用含 0.2% 多菌灵的海藻酸钠包裹日本珊瑚树腋芽，制作成的人工种子在有菌的蛭石上发芽率达 67.75%。1999 年 Gardi 等对猕猴桃等 10 种木本植物以微切段进行包裹制作人工种子。虽然微切段繁殖体在无菌培养基上具有较高的发芽率，但由于其没有根或根原基，如果把人工种子播种在不添加营养物质和激素的无菌水或其他基质中，萌芽率一般都非常低。在包裹前对微切段进行预培养，将大大提高其萌芽率。

（3）处于分化状态的繁殖体（DP）由于这类繁殖体处于脱分化状态，一般需在人工胚乳中添加各种营养物质和生长激素，以促进其分化成其他类型的繁殖体（如不定芽、球茎、体胚等）。Uozumi 等以辣根根原基为原料进行包裹制成人工种子，放在添加各种生长调节剂的培养基上培养。研究发现，根原基生长到 26 d 时最适合包埋，最终会分化为小苗。Patel 等以胡萝卜的细胞团用中空包裹法制作人工种子，细胞团分裂形成胚性愈伤组织，将其再进行培养能诱导出体胚。

在园艺植物上，姜用枝芽、香蕉用茎尖、大花蕙兰用原球茎、蕹菜及甘薯用腋芽、百合用小鳞茎、微型薯用不定芽、紫花苞舌兰用种子均成功制作了非体细胞胚人工种子。

3. 胚状体或胚类似物的同步化和分选

胚状体的同步化是指促使所有培养的细胞或发育中的细胞团块进入同一个分裂时期。胚状体大小对人工种子发芽速度和整齐度有很大的影响，因此用于包埋的胚状体或胚类似物须经同步化或制种前的分选。而在体细胞胚胎发生过程中，细胞分裂和分化往往是不同步的，以致体细胞胚胎的产生也不同步，常常在同一外植体上可以观察到不同发育时期的大小各异的胚状体。体胚的分化也是不同步的。但人工种子又必须要求发育正常、形态上一致的鱼雷形胚或子叶形胚（因为它们比心形胚活力高、发芽率高、耐包裹，做成人工种子后成株率高），为此要对体细胞胚发生进行同步化控制、筛选与纯化。目前同步化处理或分选的方法主要有：

（1）激素调节法　通过调节培养基中的激素种类和比例来控制，如胡萝卜体细胞胚，把 2,4-D 从培养基中去掉便可获得成熟体细胞胚，也有人发现使用 ABA 有利于体细胞胚的发育。

（2）低温冲击法　在细胞培养的早期对培养物适当低温处理若干小时。低温的作用主要是阻碍微管蛋白合成和纺锤体形成，从而使滞留于有丝分裂中期的细胞增多，低温处理后如果再回到正常的培养温度，细胞则可能同步分裂。

（3）饥饿法　将培养基中的一些重要成分反复去除和添加。

（4）阻断法　在培养初期加入 DNA 合成抑制剂，如 5-氨基脲嘧啶，阻断细胞分裂的 G_1 期。

（5）渗透调节法　不同发育阶段的胚状体具有不同的渗透压，通过调节渗透压来控制胚的发育，使其停留于某个阶段。

（6）密度梯度离心法　在细胞悬浮培养的适当时期，收取处于胚胎发育某个阶段的胚性细胞团，转移到无生长素的培养基上，使多数胚状体同步正常发育。

（7）过滤分选或仪器分选法　一般来说，不同胚状体的大小反映了其处于不同发育阶段。选用不同孔径的尼龙网来过滤悬浮培养液中的胚状体，可获得所需阶段的胚状体。由于同步化筛选所需时间以及操作复杂会增大胚状体的变异，所以胚胎发生的同步化与制种前的分选可以结合起来，只要制作的人工种子发芽基本均匀即可。胡萝卜下胚状体以 0.9～2 mm 大小最适于制种，通常以过滤分选法比较实用、有效和快捷。

（三）人工种子的制备和包埋

1. 人工种皮的制备

人工种皮既要求内外气体交换畅通，以保持胚状体的活力，又要能防止水分及营养成分的渗漏和起保护作用。一般采取双层种皮结构，内种皮通透性较高，外种皮硬、透性小，起保护作用。

现已筛选出海藻酸钠、明胶、果胶酸钠、琼脂、树胶等可作内种皮应用，某些纤维素衍生物与海藻酸钠制成复合的包埋基质，可明显改善人工种皮的透气性，海藻酸钠中加入多糖、树胶等，可减慢凝胶的脱水速度，提高干化体细胞胚的活力。

外层种皮可选用半疏水性聚合膜，以降低海藻酸钙的亲水性，对人工胚乳起固定作用。另外，可在膜上添加毒性小的防腐剂或溶菌酶，以防止微生物的侵入。壳聚糖可用于制作油菜人工种子的种皮，萌发率达 100%，但在有菌条件下萌发率仍不高。美国杜邦公司生产的由乙烯、乙酸和丙烯酸三种物质聚合的 Elvax 材料，是目前认为较好的一种人工种皮材料。

2. 人工种子的包埋

虽然现在已经有国家研制出了人工种子包埋机，但还没能完全替代手工包埋，还有许多需要改进的地方。目前，主要的包埋方法有液胶包埋法、干燥法和水凝胶法。液胶包埋法是将黏滞流体胶中悬浮的胚状体直接播种于土壤中，Drew 用此法将胡萝卜的体细胞胚播种于无糖分的基质上，成功获得了 3 棵植株。干燥法是指用聚氧乙烯等聚合物包埋干燥过的体细胞胚，此法有利于人工种子的贮藏，Redenbaugh 等首次用该方法包埋苜蓿体细胞胚，成苗率达 86%，证明了干燥法包埋体细胞胚的有效性。水凝胶法是指通过离子交换或温度突变将繁殖体包埋起来，形成球形的凝胶颗粒，目前，最常用的是离子交换法，即将海藻酸钠中悬浮的体细胞胚滴入 $CaCl_2$ 溶液后发生离子交换反应，形成球状胶囊。

三、人工种子的贮藏与萌发

由于农业生产的季节性限制，人工种子需要贮存一段时间，但人工种子往往含水量大，种球易失水干缩，且种皮内糖分易引起胚腐烂，贮存难度较大。据观察，胡萝卜胚状体置于无糖分的培养基上可存活两年。不包裹的胚状体在贮存过程操作时易受损伤，但包裹的胚状体贮存后成苗率明显降低，降低速度比不包裹的快，因而有必要研究人工种子的贮藏。

（一）人工种子贮藏技术

目前应用贮藏人工种子的方法有低温法、干燥法、抑制法、液体石蜡法等及上述方法的组合。干燥法和低温法组合是目前应用最多的，也是目前人工种子贮藏研究的主要热点之一。由于人工种子贮藏技术很大程度上依赖于包埋技术，不同的包埋材料的贮藏方法也不同，本节主要总结以海藻酸钠为包被材料制作的人工种子的贮藏技术。

1. 低温贮藏技术

低温贮藏是指在不伤害植物繁殖体的前提下，通过降低温度来降低繁殖体的呼吸作用，使之进入休眠状态。常用的温度为 4℃，在此温度下体细胞胚人工种子可以贮藏 1~2 个月。

2. 液体石蜡贮藏技术

液体石蜡作为经济、无毒稳定的液体物质，常被用来贮藏细菌、真菌和植物愈伤组织。人们把人工种子放在液体石蜡中，保存时间可达 6 个月以上。胡萝卜人工种子在液体石蜡中短时间保存（1 个月）能较正常地生长，但时间延长（79 d），人工种子苗的生长则明显比对照组差，液体石蜡对幼苗的呼吸和光合作用有一定的阻碍作用。所以，在常温下液体石蜡不能通过抑制发芽来贮藏人工种子。干燥后的人工种子，在 2℃ 的液体石蜡中，2 个月后只有 2% 萌发。

3. 超低温贮藏技术

随着超低温保存技术在种质资源保存方面的发展，其在人工种子保存方面的应用也日渐成熟。超低温一般是指 −80℃ 以下的低温，如超低温冰箱（−150~−80℃）、液氮（−196℃）等。在此温度下，植物活细胞内的物质代谢和生命活动几乎完全停止。所以，植物繁殖体在超低温过程中不会引起遗传性状的改变，也不会丢失形态发生的潜能。目前应用于人工种子超低温保存的方法主要是预培养 – 干燥法，即人工种子经一定的预处理，并进行干燥，然后浸入液氮保存。

4. 干化贮藏技术

干化能增强人工种子幼苗的活力，有助于贮藏期间细胞结构及膜系统的保持和提高酶的活性，使其具有更好的耐贮性。干燥与低温结合效果较好，至少可贮藏人工种子两个月，干燥后种子体积变小，变硬，也便于包装运输。控制适当的脱水程度对提高人工种子的耐藏能力有重要作用。

（二）人工种子发芽试验

包裹好的人工种子含水量大，易萌芽，通常要对它在无菌条件下和有菌条件下进行发芽试验。把包好的人工种子接于 MS 或 1/2MS 培养基中为无菌条件；有菌条件常用蛭石和砂 1∶1 混合，开放条件下，把人工种子接种于其中，培养条件均为温度 25±1℃，光照 10 h·d^{-1}，光照度为 1 500 lx，蛭石与砂要保持一定的湿度，防止人工种子水分很快丧失而使球变硬变小，影响种子萌发。定时观察统计发芽的粒数并计算发芽率。有的人工种子能发芽但不一定能发育成植株。实验中常把胚根或胚芽伸出人工种皮大于 2 mm 称为发芽。而把胚芽、胚根部都伸出种皮并长于 5 mm 称为成苗。

一般来说，在人工种皮内补充添加剂有利于有菌条件下萌芽，试验表明在蛭石、珍珠岩等基质上发芽率较高。此外，防腐也可以提高人工种子的萌发率，汤绍虎等在甘薯人工种皮中加 40~502 mg·L^{-1} 的头孢菌素、多菌灵、青霉素或羟基苯酸丙酯，均有不同程度的抑菌作用，萌发率可提高 4%~10%。薛建平等（2005）在半夏人工种子制作基质中加入 1% 多菌灵、0.2% 次氯酸钠以及 0.1% 壳聚糖，其萌发率提高到 80%。

综上所述，尽管目前人工种子技术的实验室研究工作已取得较大进展，但人工种子尚待进一步研究与完善，其主要障碍在于：①许多重要的植物目前还不能靠组织培养快速产生大量出苗整齐一致的、高质量的胚状体或不定芽；人工种子的质量达不到植物正常生长、运输和贮藏的要求；人工种子的制种和播种技术尚需进一步研究。②目前多数人工种子的成本仍然高于试管苗和天然种子。虽然一些研究机构已经建立大规模自动化生产线，能够生产出高质量、大小一致、发育同步的人工种子，但是它的成本仍高于天然种子。以苜蓿为例，目前生产 1 粒人工种子所需成本是约为 0.18 分，而 1 粒天然苜蓿种子的成本约为 0.004 分，两者相差 40 多倍。因此，人工种子要真正进入商业市场并与自然种子竞争，必须降低生产成本。③由于人工种子是由组织培养产生的，需要一定时间才能很好地适应外界环境，因此人工种子在播种到长成自养植株之前的管理也非常重要，在推广之前必须经过农业试验，并对栽培技术及农艺性状进行研究。由此可见，人工种子要想成为种植业的主导繁殖体，目前仍有相当的困难。但有一点是很明确的，那就是人工种子与试管苗相比，所用培养基量少、体积小、繁殖快、发芽成苗快、运输及保存方便。人工种子的开发利用前景是十分诱人的。这项生物高新技术将对作物遗传育种、良种繁育和栽培等起到巨大的推进作用，并将掀起种子产业的一场革命。

第三节　几种植物人工种子的制备技术

一、大田作物人工种子制备技术

（一）水稻人工种子制备技术

水稻作为我国主要粮食作物之一，对其杂种优势的利用和固定一直深受重视，通过人工种子生产可为水稻杂种优势的固定开辟一条新的途径。

水稻人工种子大多是通过体细胞胚方式包埋而成的，秦瑞珍等 1989 年首次报道了通过不定芽再生的水稻植株。用水稻不定芽无性繁殖系制作人工种子的方法如下：剥去稻种颖壳的糙米，$2\ mg \cdot L^{-1}$ 2,4-D 溶液浸泡过夜，洗洁精和自来水反复冲洗后，0.1% 氯化汞消毒 15～20 min，无菌水冲洗数次后，将米粒接种在 $MS + 2,4$-D $2\ mg \cdot L^{-1} + KT\ 0.5\ mg \cdot L^{-1}$ 的诱导培养基上，25℃暗培养。2 d 后胚芽出现，7 d 后胚芽基部开始膨大，切除胚芽后继续培养，25 d 后胚性愈伤组织出现，然后将其移至含 $IAA\ 1\ mg \cdot L^{-1} + 6$-BA $0.5\ mg \cdot L^{-1}$ 的 MS 培养基上，可分化出绿苗。一个月后，将绿苗的顶端切除，置于 $MS + 6$-BA $3\ mg \cdot L^{-1} + NAA\ 0.2\ mg \cdot L^{-1}$ 的增殖培养基上，待苗长高后再切除顶部，如此反复继代即可筛选出不定芽。然后对不定芽进行包埋即可制作人工种子。

此外，用水稻幼穗也可制作人工种子，其方法是：取 1 cm 左右的水稻幼穗，70% 乙醇表面消毒 1 min，在超净工作台上剥开后接种于含 $1\ mg \cdot L^{-1}$ 2,4-D、$0.5\ mg \cdot L^{-1}$ BAP、$30\ g \cdot L^{-1}$ 蔗糖、$6.8\ g \cdot L^{-1}$ 琼脂、pH 为 5.8 的 N6 培养基上，

26±2℃暗培养。将诱导出的愈伤组织接种于含 BAP 2 mg·L^{-1}、2,4-D 0.2 mg·L^{-1}、45 g·L^{-1} 蔗糖、7 g·L^{-1} 琼脂、pH 为 5.8 的 N6 培养基上，26±2℃光培养，光照度 1 500 lx。将分化的 2～3 mm 不定芽置于含 2% 海藻酸钠、铜盐、100 mg·L^{-1} 肌醇、2 mg·L^{-1} BAP、0.5 mg·L^{-1} NAA、麦芽糖为碳源的培养基的凝胶液中，在无菌条件下将含有不定芽的凝胶滴入 CaCl$_2$ 溶液中固化成直径为 6 mm 的水稻人工种子。

（二）甘薯人工种子制作技术

甘薯（*Dioscorea esculenta*），又名番薯、红薯、地瓜、白薯、甜薯，是中国许多地方重要的粮食作物。我国年留种薯量约 2.5 亿 kg，占甘薯总产量的 0.5%。每年经储藏、运输的烂薯率更高达 50%，损失很大。如果应用甘薯人工种子代替薯块繁殖，可节约种薯，克服储藏烂窖等问题。为此，周丽艳等成功制作了甘薯的人工种子，基本步骤如下：①将甘薯苗剪成长 3～4 mm 的带腋芽茎段，将落段投入到 MS＋4% 海藻酸钠＋30 g·L^{-1} 蔗糖 +0.5 mg·L^{-1} NAA 的培养基中，充分混匀；②用不锈钢小勺均匀地舀出包有海藻酸钠的茎段，快速投入 20 g·L^{-1} CaCl$_2$ 溶液中，10 min 形成一定硬度的白色人工种子胶囊后，倒出 CaCl$_2$ 溶液，用 MS 洗液冲洗 3 次，用无菌滤纸吸去人工种子表面的水分；③将人工种子放入 10% 的环己烷（Elvax 4260）中浸泡 1 h，取出后用气流吹干，用无菌水冲洗，形成种子外膜；④将制作成的人工种子置于 4℃下贮藏，于 MS 培养基中 25℃、12 h 光照条件下发芽。

二、林木人工种子制作技术

相思树，又名台湾相思、香丝树、相思仔、假叶豆，为豆科含羞草亚科金合欢属植物，原产于中国台湾南部、中国南方及东南亚一带。因树冠苍翠绿荫，相思树可作为优良而低维护的遮阴树、行道树、园景树、防风树、护坡树。幼树还可作绿篱树，尤适于海滨绿化，花能诱蝶、诱鸟。由于相思树种子紧缺，进口良种成本昂贵，扦插繁殖萌发率低，极大限制了相思树的实践应用。为此，林珊珊等成功研制了相思树的人工种子，其基本步骤如下：

（1）外植体准备　以继代 20 d 的厚荚相思茎段为材料，切取大小 2～3 mm 的微芽作为包埋材料。

（2）人工种子制作　将厚荚相思的微芽与 50 mL 含有 10 mmol·L^{-1} CaCl$_2$ 的 3% 羧甲基纤维素钠溶液混合搅匀，用口径为 4 mm 的滴管将含有包埋物的羧甲基纤维素钠溶液吸起，滴入 100 mL 的 2% 海藻酸钠 +30 g·L^{-1} 蔗糖溶液中，进行离子交换，在这个过程中要不断地振荡海藻酸钠溶液；用无菌去离子水冲洗两遍，洗掉未交换的海藻酸钠，防止种球相互黏附，之后再用 10 mL 的 10 mmol·L^{-1} CaCl$_2$ 固化 20 min，用无菌去离子水冲洗两遍。

（3）贮藏与发芽　将制作成的人工种子置于 15℃下贮藏，贮藏时间越短，发芽率越高；将包埋后的种子置于 40 mL 沙子 +20 mL 水的混合基质中，发芽率最高。

三、药用植物人工种子制作技术

（一）铁皮石斛人工种子制作技术

铁皮石斛（*Dendrobium officinale*）乃石斛中的珍品，不仅可观赏，而且可药用，近年来市场需求量不断增加，但其生境苛刻，自然生长繁殖相当缓慢，加之过度采挖，已成为濒危植物。2010 年刘宏源等报道了一种铁皮石斛人工种子制作方法的专利（专利号 CN101849503A），具体技术步骤如下。

1. 原球茎的诱导与增殖

选取铁皮石斛成熟未开裂蒴果，自来水冲洗表面污渍 5 min 后，用 70% 酒精棉球擦拭果壳表面沟纹，然后将整个蒴果放入 0.1% 氯化汞溶液中消毒 15～25 min，无菌水冲洗 4～5 次，吸干表面水分。此后，将果实用消毒后手术刀切开，用接种针将粉末状胚接种到种子萌发培养基表面，接种两周后，种子萌发形成原球茎。将种子萌发的原球茎接种于增殖培养基中进行培养，接种量以鲜重计，每瓶 3 g，原球茎增殖培养基为 $MS + 1.0\ mg \cdot L^{-1}\ KT + 0.2\ mg \cdot L^{-1}\ NAA$，每升培养基添加 50～100 mL 椰子汁和 10～20 g 纳米二氧化钛 TiO_2。上述步骤中，培养基 pH 为 5.4～5.6，培养温度 25 ± 2℃，光照度 $2\ 000\ lx \cdot (10\ h)^{-1}$。

2. 人工种子制作

将增殖后的原球茎转入含有 $0.5\ mg \cdot L^{-1}$ ABA 的 MS 培养液内振摇培养（$100\ r \cdot min^{-1}$），每 10 d 更换培养液 1 次。30 d 后用 6 目尼龙网筛选长 0.5～1.5 mm、宽 2.0～3.4 mm 的原球茎作为包埋繁殖体。在超净工作台上，将原球茎浸入含有 $MS + 0.5\ mg \cdot L^{-1}\ BA + 0.5\ mg \cdot L^{-1}\ NAA + 3\ g \cdot L^{-1}$ 活性炭 +3% 海藻酸钠 $+3 g \cdot L^{-1}$ 百菌清 +1.5% 淀粉 +1.0 保水剂 +2.0% 纳米 TiO_2 的人工胚乳中，3～5 min 后，用吸管将包有原球茎的半凝胶状态海藻酸钠滴到添加 2% 壳聚糖和 1.0～3.0% 纳米 TiO_2 的 2% $CaCl_2$ 溶液中，15 min 后取出用蒸馏水冲洗干净，置于滤纸上吸干表面水分，即可获得人工种子。

3. 人工种子萌发与贮藏

将制作好的人工种子放入灭菌并烘干的三角瓶中，用封口膜封好，在 4℃ 下贮藏，用时将人工种子放在 MS 琼脂糖培养基上萌发率最高。

（二）白术人工种子制备技术

白术（*Atractylodes macrocephala* Koidz）为菊科苍术属植物，其干燥根茎气清香、味甘苦、性温，具健脾益气、燥湿利水、止汗、安胎等多项药用功能，为常用大宗药材之一。利用组培技术进行快繁，虽能克服白术长期以来由于药农只种不选出现的种性退化、药材产量和质量下降问题，但试管苗生产周期长、成本高、不便运输，限制了白术的规模化生产。为此，汪福源等（2012）研制了白术人工种子制作技术，具体流程如下：

1. 材料准备

选取 1.5～2.0 cm 大小的白术外植体幼芽，经 0.1% 氯化汞消毒后，接种于含 $0.5\ mg \cdot L^{-1}$ BA + $5.0\ mg \cdot L^{-1}$ 病毒唑的 MS 培养基上，得到无菌试管苗作为试验材料。

2. 外植体选取与人工种子制作

切取 3～5 mm 直径的单个腋芽，置于湿热灭菌的 2.5% 海藻酸钠 +1/2 MS+0.5 mg·L^{-1} IAA+30 mg·L^{-1} 蔗糖的溶液中，然后采用滴注法，吸取包有小芽的半凝胶状态海藻酸钠滴到 2% 的 CaCl$_2$ 中 8～10 min 后捞出，用无菌水浸洗 2～3 次。

3. 人工种子萌发

制作好的人工种子播种在铺有无菌水浸润滤纸的培养皿中，25℃、1 500 lx、16 h/8 h（光 / 暗）的条件下发芽。

（三）杜鹃兰人工种子制作技术

杜鹃兰（*Cremastra appendiculata*），别名大白及、三七笋，为兰科杜鹃兰属野生珍稀药用及观赏植物，以假鳞茎入药，其性味辛、涩，可清热解毒，润肺止咳，活血止痛，对痈肿、跌打损伤和蚊虫叮咬等具有良好的治疗效果。由于杜鹃兰生境苛刻，自然生长繁殖极其缓慢，加之过度采挖，已成为濒危植物。杜鹃兰已经实现了组织培养和植株再生，张明生等报道了杜鹃兰人工种子制作技术，基本步骤如下。

1. 原球茎的诱导增殖及原球茎悬浮系的建立

以幼嫩、健壮的野生杜鹃兰假鳞茎为外植体，经充分消毒后用无菌刀片将其切成带 1～2 个不定芽眼的小块，接种于高压灭菌后的原球茎诱导培养基上，原球茎诱导培养基组成为 MS + BA 2.0 mg·L^{-1} + 2,4-D 0.5 mg·L^{-1} + 蔗糖 30.0 g·L^{-1} + 琼脂 8.0 g·L^{-1} +PVP 0.5 g·L^{-1} + 内生真菌提取物 10.0 mg·L^{-1}，pH5.8。培养室温度为 25±1℃，光照 12 h·d^{-1}，光照强度为 55 μmol·m^{-2}·s^{-1}。待原球茎长出后，将其接种于增殖培养基上，增殖培养基的组成及培养条件均与原球茎诱导相同。待形成足够的原球茎增殖群体后，按每瓶 5 g 鲜重的接种量接种于盛有 50 mL 液体培养基的 250 mL 三角瓶中，培养基组成为 1/2MS（大量元素减半）+BA 2.0 mg·L^{-1}+2,4-D 0.5 mg·L^{-1}+ 蔗糖 30.0 g·L^{-1}+ 内生真菌提取物 10.0 mg·L^{-1}，pH5.8，在 25±1℃、漫射光下，摇床转速为 60 r·min^{-1} 的条件下培养，每 10 d 更换培养基 1 次，培养 30 d 后，用尼龙网从原球茎悬浮系中筛选适宜大小的原球茎，用作杜鹃兰人工种子的繁殖体。

2. 人工种子的制作

以杜鹃兰原球茎为繁殖体，4.0% 海藻酸钠 +2.0% 壳聚糖 +2.0% CaCl$_2$ 为人工种皮，1/2MS 液体培养基 + 0.2 mg·L^{-1} NAA + 0.1 mg·L^{-1} GA$_3$ + 0.1 mg·L^{-1} GA$_3$ + 0.5 mg·L^{-1} BA + 0.4 mg·L^{-1} 青霉素 +0.3% 多菌灵粉剂 + 0.2% 苯甲酸钠 + 10 g·L^{-1} 蔗糖 +10.0 mg·L^{-1} 内生真菌提取物为人工胚乳成分，制作杜鹃兰人工种子。

3. 人工种子的贮藏与萌发

将制作成功的杜鹃兰人工种子盛入无菌培养皿并用封口膜密封后，置于 4℃、黑暗条件下保存。待用时，选取人工种子于 MS 琼脂固体培养基上，25℃左右、55 μmol·m^{-2}·s^{-1}，强散射光下萌发，效果最好。

思考与讨论题

1. 人工种子的优点有哪些？
2. 如何制作完整的人工种子？
3. 胚状体或胚类似物的同步化处理或分选的方法有哪些？

数字课程资源

 视频讲解　　教学课件　　自测题

第六章

植物脱毒培养

知识图谱

植物病毒在植物界中普遍存在，几乎每种作物都带有一至几种甚至几十种植物病毒。当病毒侵入植株体内后，会通过改变细胞代谢途径等方式使植物正常的生理机能受到干扰或破坏，从而导致植物生活力降低、适应性减退、抗逆性减弱、产量下降、品质变劣甚至死亡等，给农业生产造成巨大损失。因此，培养和栽培无病毒植株就显得尤为重要。通过学习本章内容，可以对植物脱毒的概念与意义，以及一些常见的脱毒方式如热处理脱毒、茎尖培养脱毒等方法有一定的了解，并通过一些实例学习如何鉴定和保存无毒植株。

第一节　植物脱毒的意义

植物病毒病（virus disease）是指由病毒（virus）和类似病毒的微生物（virus-like organism）如类病毒（viroid）、植原体（phytoplasma）、螺原体（spiroplasma）以及类细菌（bacterium-like organism）等引起的一类植物病害。

目前已发现的植物病毒和类病毒、病害已超过 700 种，在已知的园艺植物病毒病中，仁果类 30 余种、核果类 100 多种、草莓 24 种、柑橘病毒 20 余种以及观赏植物病毒 100 多种，几乎每种作物上都有一至几种甚至十几种病毒危害。病毒和类似病毒入侵植物体后，通过改变细胞的代谢途径使植物正常的生理机能受到干扰或破坏，从而导致植物生活力降低、适应性减退、抗逆性减弱、产量下降、品质变劣甚至死亡等，给农业生产造成巨大损失。据报道，病毒及类似病毒病害造成苹果减产 15%～45%、马铃薯减产 50% 以上，葡萄果实成熟期推迟 1～2 周、减产 10%～15% 和品质下降 20% 等（表 6-1）。所有的病毒都可以随种苗或其他营养繁殖材料传播，而有些病毒如马铃薯 Y 病毒属（*Potyvirus*）、线虫传多面体病毒属（*Nepovirus*）和等轴不稳定环斑病毒属（*Ilaruvirus*）等的多种病毒还可以通过种子等有性繁殖材料传播。在自然条件下，病毒一旦侵入植物体内就很难根除。实践证明，在目前的技术条件下，培育和栽培无病毒种苗是防治作物病毒及类似病毒病害的根本措施。同时，栽培无病毒种苗不仅会增强作物的适应能力和抗逆能力，提高作物的产量和品质，而且脱毒种苗的应用还能消减生化

表 6-1　一些常见植物病毒引起的可见病症

症状	病毒病名称	症状	病毒病名称
褪绿、黄化	小麦黄矮病	斑点	十字花科黑斑病
花叶、斑驳	烟草花叶病、菜豆花叶病、黄瓜花叶病	萎蔫	棉花枯萎病、茄科植物青枯病
溃疡	杨树溃疡病、柑橘溃疡病、番茄溃疡病	矮化	玉米矮化病、泡桐丛枝病、小麦丛矮病
枯死	马铃薯晚疫病、水稻白叶枯病	卷叶	马铃薯卷叶病
穿孔	桃细菌性穿孔病	猝倒立枯	棉花立枯病、瓜苗猝倒病、水稻烂秧病
疮痂	柑橘疮痂病、梨黑星病、马铃薯疮痂病	徒长	水稻恶苗病

农药的使用，对生态环境的保护、健康农产品的生产和农业的可持续发展也具有十分重要的意义。

获得无病毒材料主要通过两条途径：一是从现有栽培种质中筛选无病毒的单株；二是采用一定的措施脱除植株体内的病毒。由于作物，尤其是营养繁殖作物在长期的繁殖过程中大多积累和感染了多种病毒，获得优良品种的无病毒种质最有效的途径是采用脱毒处理。植物脱毒（virus elimination）是指通过各种物理、化学或生物学的方法将植物体内有害病毒及类似病毒去除，获得无病毒植株的过程。通过脱毒处理获得的不含有已知的特定病毒的种苗称为脱毒种苗或无毒种苗（virus free plants or seedling）。

第二节　植物脱毒的方法

一、热处理脱毒

热处理（heat treatment）也称温热疗法（thermotherapy），是植物病毒脱除中应用最早和最普遍的方法之一。早在 1889 年印度尼西亚爪哇岛的人发现，患病毒病的甘蔗于 50 ~ 52℃热水中浸泡 30 min，甘蔗就可去病而生长良好。自此以后这个方法得到了广泛的应用，每年在栽种前把大量甘蔗茎段放到大水锅里进行热处理。1936—1941 年，各国科学工作者采用此法，先后对桃丛生病毒（peach rosette virus）、桃黄化病毒（peach yellow virus）、伪桃病（phony peach disease）和桃 X 病（peach X disease）等进行脱毒，并取得了成功，同时设计出一种处理装置，探索出了热空气处理法，即采用 30 ~ 40℃的温度处理一定时间，可达到脱毒的目的。自 1954 年对马铃薯卷叶病毒（proto leaf roll virus，PLRV）用热处理取得成功以来，到目前为止，除黄化型病毒（yellowing virus）以外，对多种其他病毒也取得成功。

（一）热处理脱毒的原理

热处理利用病毒类病原与植物的耐热性不同，将植物材料在高于正常温度的环境条件下处理一定的时间，使植物体内的病原钝化或失去活性，而植物的生长受到较小的影响，或在高温条件下植物的生长加快，病毒的增殖速度和扩散速度慢于植物的生长速度而被抛在其后，植物的新生部分不带病毒。

（二）热处理脱毒的方法

热处理方法有两种，即温汤浸渍和热空气处理。

1. 温汤浸渍

温汤浸渍是将带病毒的植物材料置于一定温度的热水中浸泡一定的时间，直接使病毒钝化或失活。通常应用 50~55℃处理 10~50 min 或 35℃处理 30~40 h，对植物体的损害较大，有时会导致植物组织窒息或呈水渍状。对植物进行温汤浸渍法处理时必须严格控制温度和处理时间。该法适合于休眠器官，尤其是种子的处理。

2. 热空气处理

将待脱毒的植物材料在热空气中暴露一定的时间，使病原钝化或病毒的增殖速度和扩散速度慢于植物的生长速度而达到脱除病毒的目的。热空气处理是植物脱毒中最常用的方法，包括待脱毒材料的准备、热处理和嫁接等工序。为了保证在处理过程中植株能正常生长，要求热处理的苗木必须根系发达、生长健壮，通常用盆栽 3 个月后或盆栽 1 年左右（最好）的苗木进行处理。热空气处理所用的病株，其染病组织越小脱毒效果越显著。

（三）热处理脱毒的条件

1. 温度与时间

热处理温度和时间因病毒种类而异（图 6-1）。有些病毒在 33~34℃条件下处理 28~30 d 即可脱除，另一些病毒必须在 39~42℃条件下处理 50~60 d 才能脱除，而对于那些耐热性较强的杆状病毒，热处理的脱毒效果较差。在植物耐热性允许范围内，热处理的温度越高，脱毒的效果越好（图 6-1）。生产实践中，一般多用 35~38℃恒温，尤以 37℃恒温处理 30±2 d 的实例较多。

近年来，为了减少高温对植物体的损伤，改用变温热处理脱毒效果更好，生产实践中以白天 40℃处理 16 h、夜间 30℃处理 8 h 的实例居多。如柑橘速衰病毒幼苗黄化株系在 38℃恒温条件下，处理 8 周不能脱毒，必须处理 12 周才能脱毒，而在白天 40℃、夜间 30℃的变温条件下，处理 8 周即能脱毒。对于柑橘碎

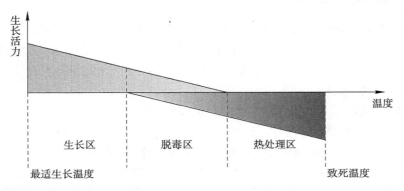

图 6-1　植物热处理温度示意图

叶病毒，38℃处理 16 周不能脱毒，但白天 40℃、夜间 30℃处理 6 周，或白天 44℃、夜间 30℃处理 2 周，即脱毒成功。

2. 湿度与光照

热处理期间，热处理箱中相对湿度应保持在 70%～80%。在过分干燥的条件下，热处理的新梢生长不良。此外，在管理上以自然光最好，但秋冬期间，适当补充人工光照对新梢伸长有良好作用，有利于脱毒。

3. 热处理的前处理

为了提高植物的耐热性，延长植物在热处理中的生存时间，热处理前往往要进行前处理。通常是在 27～35℃下处理 1～2 周后才进行热处理。

植物体的耐热性与植物体各部分组织中的糖类的含量成正相关。因此，应在植物组织成熟的季节，进行热处理。

4. 热处理后的嫩梢嫁接

热处理使病毒钝化或病毒增殖、扩散的速度减缓，而植株生长加快，植株的新生枝条顶端不带毒。用热处理脱毒法培育无病毒个体时，通常是剪取苗木在热处理中伸长出的新梢顶端嫩枝嫁接到无病毒实生砧木上或扦插于扦插床中。

热处理不能使病毒完全失活。热处理停止后，病毒的增殖和扩散速度会逐渐加快，最终扩散至整个植株。因此，热处理后应立即取新梢嫁接或扦插才能获得脱毒植株。剪取的新梢越小，获得脱毒植株的概率越大，但嫁接或扦插的成活率越低。一般取 1.0～1.5 cm 长的新梢进行嫁接。

二、茎尖培养脱毒

茎尖培养（meristem culture）也称分生组织培养或生长点培养。White 和 Limasset 等分别用感染烟草花叶病毒（tobacco mosaic virus，TMV）的番茄根和烟草茎进行研究发现，植物的根尖和茎尖等顶端组织不带病毒。但不含病毒的部分是极小的，不超过 0.1～0.5 mm。这样小的无病毒组织，以往无法繁殖利用。自组织培养技术发展以来，这种微小的无病毒组织才可以培养利用。Morel 等首先从感染花叶病毒和斑萎病毒的大丽花植株上切取茎尖组织进行培养，成功地获得无病毒的植株。目前，采用茎尖培养的方法获得无毒种苗已被广泛应用，并取得了良好效果。

（一）茎尖培养脱毒的原理

茎尖培养脱毒的原理是 1934 年 White 提出的"植物体内病毒梯度分布学说"。虽然病毒侵入植物体后是向全身扩展的，但病毒在不同的组织和部位上的分布和浓度有很大差异。一般而言，病毒粒子随着植物组织的成熟而增加，顶端分生组织是不带病毒的。

有关茎尖等顶端分生组织不带病毒，即存在一个特殊的免毒区的现象已通过电子显微镜和荧光抗体技术得到了证实。Hollings 切取不同大小（0.1～1.0 mm）的康乃馨茎尖，将其提取汁液接种的试验也证实了斑驳病毒在康乃馨茎尖中呈梯度分布。植物体内出现免毒区可能是植物的顶端分生组织区的胞间连丝不发达，病毒不能通过胞间连丝到达顶端分生组织所致。分子生物学的研究表明，这可能与 DNA 合成和 RNA 干扰有关。

（二）茎尖培养脱毒的基本程序

茎尖培养脱毒一般包括以下几个步骤（图 6-2）：培养基的选择和制备，待脱毒材料的消毒，茎尖的剥离、接种和培养，诱导芽分化和小植株的增殖，诱导生根和移栽。

茎尖培养脱毒的基本程序与常规的组织培养相同。茎尖培养成败的关键在于能否寻找适合的培养基，尤其是分化、增殖和生根三个步骤均需要特殊的培养基。在茎尖培养中最常使用的是 MS 培养基，但各步骤中所需要的植物生长调节剂种类、用量及配比各不相同，需要根据所培养的植物种类或品种（类型）而做适当调整。

（三）脱毒与茎尖大小的关系

脱毒成功的概率与茎尖大小直接相关。一方面茎尖大小关系到茎尖培养能否成活，另一方面又决定成活的茎尖是否带毒。一般而言，切取的茎尖越小，脱毒率就越高。草莓切取茎尖为 0.2 ~ 0.3 mm 时，脱毒率为 100%，而切取茎尖为 1.0 mm 时，脱毒率仅为 50%。但茎尖过小，不仅操作难度大，培养成活率低，而且形成完整植株的能力弱。在木薯中，小于 0.2 mm 的茎尖只能形成愈伤组织或根，只有大于 0.2 mm 的茎尖才能形成完整植株。同时，Shabde 和 Murashige 指出，许多植物进行不带叶原基的茎尖培养有可能进行无限生长而不能发育成完整植株。大黄的顶端分生组织必须带 2 ~ 3 个叶原基才能发育成完整植株。但叶原基的存在不仅会影响茎尖的大小，而且叶原基还是病毒的储存库，对脱毒效果的影响较大。因此，在采用茎尖培养脱毒时，要兼顾脱毒率、成活率及茎尖发育

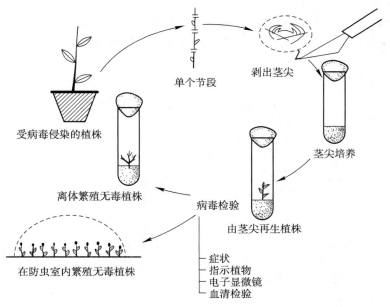

图 6-2　茎尖脱毒培养无病毒植株（引自陈世昌，2011）

成完整植株的能力。茎尖大小应以既能保证脱毒又能发育成完整植株为前提，一般切取长度为 0.2 ~ 0.5 mm、带有 1 ~ 2 个叶原基的茎尖作为培养材料。

为了提高茎尖培养的成活率和脱毒效果，茎尖培养脱毒往往与热处理方法结合使用。如康乃馨茎尖大于 1.0 mm 时很难脱除斑驳病毒，而将康乃馨于 40℃处理 6 ~ 8 周后切取 1.0 mm 的茎尖培养则可将病毒完全脱除。在罗汉果脱毒中，用 38℃处理 1 周后取 2 mm 大小的茎尖培养，与直接取 0.1 ~ 1.0 mm 茎尖培养的脱毒效果相同，但操作的难度降低，且大幅度提高了茎尖成活率。热处理与茎尖培养结合是脱毒实践中经常采用的方法。另外，二次茎尖培养脱毒法也有应用，在一次茎尖培养脱毒的基础上，利用一次脱毒的试管苗进行第二次茎尖培养脱毒。但是研究者们对脱毒效果存在一定的分歧，二次茎尖培养未被广泛利用。

三、微体嫁接脱毒

微体嫁接（micro-grafting）是组织培养与嫁接技术相结合而获得无病毒种苗的一种方法。微体嫁接脱毒是在无菌的条件下，将切取的茎尖嫁接到试管中培养的砧木苗上，待其愈合发育为完整植株而达到脱毒的效果。这种技术首先用于柑橘属的不同种的脱毒试验中，现已成为柑橘无病毒良种培育的常规方法，以后逐渐应用于其他多种植物的脱毒。

（一）微体嫁接方法

微体嫁接主要包括三个步骤（图 6-3）：①试管砧木的准备。一般而言，种子是不带病毒的。因此，可用种子萌发长成的实生苗作砧木。其方法是将种子去掉种皮，用 0.5% 次氯酸钠消毒 10 min，然后用无菌蒸馏水冲洗 3 ~ 4 次，接种于MS 琼脂培养基中，在 25℃黑暗条件下培养 15 d 左右。②茎尖嫁接。在超净工作台上，将幼苗的上胚轴和子叶去掉，根系也进行适当断截后，在距离上胚轴顶端约 0.5 cm 处向下斜切深达木质部、长 2 ~ 3 mm 的斜切口，在斜切口末端横切一刀，用刀尖挑去切下部分。在体视显微镜下，从待脱毒样品上取约 0.2 mm 茎

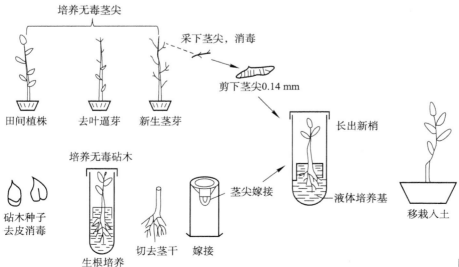

图 6-3　微体嫁接脱毒

尖，小心放于切口的水平面上，切面向下并与其维管组织密接，然后移入培养基中。③嫁接苗培养。嫁接后将其置于光照度 $100 \sim 4\,000$ lx、光照时间 $16\,h \cdot d^{-1}$ 和温度 $27\,^\circ\!C$ 的条件下培养。嫁接 1 周后接穗和砧木均产生愈伤组织，$2 \sim 3$ 周后完全愈合，$5 \sim 6$ 周后接穗发育成具有 $4 \sim 6$ 片叶片的新梢。

（二）影响微体嫁接成活的因素

影响微体嫁接成活的因素主要是接穗的大小和取样的时间。试管嫁接成活率与接穗的大小成正相关，而无病毒植株的获得与接穗茎尖大小呈负相关。所以，为了获得无病毒植株，可用带 2 个叶原基的茎尖作接穗。一年中不同时期从田间取样作接穗嫁接，其成活率也不同。一般春天从新梢上取材嫁接的成活率明显高于其他季节取材的成活率。用离体培养的新梢茎尖作接穗时，嫁接成活率与季节无关。

四、抗病毒剂的应用

虽然目前尚未开发出对植物病毒有完全抑制或杀灭作用的化学药剂，但随着人类和动物医学的发展，已研制出大量的能有效控制病毒的抗病毒剂，其中有些化学物质如抗病毒醚（商品名为 "Virazole"，化学名为 $1-\beta-D-$ 呋喃核糖 $-1,2,4-$ 三氯唑）和 DHT（2,4-dioxohexa-hydro-1,3,5-triazine）等对植物病毒的复制和扩散都有一定的抑制作用。经化学物质处理后，病毒的复制和移动被抑制，植物的新生部分可能不带病毒，取不带病毒部分进行繁殖便可获得无病毒植株。

目前，抗病毒醚是一种应用最广和最成功的对植物病毒的复制和扩散有抑制作用的化学物质，它对 DNA 或 RNA 病毒具有广谱作用。在马铃薯茎尖和原生质体培养中，培养基中加入抗病毒醚能抑制病毒复制，从而可以从感染病毒的材料中获得无病毒苗。对感染苹果茎沟病毒的试管苗进行培养表明，不管培养基中抗病毒醚浓度高低都能脱除病毒。值得注意的是，抗病毒醚的应用效果会因病毒种类不同而有差异，目前还仅限于少数几种植物及其病毒。

五、其他脱毒方法
1. 花器官培养脱毒

通过植物各种器官或组织诱导产生愈伤组织，然后再从愈伤组织诱导芽和根形成完整植株，可以获得无毒苗。虽然利用愈伤组织获得的无毒苗有产生劣变的危险，但许多园艺植物如马铃薯、大蒜、水仙、大丽花、唐菖蒲等都是通过此方法获得无毒苗的。草莓无毒植株的产生是在花药培养获得单倍体植株的研究过程中发现的。据报道，花椰菜花器官分生组织培养可以脱除芜青花叶病毒和花椰菜花叶病毒，唐菖蒲花蕾离体培养可脱除烟草花叶病毒，脱毒率可达 60%。

通过器官培养诱导愈伤组织途径脱除病毒可能是因为病毒在植物体内不同器官或组织中分布不均而存在无病毒的细胞群落，这些无病毒细胞群落在离体培养中形成无病毒的愈伤组织，有些愈伤组织细胞中的病毒浓度低，病毒粒子在愈伤组织增殖过程中逐渐丢失，或继代培养的愈伤组织产生抗性变异等。

2. 珠心胚培养脱毒

柑橘、芒果等多胚植物的珠心细胞很容易形成珠心胚。由于珠心细胞与维管束系统无直接联系，而病毒通常是通过维管束的韧皮组织传递的，因此，珠心组织往往是不带病毒的。通过珠心胚培养可以获得无病毒植株。

3. 超低温处理脱毒

低温疗法是基于超低温保存对细胞的选择性破坏的原理，结合组织培养达到脱毒的目的。含有病毒的顶端细胞的液泡较大，胞液中含有的水分较多，在超低温过程中易形成冰晶致死，而分生组织细胞含水分较少，抗冻性强，因此超低温处理后的植株再生可能获得无病毒苗。Brison 等人用超低温保存结合茎尖培养成功去除李属根状茎上的李属病毒，随后，Helliot 等采用低温疗法成功去除黄瓜花叶病毒和香蕉条斑病毒。

4. 愈伤组织培养法

通过植物组织培养脱分化诱导获得的愈伤组织存在部分无病毒细胞的方法称为愈伤组织培养法，且愈伤组织间的细胞缺乏输导组织，故细胞联系少，无病毒细胞可避免病毒的侵染，无病毒部分的愈伤组织再分化生芽后长成的植株可以得到脱毒苗。这种方法已在马铃薯、天竺葵、草莓、大蒜等植物上先后获得了成功。

5. 原生质体培养法

该法的原理与愈伤组织培养法相似，由于病毒不是均匀地侵染每一个细胞，因此可以用分离得到的原生质体作为原始材料获得无病毒植株。Nagat 对烟草叶肉细胞分离及分离后的植株再生技术的改进，促进了原生质体培育无病毒苗技术的发展。

第三节　脱毒苗的鉴定

通过不同途径脱毒处理所获得的材料必须经过严格的病毒检测和农艺性状鉴定，证明确实无病毒存在，且是农艺性状优良的株系，才能作为无病毒种源在生产上应用。

一、脱毒效果的检测

检测（indexing）是指用物理、化学或生物学的方法确定植物是否带病毒以及带何种病毒的技术。检测是针对脱毒处理而言。检测与诊断和鉴定是不同的。诊断（diagnosis）是指用物理或化学的方法确定植物病害以及植物体内是否带有病毒，带何种病毒；而鉴定（identification）是指用物理或化学的方法确定一种病毒（病）与已知的病毒（病）相同还是一种新病毒（病）。

常用的病毒检测方法有生物学检测、血清学检测和分子生物学检测等方法。此外，利用电子显微镜直接观察植物病毒及类似病原体形态也有一定参考价值。

（一）生物学检测

生物学检测主要是指示植物检测，是最早应用于植物病毒检测的方法。1929 年，美国病毒学家 Holmes 发现植物病毒都有一定的寄主范围，并在某些寄主上表现特定的症状（局部病斑或枯斑），借此可作为鉴别病毒种类的标准。对某种或某几种病毒及类似病原物或株系具敏感反应并表现明显症状的植物称为指示植物（indicator plant）。常用的指示植物有木本和草本两类。

可作病毒检测的草本指示植物以昆诺藜和苋色藜最为常见。昆诺藜多用于检测线状病毒，苋色藜多用于检测多面体病毒。用草本指示植物检测植物病毒通常采用的是机械接种法，即通过外力在指示植物体表面（通常是叶片）造成微小伤口使病毒从伤口进入植物细胞引起被接种植株发病的方法。通常是从待检测样品上取一定量的叶片、花瓣或枝皮，将其加入缓冲液中，在低温下研磨后，蘸取汁液在撒有金刚砂的指示植物上轻轻摩擦接种，接种完后立即用蒸馏水轻轻地冲洗叶片上残留的汁液。当待检测样品为木本植物时，接种前应向提取液中加入一定浓度的抗氧化剂（如 0.02 mol·L^{-1} 巯基乙醇、0.1% 亚硫酸钠、0.1% 抗坏血酸、2% 尼古丁或 2% 聚乙烯吡咯烷酮）等，以降低寄主植物中多酚与单宁类物质对病毒的钝化作用。接种后，将指示植物放在半遮阴、20~25℃温度条件下，定期观察并记录指示植物症状反应，根据指示植物上症状的有无即可判断待检测样品是否带有已知病毒。

值得注意的是，并非所有的病毒都可通过汁液摩擦接种至草本指示植物，如柑橘速衰病毒还未发现其草本寄主。能够适用于指示植物检测的病毒大多属于花叶型或环斑型病毒，而黄化型病毒不易通过机械法接种。同时，大多数草本指示植物对多种病毒都很敏感，且自然条件下大多数植物感染多种病毒，有些病毒很容易通过介体昆虫（如蚜虫、木虱等）传染，因此，草本指示植物应在严格防虫条件下隔离繁殖和检测，以避免交叉感染而影响结果的判断。除了摩擦接种检测外，有些草本植物如草莓病毒还可采用嫁接接种法（小叶嫁接）检测。

木本植物种类较多，所感染的病毒各异，因此，鉴定和检测病毒的指示植物也各不相同。用木本指示植物检测植物病毒通常采用嫁接传染法。木本植物嫁接的方法很多，但在植物病毒鉴定和检测中通常使用双重芽接法（double budding）、双重切接法（double cut grafting）和指示植物嫁接法（grafting of indicator plant）三种。双重芽接法是 Posnett Gropley 于 1954 年在检测苹果软枝病中创立的检测植物病毒的方法，是检测木本植物病毒最主要的方法。其方法是先将指示植物的芽嫁接到实生苗砧木离地面 10 cm 处，然后将待检芽嫁接在指示植物芽下方，两芽相距 2~3 cm。成活后，将指示植物接芽 1 cm 以上的砧干剪除，以除去砧木的萌蘖。加强管理，并控制待检芽的生长和促进指示植物芽的生长。双重切接法是指在休眠期剪取指示植物及待检树的接穗，萌芽前将带有 2 个芽的指示植物和待检树接穗同时切接在砧木上，指示植物接穗嫁接在待检接穗上部。指示植物嫁接法是先把指示植物嫁接在实生砧木上，繁殖成苗后再在指示植物基部嫁接 1 个待检芽片，接芽成活后剪除指示植物，留 2~3 个饱满芽，使其重新生长出旺盛的枝叶。

指示植物发病情况调查一般从嫁接后第二年5月中旬开始，定期观察指示植物的症状反应。根据指示植物的症状反应，确定待检树是否带有某种病毒。由于病毒在树体中分布不均匀，即同一树体上有些芽片不带病毒，加之气候等因素对症状表现的影响，可能会出现漏检现象，故第一次鉴定未表现症状的待检树，需重复鉴定1~2次，确定其真正不带应检病毒时，方可作为无病毒母本树。

生物学检测在植物病毒检测中具有观察直观性、结果的可靠性高和准确反映病毒生物学特性的特点，是病毒检测的传统方法，目前仍在广泛应用。

（二）血清学检测

植物病毒是由核酸和蛋白质组成的核蛋白，是一种很好的抗原（antigen）。当用抗原注射动物后，动物体内便产生一种免疫球蛋白（immunoglobulin，Ig），称为抗体（antibody）。抗体主要存在于血清中，故称含有抗体的血清为抗血清（antiserum）。不同的病毒刺激动物所产生的抗体均有各自的特异性。因此，根据已知的抗体与未知的抗原能否特异结合形成抗原抗体复合物（血清反应）的情况便可判断病毒的有无。血清学检测植物病毒的方法具有快速、灵敏和操作简便等特点，是植物病毒检测中最为常用和有效的手段之一。

采用血清学技术的前提条件是要获得待检病毒的特异抗体。特异抗体有多克隆抗体（polyclonal antibody，Pab）和单克隆抗体（monoclonal antibody，Mab）两种。将已知病毒采用单病斑分离法分离纯化后接种于动物（通常是日本大耳兔和半耳垂的雄性家兔）有机体，通过采血分离所获得抗体称为多克隆抗体。而将纯化的病毒接种于动物（通常是实验用小鼠）后取其脾细胞与骨髓细胞进行共培养所获得的杂交瘤单细胞系抗体称为单克隆抗体。

沉淀反应和凝聚反应是传统的血清学检测法。由于受其灵敏度的限制，在目前的植物病毒检测中较少应用。随着免疫学理论研究的深入和发展，自动化、标准化、定量化和快速灵敏的免疫电镜（immuno-electron microscopy，IEM）、酶联免疫吸附（enzyme-linked immune-sorbent assay，ELISA）（图6-4）和组织免

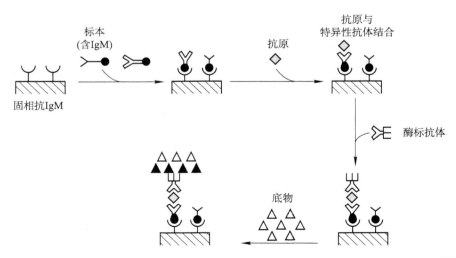

图6-4 酶联免疫吸附鉴定法

疫印迹技术（tissue printing ELISA，TP-ELISA）等血清学检测技术在植物病毒的鉴定、定量和定位分析中得到了广泛应用。

（三）分子生物学检测

植物病毒鉴定和检测的传统方法是利用木本和草本指示植物进行生物学检测，但该法需时较长，耗工耗地，而且试验结果易受环境条件的影响。虽然血清学方法能较好地解决病毒生物学鉴定中的问题，但特异性抗血清的获得、病毒含量低和植物中干扰物质的存在等问题依然较难解决，而且对那些没有外壳蛋白的病原性核糖核酸（如类病毒）还无法用血清学方法进行检测。近几年来发展的一些分子生物学检测方法如双链核糖核酸分析（double strain RNA，dsRNA）、核酸杂交技术（DNA or RNA blot）和聚合酶链式反应（polymerase chain reaction，PCR）（图6-5）等在灵敏度、特异性和检测速度等方面都与已普遍采用的血清学方法相当，并可克服血清学方法的不足。

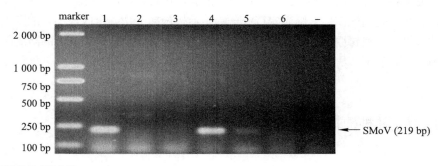

图6-5　草莓SMoV病毒检测结果（引自邓渊，2018）

二、脱毒苗农艺性状的鉴定

通过脱毒处理获得的无病毒材料，尤其是通过热处理和愈伤组织诱导获得的无病毒材料有可能产生变异。因此，获得无病毒材料后，必须在隔离的条件下对其农艺性状进行鉴定，确保无病毒苗的经济性状与原亲本的性状一致。脱毒苗农艺性状的鉴定主要是在田间，以原亲本为对照，选择与亲本相同优良选择的单株，淘汰非亲本选择的劣株，同时发现不同于亲本的优良变异株，再通过单株选择或集团选择获得无病毒原种。

三、无病毒原种的保存和应用

无病毒原种（pedigree seed，seedling）是指经脱毒处理获得的、经检测无毒的原始植株（原原种，initial stock）在隔离条件下繁殖出的、用于产生生产种（certified seed，seedling）的繁殖材料。

（一）无病毒原种的保存

无病毒植株并不具有抗病性，它们有可能很快又被重新感染。无病毒原种的获得极不容易，必须在隔离条件下慎重保存，以免发生病毒的再次感染。无病毒原种保存最理想的方法是选择无病毒原种优良株系在离体条件下保存。种质保存是保存无病毒原种最常用的方法。首先应建立隔离带，再用 300 目纱网（网眼 0.4~0.5 mm）建立防虫网室，苗木种植前必须对土壤进行消毒处理，保证无毒原种是在与病毒严格隔离的条件下种植。

（二）无病毒原种的应用

1. 无病毒原种的繁育

无病毒原种的繁育目前还没有一套完善的制度，一般参照普通良种繁育制度进行，只是在繁育过程中加强隔离、消毒等，严防病毒的再次感染。目前，已有由原农业部柑橘及苗木质量监督检验测试中心和中国农科院柑橘研究所负责起草了《柑橘无病毒苗木繁育规范》，从 2006 年 4 月起作为农业行业推荐标准（NY/T 973-2006）实行。

2. 无病毒原种的推广

无病毒原种种苗的推广应在发展良种的新区进行才能取得较好的效果。如在老区、尤其是病区使用，则应实行统一的防治措施或一次性全区换种才能取得应有的效果。无病毒原种在使用中还应加强管理，特别注意应采取严密的防病防虫措施，一旦发现病毒感染应立即淘汰，重新采用无病毒原种种苗。

第四节　几种植物的脱毒苗培育技术

一、马铃薯的脱毒苗培育技术

（一）病毒种类

马铃薯（*Solanum tuberosum*），属茄科茄属植物，是适应性广、生育期短、产量高、用途多的粮、菜和饲兼用作物。马铃薯在种植过程中极易感染病毒，病毒病害一度是马铃薯的"不治之症"。已报道的马铃薯病毒病多达 30 余种，中国已知的有 10 余种，常见而重要的有马铃薯普通花叶病毒（又称马铃薯 X 病毒，potato virus X，PVX）、马铃薯重花叶病毒（又称马铃薯 Y 病毒，potato virus Y，PVY）、马铃薯卷叶病毒（potato leaf roll virus，PLRV）、马铃薯潜隐病毒（又称马铃薯 S 病毒，potato virus S，PVS）、马铃薯轻花叶病毒（又称马铃薯 A 病毒，potato virus A，PVA）。此外，还有黄瓜花叶病毒（cucumber mosaic virus，CMV）、烟草脆裂病毒（tomato rattle virus，TRV）和苜蓿花叶病毒（alfalfa mosaic virus，AMV）等。

（二）脱毒技术

马铃薯常用的脱毒技术包括茎尖培养及其与热处理结合的茎尖培养脱毒。

1. 茎尖培养

马铃薯茎尖培养的方法如下：将欲脱毒的品种块茎催芽，待芽长 4~5 cm

时，剪芽并剥去外叶，自来水冲洗 40 min 后，用 75% 乙醇和 5% 漂白粉溶液分别消毒 30 s 和 15~20 min，无菌水冲洗 2~3 次。在无菌室内，于解剖镜下，剥取长 0.2~0.3 mm、带 1 个叶原基的茎尖，接种于 MS + 6-BA 0.05 mg·L^{-1}+NAA 0.1 mg·L^{-1}+GA$_3$ 0.1 mg·L^{-1}（pH5.7）的培养基中，每个试管接种 1 个茎尖。接种的茎尖培养于 20~25℃、1 500~3 000 lx 光照度、16 h·d^{-1} 的光照条件下培养。培养 1 个月后，茎尖即可形成无根试管苗，此时可将无根试管苗移入无植物生长调节剂的 MS 培养基中进行继代培养，再培养 3 个月，试管苗则长成 3~4 片叶的小植株。

2. 热处理 + 茎尖培养

在常规条件下种植欲脱毒品种单芽眼块茎，当其第 1 个芽长至约 15 cm 高时，去除基部的 2 个叶片，在切口处涂上生根剂后，把切条植入直径 10 cm、内装消毒土壤的盆钵中，用塑料薄膜或大玻璃烧杯保湿 10 d。2~3 周后，将植入切条的盆钵移入热处理箱中，在 300~4 000 lx 光照度、16 h·d^{-1} 光照、白天 36℃、夜间 33℃ 的条件下处理 2 周后，摘除幼株的茎尖，以促进腋芽的萌发。再经 4 周处理，取腋生枝清洗、消毒后于解剖镜下切取 6~8 cm 长的顶端进行茎尖培养。

（三）病毒检测

实践证明，马铃薯 X 病毒（PVX）和 S 病毒（PVS）是最难脱掉的病毒。凡是脱除了 PVX 或 PVS 的，其他病毒也相应地被脱除了。但对原来不含 PVX 或 PVS 的块茎，只需对特定的病毒经行脱毒处理。常用指示植物千日红进行检测，也可用酸浆和枸杞等检测，经检测无任何反应的茎尖苗即为脱毒苗，可用作繁殖。

（四）脱毒种薯的繁育

1. 脱毒苗的增殖

脱毒苗采用无植物生长调节剂的 MS 培养基进行单切段增殖（single node proliferation）。一般在试管苗长至 6~7 节时，切去顶部，对其进行单节切段接种。接种 5 d 左右试管苗开始生根，幼芽从叶腋发出，10 d 后可长成有 2~3 片叶的小苗，25~50 d 即可形成 6~7 节的小植株，对新长出来的小植株进行单切段接种。如此反复即可进行脱毒试管苗的增殖。

2. 无毒小薯生产

把脱毒苗从试管中移栽到防虫温（网）室进行无毒小种薯生产。为了提高试管苗的移栽成活率，向准备移栽试管苗的培养基中加入 B9 或矮壮素（CCC）10 mg·L^{-1}，并将培养室温度降至 15~18℃、光照度增强至 3 000~4 000 lx。进行壮苗培养后，再炼苗 3~5 d 后移栽到防虫温（网）室。移栽基质为森林土与珍珠岩（1:1）混合物。移栽后加强管理，每 25~30 d 进行一次切段（7~8 节）扦插，每 60 d 左右收获小薯一次。

3. 无毒微型薯生产

脱毒试管苗通过工厂化切段快繁或温（网）室无土栽培繁殖获得的脱毒小薯

称为微型薯（mini tuber）。微型薯生产有试管生产和温室生产两种方式。试管生产是将茎尖培养获得的无毒苗在无菌条件下切成单茎段接种在继代培养基中进行试管苗的继代扩繁，每30 d继代培养一次。培养基一般采用MS固体或液体培养基，培养温度20～30℃、光照以自然散射光为好。继代扩繁的试管苗长到4～5 cm时将其切下，接种在微型薯诱导培养基［MS+（50～100）mg·L^{-1}香豆素或50 mg·L^{-1} CCC+50 mg·L^{-1} BA（pH 5.8）］上，在温度为22℃的黑暗条件下培养。温室生产是将继代培养30 d左右的试管苗放在防虫温（网）室中先闭瓶炼苗数天后，打开瓶塞开瓶炼苗3～5 d。取出小苗，洗净根部培养基，移栽到蛭石育苗盘中并浇透水，控制温度为20～30℃，并定期浇施MS液体培养基。

二、柑橘的脱毒苗培育技术

（一）病毒种类

柑橘是芸香科（Rutaceae）、柑橘亚科（Aurantiodae）、柑橘族（Citreae）、柑橘亚族（Citrinae）植物的总称。常见危害柑橘的病毒与类似病毒病有10余种，中国已报道的有7种。柑橘的病毒病主要有裂皮病（Citrus Exocortis Viroid）、木质陷孔病（Citrus Cachexia Viroid）、顽固病（Stubborn or Little Leaf）、来檬丛枝病（Witches-Broom Disease of Lime）、杂色褪绿病（Citrus Variegated Chlorosis）、黄龙病（Huanglongbing）、碎叶病（Citrus Tatter Leaf Virus）、温州蜜柑萎缩病（Satuma Dwarf Virus）、衰退病（Citrus tristeza Virus）和鳞皮病（Citrus Psorosis-Associated Virus）等。

（二）脱毒途径

对已受柑橘裂皮病、木质陷孔病、顽固病、来檬丛枝病、杂色褪绿病、黄龙病感染的植株采用微型嫁接法脱毒；对已受翠叶病、温州蜜柑萎缩病、衰退病、鳞皮病和石果病感染的植株采用热处理结合微型嫁接法脱毒。

（三）脱毒技术

1. 微型嫁接

常用枳橙或枳的种子培育砧木，方法是剥去种子内外种皮，经0.5%次氯酸钠消毒10 min、无菌水清洗3～5次后播种于经高压蒸汽灭菌的试管内的MS培养基上，置27℃黑暗下培养2周后，将砧木苗取出，切去过长的根（留4～6 cm长）、茎的上部（留1～1.5 cm长）、子叶和腋芽后，在上胚轴前端切出倒T字形缺口备用。然后，取1～2 cm长的嫩梢，经0.25%次氯酸钠消毒、无菌水清洗3～5次后，切去顶端长0.14～0.18 mm的生长点（带2～3个叶原基），嫁接于砧木倒T字形缺口上，接种于经高压蒸汽灭菌的试管内的MS培养基中，在27℃、800～1 000 lx光照度和16 h·d^{-1}黑暗条件下培养成苗。当试管内嫁接苗长出3～4片真叶时，将其移栽于盛有消毒基质（椰糠+塘泥+腐殖土+细沙）的盆钵中，用MS液体培养基浇透后，罩以塑料薄膜或大烧杯保湿，置温室内培育。

2. 热处理 + 微型嫁接

待脱毒的植株在 40℃光照下 16 h·d⁻¹ 或 30℃黑暗下 8 h·d⁻¹ 连续处理 10~60 d 后取嫩梢进行微型嫁接，其嫁接方法同前。

（四）病毒检测

通过指示植物双重芽接法检测病毒脱除效果。

（五）脱毒苗繁育

将经检测完全无病毒的植株保存在网室内，每品种保存 2~4 株，每年调查一次黄龙病发生情况，每 5 年检测一次鳞皮病、裂皮病、翠叶病、温州蜜柑萎缩病感染情况，并及时淘汰病株。从网室保存的原种植株上剪取枝条建立母本园、采穗圃和繁育圃，按《柑橘无病毒苗木繁育规范》（NY/T 973-2006）进行脱毒苗的繁育。

三、泡桐的脱毒苗培育技术

（一）病毒种类

泡桐（Paulownia）属玄参科落叶乔木，具有生长快、产量高和适应广等特点，是我国重要的速生用材树种、城市绿化树种和行道树种。泡桐传统的繁殖方法是埋根、压条、扦插和分株，这些方法都易传播病毒。目前国内外报道危害泡桐的病毒主要有马铃薯 X 病毒（PVX）、烟草花叶病毒（TMV）、烟草脆裂病毒（TRV）等。在我国，由植原体引起的泡桐丛枝病对泡桐栽培影响十分普遍，病毒侵染致使泡桐植株高度降低、茎生长点降低、叶片失绿变褐内卷，严重者植株死亡。

（二）脱毒技术

泡桐主要采用茎尖培养与高温处理脱毒。

1. 茎尖培养

泡桐茎尖培养的技术要点如下：

（1）外植体选择　用于获得组培苗的材料包括具有发芽能力的种根、休眠枝条、春季新发的嫩芽条以及其他生长季节的枝条。其中以种根和休眠枝条、室内水培萌条芽及春季自然萌条芽作为外植体的材料效果最好。生长季节，特别是雨季从树上采集枝条常因微生物污染较重而成功率降低。

（2）外植体消毒　泡桐外植体常采用 75% 乙醇和 0.1% HgCl₂ 进行消毒，处理时间长短因材料老嫩程度而异。严冬过后，从大树上采回的主干上萌条截段长约 50 cm，下端浸水催出长 1~2 cm 新芽后剪下，清理外表老叶，用清水冲洗后在超净工作台上用 0.1% HgCl₂ 处理 7~8 min 后，经无菌水洗 3~4 次即可放入培养瓶中培养。如果春后直接从树上采回萌芽长 3~5 cm，去叶在自来水下冲洗，用 75% 乙醇作表面消毒 3~4 s，然后用 0.1% HgCl₂ 溶液浸泡 8~10 min，无菌水洗 3~4 次，以小段或整个小芽培养。

（3）茎尖剥离与接种　在超净工作台上，将消毒处理后的泡桐枝条用解剖针仔细剥掉芽的外层叶片，直到露出芽原基。用解剖刀切取芽最顶端长 0.2 mm 左右、带一对叶原基的芽组织，接种到诱导培养基 White+1.0 mg · L^{-1} 6-BA 上，每瓶接种一个芽原基。

（4）培养　接种的茎尖置于（25±2）℃，光照度 2 500 lx，光照 12 h · d^{-1}条件下培养。诱导培养 35 d 后，当愈伤组织上丛生芽长到 3～4 cm 高、有 4～6对小叶时，将新生芽从愈伤组织上剪下，切成一对叶一节，转接到增殖培养基 MS + 0.5 mg · L^{-1} 6-BA + 0.1 mg · L^{-1} IBA 上培养，培养条件同上。

2. 热处理

当愈伤组织产生小苗后，将小苗转接到新鲜培养基上，置于光照培养箱中培养，温度控制在 38～40℃，光照度 3 000 lx 左右，光照时间 12 h · d^{-1} 处理约 30 d。

（三）病毒检测

泡桐病毒检测可以通过电镜、血清试剂盒测定、PCR 技术、迪纳氏染色、苯胺蓝染色（检测 MLO）和 DAPI（4',6- 二脒基 -2- 苯基吲哚）荧光显微镜检测等。

（四）脱毒苗繁育

泡桐试管芽苗在 MS 基本培养基上，在没有细胞分裂素和生长素存在的条件下均可形成根，只是生根慢、根细长。在 1/2MS + 0.1 mg · L^{-1} NAA + 0.1 mg · L^{-1} IBA 上培养，生根率可达 90% 以上。当幼苗长至 3～4 cm 高时即可进行炼苗移栽。移栽前在室内揭开瓶盖炼苗 2～3 d。移栽时向瓶内倒入一定量的清水并轻轻摇动以松动培养基，然后用长镊子或小钩小心取出幼苗放置在清水中洗净培养基，栽植在苗床或营养袋中。苗床或营养袋中的土壤以沙质壤土为好，也可用山泥、火烧土和河沙（1：1：1）三者混合的营养土。栽植后浇透水，并用塑料薄膜保湿（相对湿度 >85%），温度控制在 25～30℃，20 d 后揭去薄膜。当幼苗长出 1～2 对新叶时，喷施 0.2% 尿素。经 1～2 个月的精心管理，幼苗长至 15～20 cm 时即可出圃。

思考与讨论题

1. 植物脱毒的意义是什么？
2. 植物脱毒的方法有哪些？分别基于什么原理？
3. 检测脱毒苗脱毒效果的方法有哪些？

数字课程资源

视频讲解　教学课件　自测题

第七章

植物单倍体与多倍体育种

知识图谱

生物的遗传信息主要集中在染色体上。一般来说，每种生物所含染色体的形态、结构和数目是稳定的。但是这种稳定是相对的，在某些情况下，生物体的染色体会发生变异，而这种变异是绝对的。基因存在于染色体上，因此染色体的任何改变都可能引起基因的改变，从而导致生物性状的改变。这些变异可能产生一些对人类有利的性状，也可以产生新的物种类型，因此在物种进化和新品种培育方面具有重要价值。

单倍体是细胞中含有正常体细胞一半染色体数的个体，即具有配子染色体组的个体。单倍体染色体上的每个基因都能表现相应的性状，所以极易发生突变，尤其是隐性突变，所以单倍体是进行染色体遗传分析的理想材料。通过人工方法使单倍体的染色体加倍可以获得纯合二倍体，可缩短育种年限，大大提高了选育效率，因此，单倍体在育种上也具有极高的利用价值。

多倍体是指个体细胞中含有超过正常染色体组数的个体。如果多倍体的染色体来自同一物种或在原有染色体组的基础上加倍而成，这样的个体称为同源多倍体。与此相对应的异源多倍体的染色体组来源于不同物种。自然界中存在的多倍体大多是异源多倍体。多倍化是植物新物种形成的重要途径，也是进行物种间遗传转移的重要手段和桥梁。多倍体动植物通常表现为形态上的巨大性。此外，糖类、蛋白质等物质含量，以及生长速度、抗逆性等都不同于二倍体。因此，通过人工诱导多倍体可以改善动植物性状，育成作物新类型。所以，多倍体对物种进化和新品种的选育都具有重要的意义。

第一节 植物单倍体培养

单倍体（haploid）指具有单套染色体，即配子染色体数目（$n=x$）的细胞或个体。采用花药离体培养等方法获得单倍体植株，再人工诱导染色体加倍，使其成为纯合二倍体。从中选出具有优良性状的个体，直接繁育成新品种，或选出具有单一优良性状的个体，作为杂交育种的原始材料。其主要流程包括单倍体的获取、单倍体的鉴定、单倍体植株的二倍化。

一、单倍体的获取方法

（一）体内发生

体内发生是从胚囊内产生单倍体，可分为四种：

1. 自发发生

与多胚现象常有联系，如油菜和亚麻的双胚苗中经常出现单倍体，可能是由温度骤变或异种、异属花粉的刺激引起。

2. 假受精

雌配子经花粉和雄核刺激后未受精而产生单倍体植株。

3. 孤雄生殖

卵细胞不受精。卵核消失，或卵细胞受精前失活，由精核在卵细胞内单独发育成单倍体，因此只含有一套雄配子染色体。这类单倍体发生频率很低。

4. 孤雌生殖

精核进入卵细胞后位于卵核融合而退化，卵核未经受精而单独发育成单倍体远缘杂交中有时会出现此种现象。

（二）人工诱导

人工诱导单倍体的方法主要有物理诱变法、化学诱变法、生物技术方法。

1. 物理诱变法

在开花前至受精的过程中，用射线照射花或将父本花粉经 X 射线处理后，给去雄的母本受粉，以影响其受精，可诱发单性生殖产生单倍体，其原因可能是：双核花粉被射线照射时，生殖核尚未有丝分裂，经照射损伤，丧失生活力，而此时如果营养核仍然有功能，花粉能萌发，花粉管也能在花柱上生产，但因生殖核已无生活力，故只能刺激卵细胞分裂发育，而不能起到受精作用。

2. 化学诱变法

用药剂处理未授粉的花柱、柱头或子房，能刺激未受精卵发育形成单倍体植株，常用的有硫酸二乙酯、2,4-D、NAA、GA_3、KT 等。化学药物诱导孤雌生殖的操作比较简单，一般用化学药物直接处理未授粉果穗即可，但易影响生理生化和产生形态上的畸变，可靠性较低。

3. 生物技术方法

离体培养花药（花粉）和未授粉子房（胚珠）可诱导单倍体，如图 7-1，人工诱导雄核发育和雌核发育，使其在人工配制的诱导培养基上经愈伤组织发育途径再生成植株。

二、单倍体的鉴定

1. 形态鉴定

利用形态学和解剖学特征来鉴定单倍体是一种直观和便捷的方法。在幼苗期

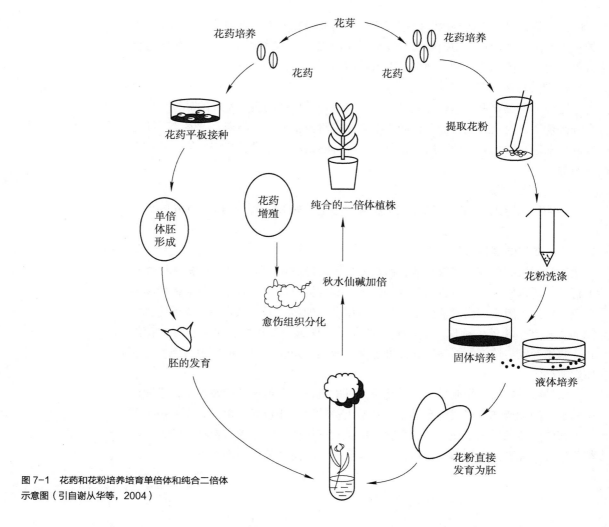

图 7-1　花药和花粉培养培育单倍体和纯合二倍体
示意图（引自谢从华等，2004）

通过目测可以选出大部分的单倍体。单倍体在正常生长状态下常常比它的标准
类型小；在幼苗生长的早期阶段（4~6 d）主根和牙鞘的长短区别明显，根长不
超过 2 cm、芽鞘长约 1 cm 的幼苗多数是单倍体；在玉米等籽粒大而扁平的作物
上，比较胚和盾片的大小也能对单倍体做出初步鉴定，在解剖学上观察叶片表皮
气孔、保卫细胞的大小和数目，也可以区分单倍体和二倍体。

2. 生理生化鉴定

染色体倍数的变化不仅改变各种性状，也改变植物对生长条件的反应。随着
单倍体基因型遗传信息容量减少和等位基因的丢失，表现型差异可能变窄，这对
于生理生化特性有决定性的影响。玉米单倍体和二倍体生理生化的差异，主要是
单倍体叶片组织的含水量、灰分和叶绿素含量减少，以及纤维素、叶绿素、呼吸
强度、维生素 C 等与二倍体植株有差异。因此，单倍体植株可通过测定蒸腾强
度、光合作用强度、呼吸作用强度等方法进行鉴定。

3. 细胞遗传学鉴定

在育种领域，鉴别植物体细胞或减数分裂细胞中的染色体对数是识别植物体
是否为单倍体的最基本和最有效的方法。同时，单倍体细胞中常可以看到自发的

二倍化现象，以及由此导致的植物细胞组织的混倍性现象。植物细胞染色体计数的常用方法是将待测植物细胞制作成临时显微镜片，然后使用洋红等染色剂进行染色，而后进行统计分析，确定是否为单倍体。

4. 遗传标记鉴定（杂交鉴定法）

遗传标记法要求用预先已知具有一个或综合性特征的遗传差异的品种或自交系进行杂交，而且这些特征应在幼苗早期发育阶段就能表现出来。考察幼苗期这些自交系杂交后代的表型，所有带显性特征的幼苗就是正常受精产生的，将被剔除淘汰。

5. 分子标记鉴定

包括生化标记（如同工酶标记）和分子标记（如 RELP、RAPD、AFLP 等）。

三、单倍体育种

单倍体植株只有一套染色体，减数分裂不能形成正常配子，故单倍体植物是不育的。所以需要对其进行染色体加倍，使其成为可育的二倍体。单倍体植物的染色体加倍一般采用化学诱变法。通常是用秋水仙碱处理单倍体小苗或单倍体植株的生长锥，单倍体植株一旦加倍成功就是一株纯合二倍体，可以正常开花结实，繁殖后代。这样的材料可直接通过试管繁殖应用于生产，或作为常规育种的原始材料。

植物育种中常利用杂种优势进行新品种的选育，在传统育种技术中，常通过连续多代的筛选选育而成纯合品系，耗费大量的时间和资源。单倍体育种技术通过单倍体的染色体加倍获得具有可育性的纯合二倍体，明显缩短育种时间、丰富种质资源、提高育种效率，在育种上具有极高的利用价值，如图 7-2。

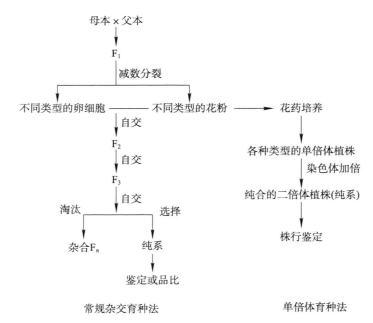

图 7-2　常规杂交种与单倍体育种程序比较
（引自张峰，2014）

（一）单倍体育种的应用

单倍体植物不能结籽，生长势弱，没有单独的利用价值，但其经染色体加倍后成为纯合的二倍体，因此可缩短育种年限，加快育种进程，在杂交育种、诱变育种、远缘杂交及杂种优势的利用等方面具有重要意义。

1. 控制杂种分离，缩短育种周期

在杂交育种中，由于杂种后代不断分离，要得到一个稳定的品系，一般需要4~6代的时间。采用单倍体育种法，如图7-3，将杂种一代或杂种二代的花粉进行培养，再经染色体加倍就可以获得纯合的二倍体，这种二倍体具有稳定的遗传性，不会发生性状分离。单倍体育种从杂交到获得稳定品系，只需经历两个世代的时间，从而大大缩短了育种年限。

2. 排除显隐性基因干扰，提高选择效率

用杂交育种选择具有多对等位基因的个体时，比较困难，而单倍体后代只有一种基因型和表现型，容易选择。单倍体育种从 F_1 诱导单倍体，染色体加倍获得纯合二倍体，一个世代就可得到纯系。

3. 单倍体是诱变育种的良好材料

人工诱变育种培育一个新品种时，会受到各种因素的干扰，如性状显隐性等，很难做到正确选择，且易造成误选或漏选。而单倍体较易发生突变，变异当代植株便可出现表型，便于早期识别选择。并且单倍体植株只含有一套染色体组，不存在相对应的显性和隐性的基因位点，一旦发生基因突变，就会在植株的性状上表现出来，有利于隐性突变体的筛选。

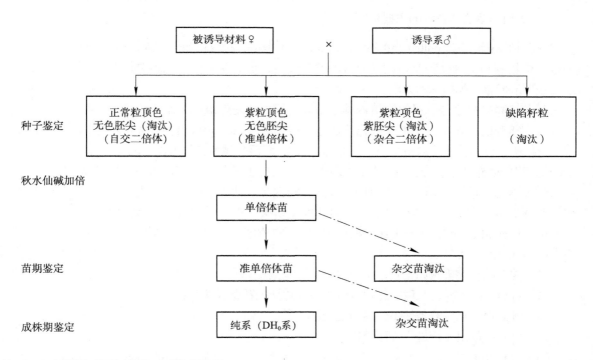

图 7-3　玉米孤雌生殖诱导、选择、加倍流程图
（引自张志军，2011）

4. 单倍体在远缘杂交中的利用

远缘杂交，一般指不同种、属之间的杂交，由于亲缘关系较远，经常会出现杂交不亲和、幼胚不成活、杂种后代育性差、杂种后代性状分离率高等现象。通过花粉培养，则可以克服远缘杂种的不育性和杂种后代呈现的复杂分离现象。尽管远缘杂种存在不育性，但仍有少数或极少数花粉具有生活力。这样就可通过对这些可育性花粉的人工培养，使其分化成单倍体植株，再经染色体加倍，就可形成性状遗传稳定、纯合的双二倍体新品系。

5. 利用单倍体对栽培品种进行纯化

优良品种育成推广后，在栽培过程中，由于生物学混杂丧失原有品种的优良性，表现为种性混杂、品种劣变、产量下降，失去原有经济价值。对许多杂交起源，遗传复杂，只能靠无性繁殖方法进行繁殖推广的种类，如杂种香水月季，如果采用花粉培养单倍体，经染色体加倍成纯合双二倍体，就可使其采用种子繁殖来保持其品种特性，防止因无性繁殖世代过多而造成的品种退化。

6. 双单倍体在基因组测序中的应用

在果树全基因组测序过程中，果树基因组的复杂性往往在于大多数果树不是纯合的自交系二倍体，而是高度杂合的二倍体，从而为基因组的组装增大了难度。因此在能够阐明科学问题以及满足科学研究价值的前提下，应尽量选择基因型纯合度高、基因组相对较小的品系作为测序材料，尤其是要优先选用单倍体材料或纯合二倍体材料。目前双单倍体已在许多植物的全基因组测序中起着重要作用，如在进行甜橙和桃全基因组测序时，选用了纯合的双单倍体品系，大大降低了基因组测序的复杂度。

（二）植物单倍体育种的主要步骤

花粉和花药培养（pollen and anther culture）是指将花粉或花药作为外植体，通过离体培养和诱导使得花粉改变原有的发育途径，形成花粉胚或花粉愈伤组织，最后形成单倍体植株的方法。

花药培养的程序与一般组织培养基本相同，不同的是外植体采用未成熟的花药。在培养的花药中，小孢子或花粉通过雄核发育（androgenesis）形成花粉胚（pollen embryo）或花愈伤组织（pollen callus），然后分化为花粉植株（pollen plant）。花粉植株理论上应当是单倍体植株，但是实际上还包括在花药培养过程中自然加倍的二倍体乃至多倍体植株。单倍体植株经过秋水仙碱处理，人工加倍染色体数目，即成为二倍体植株。二倍体的花粉植株也称为加倍单倍体植株（doubled haploid plant），简称 DH 植株，由加倍单倍体植株形成的株系称为 DH 系（DH line）。

花药培养的程序大致如下：

（1）取材　从植株上采取花粉单核或单核靠边期的花蕾或幼穗；

（2）预处理　在保湿条件下低温预处理；

（3）消毒　取出花药进行表面消毒；

（4）接种和诱导培养　将花药接种到花药培养基上，在适宜的温度下培养。有时需要对花药进行短时间的预培养，然后再转入花药培养基；

（5）分化培养　待花粉胚或花粉愈伤组织发育到适当阶段将其转入植株再生培养基，形成花粉植株；

（6）加倍　花粉植株的染色体加倍（在试管苗阶段，或移栽成活以后）；

（7）移栽　花粉植株移入土壤栽培。

（三）单倍体育种在林木上的具体应用

单倍体植株诱导培育适用于多种树木，榆树、杨树、油松和樟子松等均可以按照如下步骤进行培育。

1. 培育单倍体植株

以杨树为例，美国选择灰杨、银白杨以及美洲黑杨等一系列无法为雌配子体授精的花粉作为父本，按照一定比例将其混合并为杨树授粉，即可获得杨树的单倍体植株。

2. 诱导雄配子体，产生单倍体

这种方法是将花粉与花药离体培养，以便能诱导出单倍体植株。在培养时，花粉与花药会不断分裂与增殖，形成愈伤组织，随着愈伤组织的发育，最终产生单倍体植株。当然，花粉还可以在分裂增殖的过程中直接产生类胚体，类胚体同样可以形成单倍体植株。而花药离体培养可以按照如下几个步骤操作：

（1）制备培养基　选择 LB 培养基，在其中添加适量的生长素，如 2,4-D，另加入一些椰乳、蔗糖以及细胞分裂素，调节培养基溶液的 pH，以 pH 6.0 为佳，将 1% 琼脂加入其中，在高温高压环境下灭菌 15 min。在花药于诱导作用下形成愈伤组织后，添加适量的生长素、蔗糖以及细胞分裂素。待愈伤组织经过一定的分化，生成根和芽后，继续加入 3×10^{-6} 的细胞生长素、0.5×10^{-6} 的生长素以及 $20 \text{ g} \cdot \text{L}^{-1}$ 蔗糖。

（2）接种花药，形成愈伤组织　当花粉从四分孢子期向单核靠边期过渡时，应取下花芽并将其放入饱和的漂白粉溶液中，或是放入 1% 氯化汞溶液，待消毒 10 min 后使用无菌水进行 3～4 次的漂洗，随后在无菌条件下剥开芽鳞，并将花药接种进去，放于适当温度下培养，待花药开裂后便会形成愈伤组织。

（3）对愈伤组织进行诱导，促进花芽的分化　待愈伤组织大小接近黄豆粒时便可以将其转移到培养基中培养，培养时需保证 25～30℃ 的白天温度、15～20℃ 的夜间温度以及 10～14 h 的光照时间。培养期间需确保培养基中具有足够的营养物质，以便愈伤组织能够在诱导下分化出根与芽。若幼苗一直保持着良好的生长状态，便可以移出培养基，放入花盆继续培养。

（4）染色体检查　愈伤组织的幼苗并非来源自同一种树木，榆树、沙棘、杨树、油松、樟子松、柠条等树木的染色体数目并非是相同的，在培育时应首先检查幼苗的染色体数目。检查时，应将愈伤组织生长态势较为旺盛的边缘处取一部分作为样本，放入 1% 的醋酸洋红作染色处理，随后制作压片，使用显微镜等仪器进行镜检。一般而言，幼苗检查材料主要为根尖，以上即为检查方法。

3. 染色体加倍

使用 $1～4 \text{ g} \cdot \text{L}^{-1}$ 秋水仙碱溶液浸泡生长点，或在生长点涂抹含有 $1～4 \text{ g} \cdot \text{L}^{-1}$

秋水仙碱的羊毛脂，这两种方法均可以为单倍体植物加倍染色体，成功率至少为50%。单倍体植株在染色体加倍后会形成纯合二倍体，人们可以按照对树木形状的要进行挑选，接下来或是直接繁殖，或是进一步杂交，均可以确保树木品种的优良。

第二节　多倍体育种

一、多倍体概述

1. 多倍体的概念

多倍体（polyploid）是指体细胞中含有超过正常染色体组，即含有 3 个或 3 个以上染色体组的个体。根据染色体组的来源，可以分为来源同一物种的同源多倍体（autopolyploid）和来源于不同物种的异源多倍体（allopolyploid）。

2. 多倍体的发展历史

多倍化是促进植物进化的重要力量。多倍体主要是通过未减数配子融合、体细胞染色体加倍以及多精受精三种方式形成的。其中，未减数配子是多倍体形成的主要机制。过去认为多倍体只能是进化的死胡同，现在发现很多多倍体类群都是多元起源的而不是单元起源的。当多倍体形成后，基因组中的重复基因大部分保持原有的功能，也有相当比例的基因发生基因沉默。多倍体通常表现出二倍体祖先原本没有的表型，并且超出了其祖先的分布范围。多倍体在动物界极少发生，在植物界却相当普遍。很多种植物都是通过多倍体途径而产生。通过组织培养法成功诱导了水稻四倍体无性系，这表明水稻四倍体无性系是可以由单细胞再分化而来，并且确定了秋水仙碱为诱导因子，在细胞培养过程中定向诱导四倍体的可行性与优越性。对水稻和其他禾本科植物基因组多倍体起源的研究发现水稻基因组存在全基因组加倍的事件，大概发生在禾谷类作物分化以前，距今约 7 000 万年。在水稻基因组中共找到 117 个加倍区域，分布在水稻全部的 12 条染色体上，覆盖约 60% 的水稻基因组，在加倍区段，大概有 20% 的基因保留了加倍后的姐妹基因对，与此形成鲜明对比的是加倍区域的转录因子保留了 60% 的姐妹基因。禾本科全基因加倍事件对禾本科基因组进化的进化具有重要作用，暗示了多倍体化以后基因丢失、染色体重排在禾谷类物种分化中扮演了重要的角色。

3. 多倍体育种的意义

植物界中多倍体极为常见，被子植物中 1/2 以上为多倍体，花卉中 2/3 为多倍体。多倍体是高等植物染色体进化的显著特征，小麦、烟草、棉花、马铃薯、甘蔗等都是自然形成的多倍体，也可以人工采取各种物理、化学、生物等方法，促使植物细胞染色体成倍数增加，可以达到改变植物遗传性状、提高产量、提高抗逆性和有效成分含量的目的。

目前，生态环境遭到严重破坏，野生药用植物资源逐渐减少以致枯竭，药用植物栽培品种品质退化，多倍体诱导育种技术对解决药用植物栽培与育种上存在的问题具有深远的意义。育种学家对多种药用植物进行了多倍体育种的研究，拓宽了种质资源，培育了高产优质新品种，防止了由于长期的栽培而导致的品种退化。

二、多倍体植物的特征特性

遗传物质最为主要的载体是染色体，染色体组指二倍体生物配子中所包含的染色体或基因的总和。生物体内染色体数目的变化是以染色体组为单位进行增减，多倍体是指由受精卵发育而来并且体细胞中含有三个或三个以上染色体组的生物个体。当染色体组成倍增加以后，在减数分裂过程中各染色体有可能发生不均衡分配、基因的剂量效应和互作效应等都会破坏原有的生理生化平衡，致使植株形态生理上发生变化。

1. 抗逆性强

绝大多数的多倍体植物对低温、高温、干旱、盐碱、病害等逆境环境适应能力要强于二倍体植物。多倍体植株物主要是通过调整细胞大小和结构、调节生物膜系统、提高渗透调节物质含量、增强抗氧化系统活性、增加基因表达和表观遗传变化来增强抗逆性。多倍体植物最普遍的效应是细胞体积增大，具有代表性的是花粉和表皮细胞，特别是气孔的保卫细胞，多倍体与二倍体的区别非常明显。多倍体的气孔密度减小，保卫细胞的长、宽增加，而气孔是植物与外界进行气体交换的通道，气孔密度直接影响植物的光合作用和蒸腾作用，进而影响植株的生态适应性及对逆境的抗性。

2. 巨大性

巨大性是多倍体最为显著的特征，这些巨大性主要表现在叶片、花、果实、种子形态特征及气孔和叶绿体细胞学特征上。一般而言，同源多倍体植株高大，生长势强，生活适应性增强，但分枝数和叶片数减少，生长期延长。研究认为，多倍体的巨大性主要不是以叶片面积大小来显示，而是以形变来显示的。多倍体的巨大性也并不是绝对的，不同的植物不同倍性在不同器官上的表现型不同。如诱导得到的哈密瓜、厚皮甜瓜等四倍体，果实反而要小，果肉加厚，种腔变小，但其他植株性状仍然呈现巨大性。

3. 育性低

多倍体的染色体组奇数或偶数加倍后，致使后代遗传严重不平衡，在减数分裂形成配子时，染色体联会配对异常，不能形成正常的配子，多倍体植株育性降低，种子萌发率降低。不同的植株多倍体育性降低的程度也不一样，如同源四倍体玉米的育性一般下降 85%～95%，同源四倍体草棉则几乎不育。三倍体植株完全不育，可利用这一特性进行果蔬的无籽化生产，如三倍体无籽西瓜的培育。另外多倍体植株的花粉粒增大，花粉萌发孔增多。花粉粒的性状也存在差异，如四倍体西瓜的花粉为正方形。

4. 有机营养成分含量升高

多倍体的基因组增加，从而使植物的代谢旺盛，提高体内某些生化成分的含量；因多倍体植株的基因活性及酶差异性增强，从而提高了植株的适应性和抗逆性；另外由于多倍体叶面积增大，叶绿素含量升高，光合效率也相应提高，积累的营养成分就会增加，多倍体的化学成分如氮、碳化合物，以及过氧化物、植物碱等有机物含量增加。

三、植物多倍体诱变方法

植物多倍体的诱变方法主要有化学诱变技术、物理诱变技术、生物诱变技术。

1. 化学诱变技术

使用化学诱变技术抑制细胞分裂中纺锤丝的形成，细胞分裂时染色体不拉向两级，排列在赤道板上的染色体重新复制，从而使染色体数目加倍。一般选择正处于旺盛分裂的细胞作为诱变材料，如处于萌动状态或刚发芽的种子、幼苗或嫩枝的生长点、愈伤组织等。常用的化学试剂有秋水仙碱、富民隆、氨磺灵、氟乐灵、异生长素、吲哚乙酸等，其中最为较常用的化学试剂是秋水仙碱，以秋水仙碱为诱变剂具有实验条件要求简单、普适性强、成本低、诱变效果好等优势。处理方式有浸渍法、涂抹法、棉花球滴浸法、喷雾法、注射法和药剂培养基法，其中浸渍法、棉花球滴浸法诱导效果最好。使用秋水仙碱诱导萌动的莲子胚，成功诱导出了多倍体植株，诱导成功率达到 40% 以上；用不同处理时间、不同浓度的秋水仙碱诱导三七种子，得出秋水仙碱适宜浓度为 $1 \text{ g} \cdot \text{L}^{-1}$、浸种 48 h 的效果最好，诱导率最高可达 3.64%。

2. 物理诱变技术

一般是利用物理手段造成植物生长环境的异常，进而使其染色体加倍。常选择一些具有营养繁殖优势的植物为诱变材料，常见的物理手段有变温、电离辐射、超声波、创伤、干旱、离心等方法。物理手段简单易行，无毒、无污染，没有副作用的产生。离心可诱发水稻发生变异，不同频率、不同处理时间下诱发种子变异的频率为 0.27% ~ 3.89%。变温预处理三个紫花苜蓿株系的花药，能显著提高花药愈伤组织的诱导率。物理诱变法的缺点在于成功率低，对诱导条件要求高，并且难以实现定向诱变的目标。

3. 生物诱变技术

利用生物诱变技术可选择的材料相对多样，活体植株、种子、外植体（鳞片、侧芽、子叶、花柱、幼穗、叶片及成熟种子胚等）等均可，常用的方法有摘心、切伤、嫁接法、有性杂交、体细胞杂交、胚乳培养以及组织培养等。生物诱变法的目的性和针对性很强，难以独立完成，所以该方法常与化学方法相结合，其中较常用的是离体组织培养与秋水仙碱相结合的方法。用秋水仙碱浸泡处理金银花顶芽经组织培养得到的愈伤组织和丛生芽，可获得金银花同源四倍体。

四、多倍体植株鉴定

植物组织经过多倍化诱导处理后，其中一部分材料的染色体加倍称为多倍体，还有一部分未能加倍成功而仍然为二倍体，另外还有一些为嵌合体。因此，在诱导多倍体的过程中，及时准确地鉴定出多倍植株就显得尤为重要。运用合适的方法鉴定不仅可以缩短培养周期，还可以提高多倍体育种的工作效率。多倍体植株由于染色体加倍，其外部形态特征和内部特征都发生了明显的变化。根据这些变化就可区别二倍体与多倍体。目前常用的多倍体鉴定方法有如下几种：

1. 形态学鉴定

形态学鉴定简单、直观。多倍体植株的特点是初期生长缓慢、叶色加深、叶片变宽变厚、茎变粗、节间变短、花器官增大等，分别在幼苗期、营养生长期、花期、果期 4 个阶段观察以上特征，可以筛选出变异植株，为育种工作者减轻庞大的工作量。大量研究表明，形态学鉴定结果有较好的一致性。根据黄皮西瓜的诱导植株的形态特征变异，凭经验判断四倍体，准确率可达 91.3%，但该方法比较粗放，必须结合其他鉴定方法最终确定其倍性。

2. 细胞学鉴定

多倍体植株与二倍体相比，气孔变大，花粉粒萌发孔沟数目增多，花粉粒大小不整齐，败育花粉粒增多，小孢子母细胞增大，小孢子母细胞在减数分裂中有异常行为，梢端组织发生层细胞及细胞核较大。因此，可根据气孔大小、叶绿体数目及花粉粒大小、形状等特征来鉴定植株倍性，但是容易受到环境等因素的影响，并不十分准确。

3. 染色体压片法

多倍体植株最本质的特征就是染色体数目加倍。因此，采用染色体制片法观察染色体是最直接、最准确的鉴定方法之一。用根尖染色体制片法，可鉴定秋水仙碱处理后染色体加倍的四倍体铁皮石斛再生植株的倍性。

染色体制片一般步骤有：取材－预处理－固定－解离－染色－镜检，根据植物材料的不同，各步骤略有不同，包括常规压片法和去壁低渗法。常规压片法的细胞壁不做特殊处理，进行常规压片后进行染色体计数。而去壁低渗法则需要用酶液对细胞壁进行去除，这样可以使染色体更加清晰，便于计数。在实际操作过程中，可根据植物材料和实验要求的不同灵活选择。

发展至今，染色体制片技术已相当成熟，该方法已被广泛采用。尽管染色体记数法检测倍性很准确，但很费时。在进行染色体制片观察时，即使茎尖或根尖的染色体已经加倍，仍不能排除获得的植株是嵌合体的可能性，还需要与其他鉴定方法结合使用。

4. 流式细胞仪分析法

流式细胞仪是集电子技术、计算机技术、激光技术、流体理论于一体的倍性分析仪器，可迅速测定细胞核内 DNA 含量和细胞核大小，是大范围实验中鉴定植株倍性的快速有效的方法。同时细胞核内 DNA 的含量不受外部因素，如光密度、植物组织水含量等的影响。流式细胞仪的工作原理是用染色剂对细胞进行染色后测定样品荧光密度，荧光密度与 DNA 含量成正比，因此，DNA 含量柱形图可以直接反映出不同倍性水平的细胞数。此方法仅需 1 cm² 样品就可测定其材料的倍性。

五、多倍体诱导在植物育种中的应用

多倍体植物在形态生理生化特性及产量、品质等方面有所变化，与二倍体相比有巨大性、不育性和抗性强等显著优良特性，因此在植物育种工作中可以广泛应用。多倍体具有叶片变大、加厚，叶片和花色深，花序大，花期延长，抗逆性强等外观特征，增加了花卉的欣赏价值和商品价值，在园林中应用范围很广。如彩色马蹄莲、东方百合‘Tiber’、君子兰等都成功获得四倍体植株，其观赏和应用价值均优于二倍体植株。著名的三倍体欧洲山杨，其生长快、材质好、叶片大而美观、抗寒抗病性强、适应性广，是速生丰产林和城乡绿化的优良树种。与同龄的二倍体在相同生长环境条件下相比，树高超过 11%，直径超出 10%，材积增长 36%。当然也可以利用三倍体的不育性进行果蔬的无籽化生产，如无籽西瓜的培育。多倍体体内积累的次级代谢产物显著增加、抗逆性强，可以应用于农作物生产上。八倍体小黑麦，具有产量高、品质好、抗旱、抗寒、抗病、耐瘠、耐盐碱等优势特点，广受人们的欢迎。同源四倍体茄子"新茄一号"的果实维生素 C、蛋白质、脂肪含量较二倍体品种都有显著提高；四倍体莳菜叶绿素含量及氨基酸含量均比二倍体高，且抗逆性强、适应性好，对于培育营养价值高的蔬菜品种具有重要意义。多倍体的活性化学成分含量也会增加，药用植物白术四倍体过氧化物含量和杭白芷多倍体欧前胡素含量比对照植株均有明显增加。每一物种都有最适宜的染色体倍数，并不是数目越多越好，很多植物多倍体诱导未能达到预期的效果。另外人工诱导成功的多倍体植株不能直接用于生产，只可作为育种工作的材料资源，因此，在选择诱导多倍体植物材料时，尽量选择染色体数目少，异花授粉，多年生、营养繁殖和以收获营养器官为主的植物，以确保多倍体诱导的成功。

思考与讨论题

1. 单倍体获取方法有哪些？
2. 单倍体鉴定有哪几种方法？
3. 植物单倍体育种分哪几个步骤？
4. 多倍体植物的特征有哪几个？
5. 植物多倍体诱导的方法有哪几种？

数字课程资源

视频讲解　　教学课件　　自测题

第八章

植物细胞培养反应器

知识图谱

植物位于地球上生物链的最底端，为人类和动物提供了取之不尽的食物资源，同时，植物内含有多种化合物，据不完全统计，植物能生产 10 多万种化合物且每年有数千种新化合物被发现，此数量远超微生物所产种类。李时珍于 1578 年在《本草纲目》中所列的 1892 种药物绝大多数是植物药物，目前仍有约 25% 的法定药品来自植物，其药物的有效成分均为次级代谢产物。植物来源的天然药物越来越受到世界各国的关注。有些次级代谢产物是优良的食品添加剂和名贵化妆品原料。有些是生物毒素的主要来源，可以用于杀虫、杀菌，而对环境和人畜无害，是理想的环保产品。这些证据表明，植物次级代谢产物在医药、食品、轻化工业等领域具有重要意义。

应用细胞培养系统生产有用的植物次级代谢产物，不受气候、土壤、病虫害侵袭等自然条件限制，培养过程易优化，产品质量易控制，而且培养周期短、生产效率高，很可能发展成为广义化学工业的一个组成部分，有望解决天然产物的长期供应问题。1983 年，日本在世界上首次成功地采用紫草细胞培养工业化生产紫草宁。此后，利用人参细胞培养生产人参皂苷、利用黄连细胞培养生产小檗碱、利用长春花细胞培养生产长春碱、利用红豆杉细胞培养生产紫杉醇等相继取得成功。迄今为止，已经从 400 多种植物中分离出细胞，并通过细胞培养获得 600 多种化合物。在此发展过程中，了解植物细胞培养和生物反应器的特点、掌握植物细胞反应器的设计与放大策略、选择适宜的反应器操作方式，对于保护资源、开发新的珍稀植物或药用植物的生产途径是非常重要的。

第一节　植物细胞培养

植物细胞培养是指在离体的条件下，将愈伤组织或其他易分散的组织置于液体培养基中进行振荡培养，得到分散游离的细胞，通过继代培养使细胞增殖，从而获得大量的细胞群体的一种技术。

一、植物细胞培养的特性与培养体系混合

（一）植物细胞培养概述

植物细胞比微生物细胞的直径大得多，为 $20 \sim 150 \ \mu m$，与动物细胞大小相似，它很少以单个细胞悬浮生长，通常是形成团细胞的非均相集合体，细胞数在 $2 \sim 200$，直径为 2 mm 左右，细胞结团的程度主要取决于细胞系来源、培养基及培养时间。植物细胞的细胞壁较脆，液泡较大，耐剪切能力较弱。

植物细胞培养基营养成分复杂而又丰富，在此培养基上真菌生长速度比植物细胞快得多。因此，在植物细胞培养系统的准备及培养操作中，保持无菌相当重要。此外，由于植物细胞生长速度慢，培养周期长，即使间歇操作也要 $3 \sim 4$ 周，半连续操作或连续操作可长达 $2 \sim 3$ 个月。因为植物细胞的培养温度低，通常控制在 25℃ 左右。有的培养过程需要特殊波长的光照，这就对生物反应器、泵、电极、阀、检测控制装置等的设计提出了特殊的要求，并要求其具有良好的稳定性。

植物细胞培养基黏度随细胞量的增加而呈指数上升，有些品种在培养后期培养液相当稠厚，对于其流变学特性所知尚少，这亦是植物细胞培养中一个值得研究的重要领域。

所有植物细胞都是好氧型，因此在培养周期中需要连续不断地供氧。但是它与微生物细胞培养不同，并不需要太高的氧传质速率，一般 KL_α 值控制在 $25 \sim 50 \ h^{-1}$。植物细胞培养对氧含量的变化非常敏感，太高或太低均有不良影响。因此，大规模植物细胞培养中对供氧和尾气氧的监控都十分重要。大多数植物细胞的培养 pH 为 $5.0 \sim 7.0$，在此 pH 水平通气速率过高会驱除二氧化碳，从而抑制细胞生长。对于这个问题，可以在进气中加入一定量的二氧化碳来缓解。

植物细胞培养过程中产生泡沫的特性与一般微生物培养不同，其气泡比微生物培养时较大，且覆盖有蛋白质或黏多糖，因而黏性大，细胞极易被包埋在泡沫中。如果不采用化学或机械的方法控制，就会影响培养过程的稳定性。

表面黏附在培养过程中也是应注意的问题。植物细胞在培养过程中极易黏附、堆积在培养液面以上的器壁上以及搅拌轴的上端或电极和挡板的表面。对于培养液面以上的细胞层可用机械手段去除，但电极表面的黏附往往会造成电极损坏或检测不准确。在培养容器的表面和电极上涂上硅油，有时具有一定的作用，也有研究者通过改变培养基中某些离子成分取得了一定的成功。

（二）培养液的流变学特性

培养液的组成十分复杂，其中水所占的比例最大。除了溶解于水的各种营养成分及细胞的代谢产物外，还有大量的细胞、构成培养基的不溶性物质等固相物存在。一般在培养液中的液相部分黏度很低，随着其中细胞浓度的增加，培养液的黏度也相应增大。

当培养液中的颗粒呈球状或接近球形，且其浓度较低时，悬浮液为牛顿型流

体，其黏度可根据 Einstein 公式计算：

$$\mu_s = \mu_L (1 + 2.5\Phi)$$

式中：μ_s 为悬浮液黏度（$Pa \cdot s^{-1}$）；μ_L 为悬浮液中纯液相黏度（$Pa \cdot s^{-1}$）；Φ 为颗粒的体积分数，量纲为 1。

当颗粒的体积分数较大时，以上线性关系不再成立，提出以下关系式：

$$\mu_s = \mu_L (1 + 2.5\Phi + 7.25\Phi^2)$$

此外，还有不少其他经验关系式，如：

$$\mu_s = \mu_L (1 - \Phi)^{-2.5}$$

$$\mu_s = \mu_L (1 - 1.35\Phi)^{-2.5}$$

当培养液黏度与细胞浓度的关系明确时，可以通过测定培养液的黏度来确定细胞浓度。

大多数植物细胞培养物在高浓度下是黏性的，主要是由密集培养中高固体含量引起的，而培养液本身的黏度通常是较低的。高浓度的细胞悬浮液可成为非牛顿型流体，用于描述植物细胞悬浮物的幂定律方程包括宾汉塑性、假塑性和凯松流体。对于非牛顿型流体人们常用表现黏度来描述其流变学特性。在植物细胞培养体系中，黏度系数受到颗粒尺寸和细胞浓度的极大影响，流动特性指数受影响不大。

培养液的流变学特性对混合和氧气传递影响很大。氧传递系数随着黏度的增加而下降，例如，在假黏性流体中，剪切应力越高，表现黏度越低。这种情况下，在搅拌桨区因高剪切混合使得气泡分散较好，而远离桨区呈现高的表现黏度，导致混合与氧传递较差。由于植物细胞易聚集成团，随着细胞的生长，氧传递降低，因此其流变学特性不同于单细胞微生物。

通过改变培养基的渗透压可以改变培养液的流变学特性。在典型的植物细胞间歇培养中，使用蔗糖作为碳源，开始时培养基中蔗糖由于水解使得渗透压增加，随着培养物中营养物质的消耗，渗透压逐渐降低并在稳定期趋于零。这种低渗透压情况下会出现细胞增大的现象。尽管大细胞可能拥有一个较大的储存室，但是它们更容易被剪切损伤。此外，高比例的大细胞通常使得培养液的黏度增加，并可能因为高固相含量而变现出高的屈服应力。单个细胞体积的增大也会导致后期培养液表现黏度的显著增加，尽管此时生物量浓度已经降低。

多数研究显示细胞悬浮培养液呈非牛顿型流体特征，在某些系统中，还可以看到培养液随细胞浓度的增大而从牛顿型向非牛顿型的转变。当植物细胞浓度较小时，体系接近牛顿型流体；当细胞浓度超过某一值时，黏度系数和表现黏度剧烈增加，体系远离牛顿型流体；在两相培养系统中，当有机溶剂浓度小于 10% 时，对细胞悬浮培养体系的流变性影响较小，且促进体系向牛顿型流体靠近。

（三）植物细胞培养体系的混合

在植物细胞培养体系中，气液传递（特别是氧气在培养基中溶解率和在液体中的传递速率）、营养物在细胞与培养液之间的传递都是十分重要的体系混合问题。简单地套用化工的液固传递理论是不合适的，需要对其进行深入的研究，建立准确的定量模型。

1. 营养物传递方式

植物细胞培养体系中，营养物通过细胞膜的传递机制与其他生物的相同，均有3种情况：被动传递、主动传递和易化传递。传递方式主要是依据传递的物质是否需要载体来区分的。

2. 反应器内的混合

反应器内有效的混合能促进营养物质在气液相细胞之间的传递，可为植物细胞的生长及代谢提供均一的生理条件。但是，由于植物细胞对剪切很敏感，反应器内的剪切速率会给植物细胞带来损伤，降低细胞的活性。高密度培养液的非牛顿型流体特性限制了反应器内有效的热量和质量的传递，导致反应器内温度和营养物浓度分布不均。

反应器的操作在很大程度上取决于气液两相的混合状况，通常采用混合时间来反映反应器内的混合情况，利用流数或功率消耗等参数来概述。混合时间即为示踪子加入反应器后，达到一定程度的混合时所需要的时间，它是直接描述培养基中营养物成分均匀程度的参数。一维轴向扩散模型被广泛应用于反应器中混合状况的研究，但在实际培养中，混合时间往往比轴向扩散系数更为重要。

3. 氧需求和供应

氧气从气相到细胞表面的传递是植物细胞大规模培养的一个基本问题。由于植物细胞培养的高密度与高黏度特性，氧气的传输会受到阻碍，因此，在培养过程中，细胞的生长常受培养液中溶氧的影响。溶氧浓度常与搅拌强度、气泡分散程度、培养基的溶氧水平、容器内水压有关。常采用喷射空气或纯氧的方式向培养液提供氧气。气泡在上升过程中，氧气溶于培养液中，然后传递到细胞。

（1）氧气传递阻力 氧气一般是通过注入空气或纯氧进入反应器的。气泡在培养基质中传递的过程中，氧气溶解于培养基中，供细胞消耗。氧气传递的总过程以及其他养分传递的过程可由静态膜理论确定的各单个传质阻力来描述。在传质过程中，有关养分的供给和利用、代谢产物的分泌和转移的阻力有多种。氧气传递的总阻力等于单个阻力的总和。单个阻力对总阻力的贡献或其重要性取决于培养基中气体和液体的流体力学特性、温度、培养基组成和流变学特性、代谢活力及细胞密度、界面特性等。这些阻力包括：①从气相主体到气液界面的气膜传递阻力 $1/K_G$；②气液界面的传递阻力 $1/K_1$；③从气液界面通过液膜的传递阻力 $1/K_L$；④液相主体的传递阻力 $1/K_{LB}$；⑤细胞或细胞团表面的液膜阻力 $1/K_{LC}$；⑥固液界面的传递阻力 $1/K_{IS}$；⑦细胞团内的传递阻力 $1/K_A$；⑧细胞壁的阻力 $1/K_W$；⑨反应阻力 $1/K_R$。

（2）溶氧浓度 与微生物相比，植物细胞代谢慢，需氧量较低，一般需要 $1 \sim 10 \ mmol \cdot L^{-1} \cdot h^{-1}$ 的氧气，这种特性要求设计低剪切率的生物反应器以满足植物细胞大规模培养的要求。尽管由于植物细胞的凝结速率快而对氧的需求量低，但为了确保混合良好，在气升式生物反应器中还是要求有合理的空气流动速率，尤其是在高细胞密度和高流体黏度情况下，传质效率大大降低。同时，除考虑细胞生长对氧气的需求外，代谢产物合成时对氧气的消耗在某些情况下会显著高于细胞生长时的需氧量。但并不是氧浓度越高，细胞生理状况越好。不同细胞对氧的消耗规律是不同的，细胞对氧的需求有一个最优值。

（3）二氧化碳的影响　已经研究证明，在气升式生物反应器中采用高通气速度，植物细胞的生长就会减缓，原因之一可能是除氧气外的其他的气体成分（如二氧化碳）对植物细胞的生长也具有重要的作用。在无光合作用下，细胞也能固定一定浓度的二氧化碳。在高通气速度情况下，二氧化碳及一些主要的挥发性物质很可能从培养基中逸散出来，从而导致细胞生长速度的减慢。因此，植物细胞生长应在各种气体成分相协调的环境中进行。

二、植物细胞培养反应器的类型

1959 年，Tulecke 和 Nickell 首次将微生物培养的发酵工艺用到高等植物的悬浮培养中，此后研究人员利用生物反应器进行植物细胞的大规模培养工作便逐步展开。目前使用的植物细胞培养反应器主要有传统的机械搅拌式、非机械搅拌式及固定式等几种。

（一）机械搅拌式生物反应器

日本在植物细胞培养研究方面开展较早。1972 年，Kato 就利用 30 L 机械搅拌反应器连续培养烟草细胞以获取尼古丁。随后，他们又成功地在 1 500 L 反应器上对烟草细胞进行培养，最后放大到 20 m³ 的反应器上进行分批和连续培养，连续培养时间持续了 66 d，如图 8-1 紫草细胞培养生产紫草宁的实验也使用了机械搅拌式反应器，Fujita 等用 200 L 的反应器先进行细胞增殖，然后转接到750 L 的反应器上进行紫草宁的合成。

机械搅拌式生物反应器有较大的操作范围，混合程度高，氧传递效率高，适应性广，反应器内的温度、pH、溶氧及营养物质浓度较其他反应器更容易控制，其最大特点是高速机械搅拌能获得较高的 kL_a 值（>100 h^{-1}），而植物细胞培养所需 kL_a 值为 5 ~ 20 h^{-1}。机械搅拌造成的剪切力会对植物细胞造成较大的损伤，不

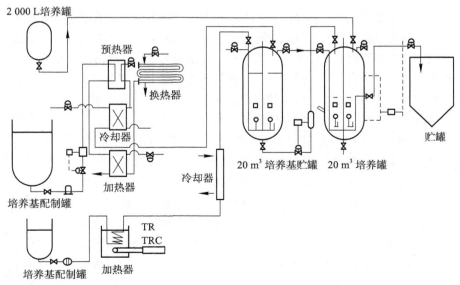

图 8-1　利用机械搅拌反应器进行植物细胞大规模培养（引自梁世中等，2011）

同细胞株对剪切的敏感程度是不同的，而且即使使用同一细胞株，随着细胞年龄的增加，其对剪切的敏感程度也提高。由于多数植物次级代谢产物往往在植物生长的后期产生，因此机械搅拌对产物合成产生极大影响。搅拌转速越高，产生的剪切力越大，对植物的伤害也越大。因此尽管机械搅拌反应器已成功地用于植物细胞培养，但如何更好地应用于次级代谢产物的生产还需要对反应器结构进行改造，尤其是对搅拌桨的结构和类型的改进，力求减少产生的剪切力，同时满足供氧与混合的要求。Tanaka 对比了几种搅拌器，发现桨形板搅拌器既能满足植物细胞的溶氧需求，其剪切强度又不至于对植物细胞造成伤害；Kreis 等比较了使用不同的搅拌式反应器和气升式反应器对金花小檗细胞合成原小檗碱的影响，发现平叶形搅拌器加挡板与气升式反应器相当，比较适宜用作植物细胞培养。此外，搅拌方式也会对剪切作用产生影响。Hvoslef-Eide 等利用螺旋形搅拌式生物反应器对挪威云杉（*Picea abies*）和桦树（*Betula pendula*）的体胚进行大量繁殖，发现在较低的搅拌速度下变换搅拌的方向可以降低剪切力，搅拌器的搅拌方向每 10 s 变换 1 次时，30 r·min^{-1} 的搅拌速度就可以有较好的混合性能。另外通过对细胞在搅拌式反应器上的长期驯化，细胞对剪切力的耐受程度也大大提高。有人利用 3 L 搅拌式生物反应器经过几年驯化苦树细胞，大大提高了苦木素的生产。

（二）非机械搅拌式反应器

植物细胞生长较慢，这就要求所用的生物反应器应具有极好的防止污染的能力。机械搅拌式生物反应器搅拌轴和罐体间的轴封容易泄漏而造成染菌，而搅拌器的改造容易产生死角，成为新的染菌源。非机械式反应器结构简单，没有泄漏点，也不存在死角，且提供了低剪切力环境，能较好地克服机械搅拌式反应器的缺点，其原理都是在供气的同时借助气体的推力使培养液翻动混合均匀，主要有鼓泡式反应器和气升式反应器。

1. 鼓泡式反应器

常用的鼓泡式反应器是气液两相反应器，是指气体鼓泡通过含有反应物或催化剂的液层以实现气液相反应过程的反应器。反应器内流体的运动状况是随分散相气速的大小而改变，一般分为两种：一种是均匀泡流，此时气速较低，气泡大小均匀，浮升较有规则；另一种是随着气速的增加，小气泡被大气泡兼并，同时也造成了液体的循环流动，这种流动称为非均匀鼓泡流。为了有利于气体的分散和液体的循环运动，强化传热和传质，一般在塔内装多层水平板，其高径比通常为 4～6，液体深度大，这种鼓泡式反应器称为高位筛板式反应器（图 8-2）。

压缩空气由塔底导入，经过筛板逐渐上升，气泡在上升过程中带动发酵液同时上升，上升后的发酵液又通过筛板上带有密封作用的降液管的下降形成循环。另外，鼓泡式反应器内部不含转动部分，培养过程中无须机械能损耗，因此也适合培养对剪切力敏感的植物细胞如人参细胞等。在这种反应器中，氧气溶入培养液的速度、搅拌混合效果等主要取决于空气鼓入的速率和培养液的流体力学性质，比如黏度等。空气鼓入的速度越快，黏度

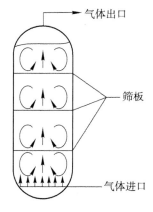

图 8-2　鼓泡式反应器

越小，氧气进入反应器的速度越快，反应器的混合效果越好。通过比较藏红花（*Crocus sativus*）细胞在机械搅拌式、气升式和鼓泡式三种反应器中的培养效果，发现鼓泡式生物反应更适合于藏红花素的生产。但鼓泡式生物反应器的缺点是对氧的利用率低，要增加氧必须加大通气量，而增加通气量，就是加大气流，使流体流动方式变成湍流，如此一来便提高了反应器内的剪切力导致二次损伤细胞。

2. 气升式反应器

气升式反应器分为内循环（图 8-3）和外循环（图 8-4）两种形式。

气升式反应器是在鼓泡式反应器的基础上发展起来的，他通过在鼓泡式反应器内部增加一个通气管而提高混合效率。气体在通气管轴部喷射，依靠这种方式传递动量和能量，通过上升液体和下降液体的静压差实现气流循环，以保证良好的传质效果，同时使剪切力的分布更均匀，并且可以促进培养基和细胞在较短混合时间内的周期运动。另外，由于其没有搅拌装置，更容易长期保持无菌状态。对于低或中等需氧系统，气体搅拌通常比机械搅拌更为有效。在气体搅拌反应器中，氧传递系数的变化主要取决于单位气体的气液表面积，而该值又取决于气泡的大小和总气体持有量（即气体占有体积与反应器总体积的百分比），气泡的大小取决于多种因素，包括气体分布器设计、流型以及培养基的聚结抑促特性。气体持有量通常与界面气体速率有关，增加气体流速便增加了气体持有量和 k_{La}。但气体流速的增加受到泡沫等问题的限制。体积溶氧传质系数 k_{La} 与反应器的几何形状有关。必要时可通过修改反应器内部结构以促进氧传递。很多研究都表明气体搅拌式反应器十分适合植物细胞生长与次级代谢产物的生产。

但是这种气体作用的生物反应器中混合过程仍存在问题，尤其是在高密度培养的情况下，因此较多研究者在反应器的设计上引入新的思路。我国学者刘大陆等发了一种"气升内错流"式反应器，其特点是可抑制气泡聚合，强化混合与氧

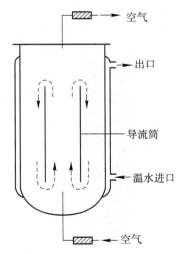

图 8-3　气升式内循环植物细胞培养反应器（引自陈国豪，2007）

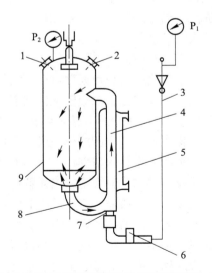

图 8-4　气升式外循环植物细胞反应器（引自郑裕国等，2004）
1. 入孔；2. 视镜；3. 空气管；4. 上升管；5. 冷却器；6. 单向阀门；7. 空气喷嘴；8. 带升管；9. 罐体

传递，并极大降低了反应器的高度。使用这种反应器培养新疆紫草细胞，一个培养周期内细胞干重可达 $12 \text{ g} \cdot \text{L}^{-1}$，紫草含量为 10%，是天然植物的 2～8 倍。

（三）固定式反应器

植物细胞培养最大的问题是培养细胞的遗传和生理特性的高度不确定性。为了避免因细胞间不一致导致产率降低或产生其他代谢产物的情况，科研人员建立了植物细胞固定化培养技术，并设计了相应的生物反应器。

在这种培养方式下，细胞位置固定，所处环境与自然植物体类似，细胞间相互接触，信息传递及分化，有利于次级代谢产物的生产。因此，固定化细胞系统比悬浮系统更适合于植物细胞团的培养。另外，固定化细胞包埋于支持物内，可以消除或极大减弱剪切力的影响。固定化系统还可以实现连续培养，一方面培养基不断流入反应器，另一方面带有代谢产物的培养液也不断流出，这对于外泌型代谢产物的生产是十分适宜的。

固定式反应器类型有填充床反应器、流化床反应器和膜反应器等。

1. 填充床反应器

填充床反应器如图 8-5，在此反应器中，细胞被固定于胶粒、金属或泡沫等支持物的表面或内部，支持物颗粒堆叠成床，通过在床层间流动的培养液来实现混合和传质。填充床中单位体积细胞较多，可以实现植物细胞高密度培养。由于扩散限制常使床内氧的传递、气体的排出、温度和 pH 的控制较困难，越大的颗粒这种扩散限制效应越明显，这是填充床培养细胞的重要特点。另外，沿流动方向（轴向）各种物质存在浓度梯度，营养物质浓度在进口处最高，在出口处最低，而代谢产物浓度分布则与之相反，因此填充床中细胞生长环境并不一致，并且支持物颗粒破碎还易使填充床阻塞。Jones 等在填充床反应器中进行了固定化胡萝卜细胞的半连续培养，发现其呼吸速率和生物转化能力与游离细胞相似。Kargi 报道填充床反应器中固定化长春花细胞的生物碱产量高于悬浮培养物，认为填充床改善了细胞间的接触和相互作用，从而利于次级代谢产物的形成。

2. 流化床反应器

典型的流化床是利用无菌流体（液体或气体）的能量使固定化颗粒处于悬浮状态，培养固定化植物细胞，流化床反应器结构如图 8-6。这种反应器主要由一个圆柱体组成，循环泵从这个圆柱体的底端打入培养液，培养液从下向上流动将反应器内载有细胞的固体颗粒悬浮起来，直至顶端。在顶部，由于反应器的直径变大，培养液向上流动的速度变慢，这些悬浮的固体颗粒不再上升。这种反应器类似于外循环气升式反应器，不同的是这里的固定化颗粒悬浮在培养液中而没有参与培养液循环。

流化床反应器中流体可在高速下操作，有

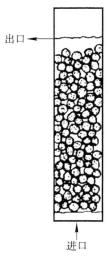

图 8-5　填充床植物细胞反应器示意图
（引自梁世中等，2011）

出口

进口

较长的停留时间，使反应液混合均匀。高速流体降低传质阻力，使扩散限制达到最小，气泡扰动达到最小。反应器中使颗粒呈流化状态所需的能量与颗粒大小成正比，因此，通常采用小固定化颗粒，这些小颗粒良好的传质特性是流化床反应器的主要优点，流化床反应器中植物细胞类似于悬浮培养，传质情况比固定化反应器好很多，不像固定床反应器那样各种物质存在严重的浓度梯度。但流化床单位体积细胞密度低，其最大缺点是剪切和颗粒碰撞会损坏固定化细胞，另外，流体动力学的复杂性使其放大培养困难。Hamilton 等研究了流化床反应器中固定化胡萝卜细胞的转化酶活性，显示此酶的活性很高。

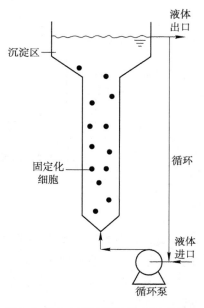

图 8-6　流化床反应器示意图（引自梁世中等，2011）

3. 膜式反应器

膜固定化是采用具有一定孔径和选择透性的膜固定植物细胞，营养物质可以通过膜渗透到细胞中，细胞产生的次级代谢产物通过膜释放到培养液中。用膜固定细胞的方式基本上有两种，一种是将细胞固定在一层膜和另一层支撑物之间，如图 8-7A 所示，营养物质从膜上流过渗透到细胞层中，利用中空纤维膜进行植物细胞固定化培养属于这种情况。另一种是将细胞固定在两层膜之间，如图 8-7B 所示，营养液从膜外流过，通过膜渗透到细胞层中，平板膜反应器或螺旋卷绕膜反应器采用这种方式。

中空纤维膜反应器装置如图 8-8 所示，细胞固定在中空纤维外壁和反应器外壳内壁之间，或者说，细胞填充在反应器内，多束中空纤维从中穿过，培养液和气体在中空纤维管内流动。中空纤维膜反应器与动物细胞中的空纤维反应器培养类似，培养过程中细胞受到的切变力小，可以实现细胞高密度培养和连续操作，且占地面积小，是一种有应用前景的植物细胞大规模培养反应器。Shuler 报道了利用中空纤维固定烟草细胞生产酚类物质。Jones 等利用中空纤维反应器进行胡萝卜和矮牵牛细胞的固定化培养，4 d 后酚类物质的含量从开始的 $0.31\ mg \cdot L^{-1}$ 增加至 $0.9\ mg \cdot L^{-1}$，并维持此水平 20 d。

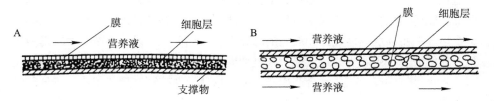

图 8-7　膜固定植物细胞的两种方式（引自陶兴无，2016）
A. 细胞固定在膜和另一层支撑物之间；B. 细胞固定在两层膜之间

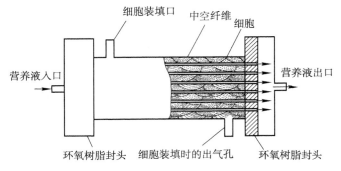

图 8-8　中空纤维膜反应器结构示意图（引自陶兴无，2016）

螺旋卷绕膜反应器可以看作在两层平板膜中间夹着一层细胞，然后将夹着细胞的两层平板膜卷绕成螺旋状，如图 8-9 所示。在卷绕过程中，膜与膜之间用支撑物隔开一定的空间，细胞营养液被引入到这个空间里，其中的一部分通过膜进入细胞层，维持细胞生长，细胞的代谢产物也通过膜渗透到营养液中，被下游过程回收。

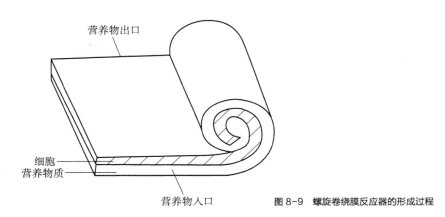

图 8-9　螺旋卷绕膜反应器的形成过程

第二节　反应器的设计与放大培养

在过去的 30 年里，人们采用了各种不同类型的生物反应器，如机械搅拌式、鼓泡式、气升式、膜式反应器等来培养植物细胞。不论是哪种生物反应器，都希望细胞能迅速生长，且合成次级代谢产物达到最佳状态，这也是适合于植物细胞大量培养的生物反应器设计和放大的总原则。生物反应器设计的主要目的是最大限度降低成本，用最少的投资最大限度地增加单位体积产率。生物设计的原理是基于强化氧气供应、基质混合等操作，将生物体活性控制在最佳状态，降低总的操作费用。

一、反应器的设计

（一）剪切力

设计一种既适合细胞生长又适合细胞生产的反应器实际上是很困难的，这也是目前制约大规模植物细胞培养发展的一个重要因素。早期使用的反应器大多数是根据微生物的培养系统而设计的。对微生物来说，反应器的设计偏向于提高切变力和氧的传递速率。由于植物细胞与微生物细胞差别较大，一般地，植物细胞对剪切力仍然敏感，在高剪切力的作用下会受到损伤甚至死亡或解体。植物细胞在培养的过程中一般会结团，结团会影响产物的释放，细胞结团的大小受到剪切力的影响。

剪切力的大小对细胞的生长也有影响。不同的植物细胞对剪切力的耐受能力不同，不同生长阶段的细胞对剪切力的耐受能力也存在差异。在同样的剪切力下，细胞在高浓度状态下具有较高的成活率，在细胞浓度较低时，如在反应操作的初始阶段，剪切力应控制在低水平，以有利于培养。对某一细胞系来说，选择适合其大量培养的反应器主要依赖该细胞的剪切力耐受性，多数植物细胞能够成功地在气升式反应器中生长，主要是由于该设备具有较低剪切力的流体动力学特性。对于机械搅拌式反应器，其叶轮（搅拌器）的结构和类型直接影响其在植物细胞培养中的应用。如长春花细胞，涡轮状叶轮转速为 $28 \text{ r} \cdot \text{min}^{-1}$ 就会导致细胞的解体，而采用平叶轮搅拌器，即使转速达到 $200 \text{ r} \cdot \text{min}^{-1}$，也不会导致细胞的解体；涡轮状叶轮反应器培养烟草细胞其转速必须控制在 $50 \text{ r} \cdot \text{min}^{-1}$ 以下，否则细胞就会破裂，而用平叶轮结构的反应器只要转速控制在 $150 \text{ r} \cdot \text{min}^{-1}$ 以下，细胞就不会破裂。为了克服剪切力的不利影响，目前主要从两方面来改进：一是对传统搅拌器的改造，随着对流体力学和混合过程的深入了解，开发出了一些低剪切力的搅拌器，其中以轴向流式翼型搅拌桨为主，它的特征是能耗低、转向速度大、主体循环好、剪切作用温和。具有代表性的轴向流搅拌桨有 Prochem Maxflo T 和 Lightnin A315，如图 8-10 所示。

另一种策略是开发非搅拌反应器。因反应器液面上气泡的破碎会产生很大的剪切力，针对这种情况开发了一种新式的漩涡膜式反应器，该反应器产生的剪切力很低。无泡反应器也是开发的另一热点，如管式微孔膜通气反应器。该反应器模件采用硅胶管式膜供氧及除去 CO_2，但存在泡点低、操作压力不能过高、机械强度较低等缺点，还有待改进。可采用携氧能力强的载体如血红蛋白、烷烃、过氧化碳和过氧化氢等。但由于氧载体价格昂贵，限制了它的推广使用。

在生物反应器设计时，不仅要考虑反应器的构造与植物细胞生长的关系，还

图 8-10　两种典型的轴向流搅拌桨
A. Lightnin A315 搅拌器；B. Prochem Maxflo T 搅拌器

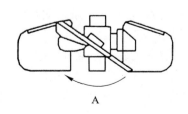 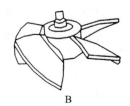

A　　　　　　　B

要特别注意反应器的构造如何有利于次级代谢产物的生产，因为绝大部分植物细胞培养的目的是为了生产次级代谢产物。在培养鸡眼藤细胞以生产蒽醌的过程中，比较了不同类型的生物反应器与次级代谢产物生产之间的关系，采用的反应器有四种：平叶轮搅拌式、圆盘状叶轮搅拌式、Kaplan 内循环气升式和普通内循环气升式。蒽醌产量与产率在气升式反应器中最高，这是因为气升式反应器能够在低切变力条件下，保持静止期老化细胞的生活力。人们发现，毛地黄细胞在搅拌式反应器中不能进行 β- 甲基毛地黄毒苷向地高辛的生物转化，而在气升式反应器中却可以顺利进行，但搅拌式反应器对生物量的积累会更有利，细胞培养物产量比气升式高 40%。彩叶紫苏生产迷迭香酸的研究也取得了类似的结果。

很多植物细胞对剪切力比较敏感，这是开发中遇到的一大难题。目前对剪切力的作用机制研究还不够深入，许多实验结果不能联系流体力学理论，今后仍需在这方面进行大量工作，以便为生物反应器的设计、开发及操作提供依据。

（二）光照系统的增设

由于大多数植物细胞对光照的依赖性，在设计反应器时往往要考虑增加光照系统。但是如果只是简单地在普通反应器中增加该系统则存在很多问题，如电源的安装、光的传递、反应器供气混合的影响等。小规模实验中可采用外部光照的方法，但对于大规模生产并不适用。因此研究者开始着手研究内部光源反应器。

Mori 等（1990）发明了一种光反应器：将多个透明圆柱体平行安装在反应器内，光源放置在透明圆柱体中，二氧化碳供给气体交换器位于罐内两个圆柱之间。Ogbonna 等（1996）也研制了一种用于大规模培养光合细胞的新型内部光照搅拌式光生物反应器，由多个单元组成，每个单元中心固定一个玻璃管，光源插入其中。考虑到搅拌混合的需要，该反应器搅拌桨设计为旋转时不接触玻璃管；同时，玻璃管也可作为挡板，因此在低转速下仍有较高的混合程度，而且达到低剪切的目的。由于发光体并非机械地固定在反应器上，因此反应器可高压灭菌，待冷却后将发光体插入玻璃管中。

二、反应器的放大

生物反应过程的工艺和设备改进的研究，首先在小型设备中进行，然后再逐渐放大到较大的设备中进行。然而在实践中往往是小罐中获得的规律和数据，常常不能在大罐中再现。那么怎么才能放大生产呢？要大规模工业化生产次级代谢产物，生物反应器的比拟放大显得越来越重要了。放大目标是在大规模培养中能够获得小规模条件下的产物产率，但放大过程中，常由于物理和化学条件的改变而引起产物产率的降低。由于培养体积加大，培养液难接近其理想的流体模型，整个体系实际上是非均相的，反应器内沿轴向、径向都会有浓度分布、反应时间分布以及温度分布等，如果对这些分布规律不了解，就无法知道实际的生物转化速率，也就谈不上生物反应器的设计和放大。

有人研究了反应器放大对长春花细胞悬浮培养蛇根碱合成的影响，发现在7 L、30 L 和 80 L 三种不同体积的气升式反应器中，蛇根碱的合成比在摇瓶中低，由于反应器中培养基组成、起始 pH 和温度等条件与摇瓶中相同，因此认为蛇根碱合成能力的降低可能与反应器中剪切力增大、通气的改变或代谢胁迫有关。用带平叶轮的机械式搅拌罐培养长春花细胞，从 25 L、70 L、300 L、500 L、750 L 直至放大到 5 000 L，结果发现细胞生长速率并未降低，但产生的生物碱却明显减少，当降低搅拌速度或使用不同搅拌器以减小剪切力时，细胞的生产率仍明显低于气升式反应器，表明搅拌强度大不利于生物碱合成。

生物反应器的放大，首先是必须找出系统中的各有关参数，把这些参数组成几个具有一定物理含义的无量纲数，并且建立它们之间的函数式，然后用实验的方法在试验里求出函数式中所含的常数和指数，则这个关系式便可用作与此设备几何相似的大型设备的设计。这个方法也就是化工过程研究常采用的基本方法之一。而植物细胞培养不单纯是化工过程，它是一个复杂的生物化学过程，受到环境参数如培养基、温度、pH、氧化还原电位和溶氧速率的影响。

反应器的放大是一个复杂的过程，除涉及植物细胞的生化反应机制和生理特性外，还涉及化工方面的内容，如反应动力学、传递和流体流动的机制。目前反应器的放大方法主要有经验放大法和物理模型法。

（一）经验放大法

经验放大法是依据对已有生物反应器的操作经验所建立起的一些规律而进行放大的方法，通常以某些关键性参数放大后不变为原则进行放大设计。反应器常用的比拟放大参数有反应器的几何尺寸、空气流量以及搅拌功率与转速的放大等，这些参数之间都有一定的相互关系。由于该法对事物的机制缺乏透彻的了解，因而放大比例一般较小，并且此法不够精确。但是对于目前难进行理论解析的领域，还要依靠经验放大法。下面介绍具体的经验放大原则。

1. 几何尺寸的放大

按反应器的各个部件的几何尺寸比例进行放大。放大倍数实际上就是反应器体积增加的倍数。设 V、H、D 和 d 分别为反应器的体积、筒身高、罐径和搅拌器直径，下标 1 表示中试反应器，下标 2 表示生产反应器，m 表示放大倍数，即 $\dfrac{V_1}{V_2} = m$。由于中试反应器和生产反应器几何相似，

于是有：$\dfrac{H_1}{H_2} = \dfrac{D_1}{D_2}$

则有：$\dfrac{V_1}{V_2} = m = \dfrac{\dfrac{\pi}{4} D_2^2 H_2}{\dfrac{\pi}{4} D_1^2 H_1} = \left(\dfrac{D_1}{D_2}\right)^3$

故有 $D_2 = \sqrt[3]{m} \cdot D_1$；$H_2 = \sqrt[3]{m} \cdot H_1$；$d_2 = \sqrt[3]{m} \cdot d_1$

2. 空气流量的放大

发酵过程中的空气流量一般以通气比 VVM 来表示。VVM 的定义是每分钟的通气量 Q_0（以标准状态计）与实际料液体积 V_L 之比，即

$$\dfrac{Q_0}{V_L} = \text{VVM}$$

发酵过程的空气流量也可以用操作状态下通入反应器内空气的线速度（截面气速）v_g 来表示，即

$$v_g = \frac{Q_2}{\frac{\pi}{4}D^2} \quad m/h$$

Q 以工作状态下计。Q 与标准状况下（温度为 273 K、压力为 1.013×10^5 Pa）的通气量 Q_0 之间的换算关系，可按气体状态方程计算：

$$Q = Q_0 \left(\frac{273 + T}{273} \right) \times \frac{1.013 \times 10^5}{P}$$

于是有：

$$v_g = \frac{Q_2}{\frac{\pi}{4}D^2} = \frac{60 \times Q_0 \times (273 + T) \times (1.013 \times 10^5)}{\frac{\pi}{4}D^2 \times 273P} = \frac{28\,369.9 \times Q_0 \times (273 + T)}{PD^2}$$

$$= \frac{28\,369.9 \times VVM \times V_L \times (273 + T)}{PD^2} \quad (m/h)$$

所以，VVM 与 v_g 的换算关系为：

$$Q_0 = \frac{v_g PD^2}{28\,369.9 \times (273 + T)} \quad (m^3/min)$$

$$VVM = \frac{v_g pD^2}{28\,369.9 \times V_L \times (273 + T)} \quad [m^3/(m^3 \cdot min)]$$

式中，D——反应器内径，m；

      T——反应器温度，℃；

      P——液柱平均绝对压力，Pa。

      P 的计算式如下：

$$P = (P_t + 1.013 \times 10^5) + \frac{9.81}{2} H_L$$

式中，P_t——反应器压力表的读数，Pa；

      H_L——发酵液柱高度，m。

空气流量放大，常用的有以下三种放大原则。

（1）根据通气比 VVM 相等的原则放大

由于 $VVM_2 = VVM_1$，$V_L \propto D^3$；根据 $v_g = \dfrac{28\,369.9 \times VVM \times V_L \times (273 + T)}{pD^2}$ 有：

$$\frac{v_{g2}}{v_{g1}} = \frac{D_2}{D_1} \times \frac{P_1}{P_2}$$

（2）根据空气的线速度 v_g 相等的原则放大

根据 $v_{g2} = v_{g1}$，同理可以得到：

$$\frac{VVM_2}{VVM_1} = \frac{D_1}{D_2} \times \frac{P_2}{P_1}$$

（3）根据 $k_L a$ 值相等的原则放大

由于 $k_L a_2 = k_L a_+$，通过关联式 $k_L a = 1.86 \times (2 + 2.8m) \times \left(\dfrac{P_g}{V}\right)^{0.56} v_g^{0.7} n^{0.7}$，有：

$$\frac{Q_{g2}}{V_2} = H_{L2}^{\frac{2}{3}} = \frac{Q_{g1}}{V_1} \times H_{L1}^{\frac{2}{3}}$$

又因为 $Q_g \propto v_g D^3$ 并且 $V \propto D^3$，$H_L \propto D$，将此三式代入上式，得到：

$$\frac{v_{g2}}{v_{g1}} = \left(\frac{D_2}{D_1}\right)^{\frac{1}{3}}, \quad \frac{VVM_2}{VVM_1} = \left(\frac{D_2}{D_1}\right)^{\frac{2}{3}} \times \frac{P_2}{P_1}$$

若取 $V_2/V_1 = 125$，$D_2/D_1 = 5$，$P_2/P_1 = 1.5$，用上述三种不同空气流量放大方法计算出的结果见表 8-1。

表 8-1　三种不同空气流量放大方法的计算结果

方法	VVM 值		v_g 值	
	放大前	放大后	放大前	放大后
VVM 相等	1	1	1	0.33
v_g 相等	1	0.3	1	1
K_{La} 相等	1	0.513	1	1.71

从表 8-1 可以看出，通常放大后，VVM 下降而 v_g 上升。若以 VVM 相等的放大方法计算，在放大 125 倍后，v_g 值变为原来的 3.33 倍。由于变化过大、使搅拌处于被空气所包围的状态，无法发挥其加强气液接触和搅拌液体的作用。若以 v_g 值相等的放大方法来计算，则 VVM 值在放大后仅为放大前的 30%。因此，空气流量放大一般取 $k_L a$ 相等的原则放大。

但是，从表 8-1 中还可以看出，按 $k_L a$ 值相等放大后，两种方法表示的空气流量与放大前都有较大的差别。所以最终的放大方法要综合考虑各种参数后再确定。

3. 搅拌转速及功率的放大

反应器的搅拌功率及转速放大的方法较多，常用的有如下三种方法。

（1）按单位体积液体中搅拌功率相同的原则放大

单位体积液体所分配的搅拌功率相同这一准则，是一般化学反应器常用的放大准则。若按不通气条件下单位体积发酵液所消耗功率相同，即放大前后 $P_0/V =$ 常数，根据不通气条件下的搅拌轴功率计算式：$P_0 = N_{p\omega^3 \rho d^5}$，有 $P_0 \propto \omega^3 d^5 \rho$，故 $\dfrac{P_0}{V} \propto \omega^3 d^2$。由于放大前后 $P_0/V =$ 常数，在大反应器和小反应器几何形状相似条件下，则有

$$\frac{\omega_2}{\omega_1} = \left(\frac{d_1}{d_2}\right)^{\frac{2}{3}} \text{ 和 } \frac{P_{02}}{P_{01}} = \left(\frac{d_2}{d_1}\right)^3$$

若按通气条件下单位体积发酵液所消耗功率相同，即放大前后 $P_g/V =$ 常数，根据通气条件下的搅拌轴功率计算式：$P_g = 2.25 \times 10^{-3} \left(\dfrac{P_0^2 \omega d^3}{Q^{0.08}}\right)^{0.39}$，并将 $P_0 = N_{p\omega^3 \rho d^5}$ 和 $Q_g \propto v_g d^2$ 代入此式，可以得到：

$$\frac{\omega_2}{\omega_1}=\left(\frac{d_1}{d_2}\right)^{0.745}\left(\frac{v_{g2}}{v_{g1}}\right)^{0.08} \text{ 和 } \frac{P_{02}}{P_{01}}=\left(\frac{d_1}{d_2}\right)^{2.765}\left(\frac{v_{g2}}{v_{g1}}\right)^{0.24}$$

（2）按 k_La 相同的原则放大

由于氧在培养液中的溶解度很低，生物反应很容易因反应器供氧能力的限制受到影响，因此，以放大前后气液接触体积传质系数 k_La 相等作为放大准则，往往可以收到较好的效果。

根据 $k_La=1.86\times(2+2.8m)\times\left(\frac{p_g}{V}\right)^{0.56}v_g^{0.7}n^{0.7}$，有：$k_La\propto\left(\frac{p_g}{V}\right)^{0.56}v_g^{0.7}\omega^{0.7}$

根据 $P_g=2.25\times10^{-3}\left(\frac{P_0^2\omega d^3}{Q^{0.08}}\right)^{0.39}$，有：$\frac{p_g}{V}\propto\frac{N^{3.15}d^{2.346}}{v_s^{0.252}}$

将 $\frac{p_g}{V}\propto\frac{N^{3.15}d^{2.346}}{v_s^{0.252}}$ 代入 $k_La\propto\left(\frac{p_g}{V}\right)^{0.56}v_g^{0.7}\omega^{0.7}$，可以得到

$$k_La\propto d^{1.32}v_g^{0.56}\omega^{2.46}$$

由于 $K_La_2=K_La_1$，则有

$$\frac{\omega_2}{\omega_1}=\left(\frac{d_1}{d_2}\right)^{0.533}\left(\frac{v_{g1}}{v_{g2}}\right)^{0.23}$$

$$\frac{P_{02}}{P_{01}}=\left(\frac{d_2}{d_1}\right)^{3.40}\left(\frac{v_{g1}}{v_{g2}}\right)^{0.681}$$

$$\frac{P_{g2}}{P_{g1}}=\left(\frac{d_2}{d_1}\right)^{3.667}\left(\frac{v_{g1}}{v_{g2}}\right)^{0.967}$$

（3）按搅拌器叶端速度相等的原则放大

搅拌器叶端速度（$\pi d\omega$）是决定搅拌剪切强度的关键。按搅拌器叶端速度相等作为准则进行放大也有成功的实例，当不同大小的发酵罐中搅拌器叶端速度相等时，则 $\pi d\omega=$ 常数，因此可以得到：

$$\frac{\omega_2}{\omega_1}=\frac{d_1}{d_2} \text{ 和 } \frac{P_{02}}{P_{01}}=\left(\frac{d_1}{d_2}\right)^2$$

【例题 1】若有一个中试反应器，装料量为 $0.28\ m^3$，$D=0.6\ m$，搅拌器直接为 $0.2\ m$，搅拌转速为 $420\ r\cdot min^{-1}$，不通气搅拌功率为 $0.9\ kW$，通气时为 $0.6\ kW$，空气线速度为 $50\ m\cdot h^{-1}$，若将其放大 125 倍，求反应器的主要尺寸及主要工艺操作条件。

解：已知 $V_1=0.28\ m^3$，$D_1=0.6\ m$，$d_1=0.2\ m$，$\omega_1=420\ r\cdot min^{-1}=7\ r\cdot s^{-1}$，$P_{01}=0.9\ kW$，$P_{g1}=0.4\ kW$，$v_{g1}=50\ m\cdot h^{-1}$

按反应器的几何尺寸比例进行放大：$V_2=0.28\times125=35\ m^3$

放大后反应器的主要尺寸为：

$D_2=\sqrt[3]{m}\cdot D_1=\sqrt[3]{125}\times0.6=3m$；$d_2=\sqrt[3]{m}\cdot d_1=5\times0.2=1m$

空气流量根据 k_La 值相等的原则放大，有 $\frac{v_{g2}}{v_{g2}}=\left(\frac{D_2}{D_1}\right)^{\frac{1}{3}}$，即放大后的空气线速度为

$$v_{g2}=v_{g1}\left(\frac{D_2}{D_1}\right)^{\frac{1}{3}}=50\times\sqrt[3]{\frac{3}{0.6}}\times85.5m\cdot h^{-1}$$

（根据 VVM 相等或 v_g 相等原则，进行空气流量的放大计算，请读者自己完成）

搅拌转速及功率也按 k_La 相同的原则放大，有

$$\frac{\omega_2}{\omega_1} = \left(\frac{d_1}{d_2}\right)^{0.533} \left(\frac{v_{g1}}{v_{g2}}\right)^{0.23}$$

$$\frac{P_{02}}{P_{01}} = \left(\frac{d_2}{d_1}\right)^{3.40} \left(\frac{v_{g1}}{v_{g2}}\right)^{0.681}$$

$$\frac{P_{g2}}{P_{g1}} = \left(\frac{d_2}{d_1}\right)^{3.667} \left(\frac{v_{g1}}{v_{g2}}\right)^{0.967}$$

放大后的搅拌转速及功率的计算如下：

$$\omega_2 = \omega_1 \left(\frac{d_1}{d_2}\right)^{0.533} \left(\frac{v_{g1}}{v_{g2}}\right)^{0.23} = 420 \times \left(\frac{0.2}{1.1}\right)^{0.533} \times \left(\frac{50}{85.5}\right)^{0.23} = 157.5 \, \text{r} \cdot \text{min}^{-1}$$

$$P_{02} = P_{01} \left(\frac{d_2}{d_1}\right)^{3.40} \left(\frac{v_{g1}}{v_{g2}}\right)^{0.681} = 0.9 \times \left(\frac{1.0}{0.2}\right)^{3.40} \times \left(\frac{50}{85.5}\right)^{0.681} = 148 \, \text{kW}$$

$$P_{g2} = P_{g1} \left(\frac{d_2}{d_1}\right)^{3.667} \left(\frac{v_{g1}}{v_{g2}}\right)^{0.967} = 0.4 \times \left(\frac{1.0}{0.2}\right)^{3.667} \times \left(\frac{50}{85.5}\right)^{0.967} = 87.4 \, \text{kW}$$

（根据 P_0/V = 常数或 P_g/V = 常数或 $\pi d\omega$ = 常数的原则，进行搅拌转速及功率的放大计算，请读者自己完成。）

（二）物理模型法

反应器的设计还要充分了解大型生物反应器内部的流变学行为的精细结构，然后结合植物细胞生物学知识，从根本上解决在生物反应器中进行大规模植物细胞培养的问题。近年来发展起来的计算流体力学（computational fluid dynamic，CFD）主要研究反应器内部流变学行为，它在化工领域的应用及其蓬勃发展为植物细胞反应器放大及优化操作向定量化方向发展指明了道路。

目前，CFD 还不是一门很成熟的技术，通常需要处理很复杂的物理现象、各种尺度，还有湍流和多相流现象，因此难以找到合适的模型，对计算机的要求也比较高。CFD 软件，即使是所谓的通用软件，也不适合于所有的流体力学问题，需要使用者根据研究的对象认真地选择合适的 CFD 软件和物理模型，使用它并找出有价值的信息。尽管存在着缺点，但作为一门新兴学科，CFD 将会随着技术的进步和发展而日趋成熟，并且将在生物工程领域获得广泛的应用。

一个完整的 CFD 物理模型应该包含以下几方面的内容。

1. 本构方程即流体力学基本方程

包括连续性方程、动量方程、能量方程、质量方程等，柱坐标下雷诺连续性方程、动量方程，其通用表达式如下：

$$\frac{\partial}{\partial t}(\rho\Phi) + \frac{\partial}{\partial z}(\rho u_z \Phi) + \frac{1}{r} \times \frac{\partial}{\partial r}(r\rho u_r \Phi) + \frac{1}{r} \times \frac{\partial}{\partial \theta}(\rho u_\theta \Phi)$$

$$= \frac{\partial}{\partial z}\left(\Gamma_\Phi \frac{\partial \Phi}{\partial z}\right) + \frac{1}{r} \times \frac{\partial}{\partial r}\left(\Gamma_\Phi r \frac{\partial \Phi}{\partial r}\right) + \frac{1}{r} \times \frac{\partial}{\partial \theta}\left(\frac{\Gamma_\Phi}{r} \frac{\partial \Phi}{\partial \theta}\right) + S_\Phi$$

式中，Γ_Φ、S_Φ 分别为传递变量 Φ 的传递系数和源项。

$\Phi = 1$ 时为连续性方程，$\Phi = u_r$、u_θ、u_z 时分别代表 r、θ、z 方向的动量方程，$\Phi = c$、q 时分别代表传质和热量传递方程。

2. 湍流模型

主要的湍流模型有经典 k-ε 模型及其修正模型、雷诺应力模型、代数应力模型和双流体模型等。

（1）k-ε 模型。基本表达式如下：

湍动能（k）方程

$$\frac{\partial(\rho\overline{u_j}k)}{\partial_{xj}} = \frac{\partial}{\partial_{xj}}\left(\frac{\mu_e}{\sigma_k} \times \frac{\partial k}{\partial_{xj}}\right) + G - \rho\varepsilon$$

湍动能耗散率（ε）方程

$$\frac{\partial(\rho\overline{u_j}\varepsilon)}{\partial_{xj}} = \frac{\partial}{\partial_{xj}}\left(\frac{\mu_e}{\sigma_\varepsilon} \times \frac{\partial\varepsilon}{\partial_{xj}}\right) + C_1\frac{\varepsilon}{k}G - C_2\frac{\varepsilon^2}{k}$$

G 为湍动能产生项，即

$$G = \mu_t\frac{\partial\overline{u_i}}{\partial_{xj}}\left(\frac{\partial\overline{\mu_i}}{\partial_{xj}} + \frac{\partial\overline{\mu_j}}{\partial_{xi}}\right)$$

湍流黏性系数：

$$\mu_t = \rho C_\mu\frac{k^2}{\varepsilon}$$

式中，各项系数 $\sigma_k = \sigma_\varepsilon = 1.0$，$C_1 = 1.43$，$C_2 = 1.92$。

该模型是基于湍流各向同性的假设而得出的，在某些情况下 ε 方程中的源项不准确，可能夸大了 ε 的耗能，减少了 ε，增大了 k，使计算所得到的 μ_t 偏大，因而抹掉了中心回流区，故对于浮力流和旋转流不太适用。但由于该模型表达式比较简单，计算易收敛，尽管结果存在一定的偏差，但对于多数采用其他湍流模型难以收敛的情况，人们还是乐于采用这一模型。

（2）雷诺应力模型　实际上不少湍流流动都是各向异性的，脉动往往在某一主导方向上最强，而在其他方向上较弱，因此湍流黏性系数 μ_t 是矢量而不是标量。因此由各向异性出发，可以直接封闭和求解雷诺应力的输运方程，计算应力分量，它是一种二阶封闭模型。但由于此模型过于复杂（11 个偏微分方程，14 个常数；而 k-ε 模型分别为 2 个和 3 个），其收敛也困难，目前还没有被载入商用 CFD 软件，而且总体精度也不一定比 k-ε 模型高。

（3）代数应力模型　鉴于 k-ε 模型和雷诺应力模型各自的优缺点，人们提出了一个折中的方案，即对雷诺应力模型的应力采用代数表达式，再加上 k 及 ε 方程。该模型保留了湍流各向异性的基本物理特征，相当于对湍流黏性系数的 C_μ 采用矢量的形式表示。与雷诺应力模型相比，该模型偏微分方程大为减少，仅比 k-ε 模型多了一些代数表达式，因此应用起来更为方便，且结果也更为可靠。但对于复杂体系还是存在收敛问题。

（4）双流体模型　Spalding 试图克服 k-ε 模型的弱点，提出了双流体模型。这里所谓的"双流体"不是指两相流或多相流，而是把双流体的概念推广于单相流动。Spalding 认为 k-ε 模型之所以在某些情况下不成功是由于在该模型中无法考虑间歇性和周期性，且忽略了梯度扩散外的其他扩散机理。借助于两相流的分相以及相间相互作用的概念，人为地将单相流体分成两个不同的相——湍流流体相和层流流体相，可以用于考查由于各相不同速度、不同体积力、不同惯性力、不同温度等产生的拟扩散作用，即掺和作用，这是非梯度型扩散。相间质量交换会产生动量及能量交换，也是非梯度扩散。

3. 多相流模型

对于多相模拟，基本湍流模型还很不够，需要进一步寻找各相运动规律及相间作用力规律，即需要多相流模型。

（1）双流体模型　双流体模型的基本思想是认为两相流场可以看成是两种流体各自运动及其相互作用的合成。其优点是可以采用相同的方法求解稀疏相和主流体相，程序简单，便于编写和计算收敛。其基本假设是：第一，空间中各分散相与流体共存，相互渗透，各相具有不同的速度、温度及体积分率；第二，认为分散相在空间中连续，作为拟连续相处理；第三，流体间存在动量、能量及质量的相互作用。

（2）离散相模型　在离散相模型中，离散相与主流体相都有自身的压力、黏度及湍流扩散系数等参数，并在拉格朗日坐标系中考察离散颗粒的运动轨迹。该模型能详细分析粒子间的受力以及粒子与流体间复杂的相互作用，避免了大量的经验关联式的应用，同时避免了分散相数值解的伪扩散问题。Gera 等人比较了双流体与离散相这两种方法，认为离散模型能更准确地模拟气－固两相流动。

4. 模型的求解－数值算法

在对模型进行解算时，需要选择好差分格式、松弛因子、时间步长等，以使结果收敛和尽量减少 CPU 运算时间。对单相流动已经有各种不同的差分方程组求解方法。例如，对抛物型流动（边界层、射流、管流和喷流等）有 Patankar 和 Spalding 所提倡的 GENMIX 前进积分算法；对椭圆问题（回流流动等）有涡量－流函数算法、压力－速度修正算法（SIMPLE 系列解法）等，SIMPLE 系列解法往往用对三角矩阵法、逐线迭代、逐面迭代及低松弛。对于湍流两相流又有一些更专门的解法，其中典型的算法如单元内颗粒源法（PSIC），相间滑移算法（IPSA）等。

自从 Hervey 等第一次将 CFD 应用于搅拌釜的模拟，人们开始从这一全新的亚微观角度对搅拌釜内流体力学性质的不均一性进行模拟，并试图由此实现反应器放大。与传统的工程方法相比，CFD 具有以下优点。

（1）通过 CFD 模拟，可以了解生物搅拌釜内流场的细节，包括流速、湍流黏度、剪切应力、溶氧浓度分布、混合时间等，而传统的工程方法只能通过经验公式得到整个搅拌釜的平均剪切应力大小、平均混合时间以及氧传递速率等。

（2）通过 CFD 模拟，可以在计算机的虚拟现实系统中对不同类型生物反应器（气升式、搅拌式等）、搅拌反应釜的不同类型以及生物反应器的不同尺寸进行模拟，研究这些参量的变化对反应器内部流场的影响，而不需要设计、制造各式的反应器而进行大量的实验工作。

（3）结果精确，节约人力和物力。

当然，CFD 本身还是一个不断发展、更新的体系，还存在一定的缺陷，如湍流理论还不够完善、对于多相流的模拟还处于初级阶段、CPU 的计算还有待于进一步提高等。尤其对于生物反应器这么复杂的体系，利用 CFD 模拟进行放大的研究几乎还是一片空白。但随着技术的进步和发展，CFD 必然会在这一领域得到广泛应用，从而指导生物反应器的放大。

第三节　反应器的操作策略

操作策略指的是在反应器中营养及目的产物是怎样供给和移出。操作策略的选择在于细胞培养体系的不同特性，最为普遍的选择操作策略的方法在于细胞生长与目的产物生成的关系。

在讨论各个操作策略之前，应该充分认识到人们对利用微生物进行工业化生产次级代谢产物时对优化操作过程所做的努力。其中许多知识，特别是操作模式，可以应用于植物细胞的培养过程。然而，也存在着两大主要的差别。一是微生物培养过程利用突变株可以在不到一周的时间内积累大量的产物。由于大多数微生物次级代谢产物为非生长偶联型，开始阶段是细胞增殖期，其余发酵时间生产代谢产物，当产量下降时发酵停止，微生物体系中最主要的提高产量的方法是延长生产时间，或抑制合成关键酶活性的损失或抑制代谢流向性的损失。然而植物细胞则不同，植物细胞生长缓慢，产物产量也较低，因此，植物细胞培养的目的不是让细胞维持生物状态更长一点时间，而是提高单位细胞的产量或在反应器内高密度的培养。另一差别在于微生物的次级代谢产物一般是外泌型的，而植物细胞的次级代谢产物多是胞内型的，分泌量很少，因此，一般提取植物细胞培养过程中的目的产物必须收集细胞。如果能使细胞将次级代谢产物分泌到胞外，就可以收集培养液，细胞就可以重复利用。灌注体系及固定化细胞就是基于细胞的重复使用而发展起来的。细胞的重复使用必须遵守以下三条标准：第一，细胞必须分泌产物；第二，产物必须为非生长偶联型；第三，必须保证细胞重复使用时细胞生物合成能力依然稳定。

了解了以上的区别和联系后，重点介绍几类植物细胞培养中常用的操作策略。

一、间歇培养

间歇操作又称分批操作，采用这种操作方式的反应器称为间歇反应器。间歇培养是指将细胞和培养液一次性装入反应器内，维持一定的反应条件进行培养，细胞不断生长，产物也不断形成，经过一段时间反应后，将整个系统取出。对于间歇操作，反应器内物质组成随时间而变化，属于非稳态过程，细胞所处的环境时刻都在变化，不能使细胞自始至终都处于最优条件下，在这个意义上它并不是一种好的操作方式。间歇操作的主要缺点是生产量小，反应过程为非稳态，不易控制反应过程，有害代谢产物积累对细胞生长不利。但由于其操作简便，容易掌握，因而又是最常用的操作方式。分批培养过程中，细胞的生长大体可分为延迟期、对数生长期、平稳期和衰退期四个阶段。

间歇操作既可用于偶联型也可用于非偶联型。当用于生长偶联型时，所用培养基要求使细胞快速生长，最终达到较高的细胞浓度。而对于非生长偶联型来说，在培养初期所用培养基必须能使细胞迅速增长，并随之出现次级代谢产物合成的阶段，这种培养基中至少包含一种在培养过程中成为限制因素的成分，它的缺失将导致细胞快速生长阶段的中止。尽管目前机制还不是完全清楚，但在微生物发酵中发现，在生长限制条件下微生物次级代谢所需酶可被激活。因此认为，在植物细胞中生长因子也起到类似的作用。

二、流加操作

由于大多植物细胞次级代谢产物的合成是与细胞生长联系在一起的。在研究植物细胞大规模培养的早期多用间歇操作策略，间歇操作是一个综合的折中，它要求细胞生长和次级代谢产率均获得最大的成功。事实上这两个指标是很难偶联在一起的，所以后来逐步发展了流加操作培养系统。

流加操作是先将一定量的培养液装入反应器，在适宜条件下接种细胞进行培养，细胞不断生长，产物也不断形成，随着细胞对营养物质的不断消耗，新的营养物质不断补充至反应器内，进一步促使细胞生长与代谢，到反应终止时取出整个反应系。流加操作有时也称为半间歇培养。流加操作的特点是能够调节培养环境中营养物质的浓度。一方面，它可以避免某种营养成分的初始浓度过高而出现底物抑制现象；另一方面，能防止某些限制性营养成分在培养过程中被耗尽而影响细胞的生长和产物的合成，这是流加操作和分批操作的明显不同。与传统的分批操作相比，流加操作可以解除底物抑制、葡萄糖效应和代谢阻遏等；与连续操作相比，流加操作具有染菌可能性小、细胞不易老化等优点。流加操作的应用范围相当广泛，包括单细胞蛋白、氨基酸、生长激素、抗生素、维生素、有机酸、高聚物、核苷酸等的生产。

在整个流加操作中，营养成分周期性或连续性地添加，这种操作模式可以看作是间歇操作的延续，可适用于生长与生产偶联及非偶联型的生产过程。一般间歇操作在接种时加入所有培养过程所需的营养，但当全部加入对细胞有害时，就需要用到流加操作。对于植物细胞体系而言，流加操作不仅可用于生物合成前体物的添加，而且还可用于诱导子的流加。通过补加生长限制物质控制生长速率或需要添加直接或间接的前体时，可采用流加培养以提高产率。有人在采用流加培养方法培养烟草细胞生产肉桂酰胺的过程中补加磷，使肉桂酰胺的产量达 $400 \ mg \cdot L^{-1}$，而对照产量仅为 $160 \ mg \cdot L^{-1}$。当细胞生长和次级代谢产物合成所需培养基不同时，常采用两步或多步流加培养。第一步是采用生长培养基，迅速进行生物量的生产；第二步采用生产培养基促进产物的合成。如紫草细胞培养以生产紫草宁色素，烟草细胞培养以生产尼古丁，彩叶紫苏细胞培养以生产迷迭香酸等均基于两步培养工艺。重复流加有三方面的应用价值：一是大量的流加会导致反应器中培养液体积增大，最终充满，因此，必须移出部分液体以继续操作；二是对于偶联型来说，当培养达到静止期时收集一定量的细胞，然后添加新鲜培养基是必不可少的，对于非生长偶联型来说，延长生长时间将可能导致培养体系中代谢活力的降低，若取出一些培养液而添加一些新鲜培养基可以使反应器重复使用，而不必考虑灭菌及接种；三是移出一定量的细胞可以确保培养体系中的氧需求并不超出生物反应器的氧传递能力。

三、连续培养

连续操作是指将细胞种子和培养液一起接入反应器内进行培养。一方面新鲜反应液不断加入反应器内；另一方面又将反应液连续不断地取出，使反应条件处于一种恒定状态。与分批操作和半连续操作不同，连续培养可以控制细胞所处的环境条件长时间的稳定，因此可以使细胞维持在优化状态下，促使细胞生长和目的产物形成。连续操作的缺点是易发生"染菌"现象，反应器内有些细胞得不到更新，容易发生退化变异。对于细胞的生理或代谢规律的研究，连续培养是一重要的培养手段。

连续培养中细胞能在较恒定的条件下生长，能连续地提供生物量，但连续化培养不太适合于次级代谢产物的合成。有报道三角叶薯蓣在低稀释速率下进行恒化培养时仅产生少量的薯蓣皂苷配基。有人综合了连续培养和分批培养系统，先将毛地黄细胞在气升式反应器中连续培养，然后将培养物移入另一气升式反应器中，成功地进行了 β− 甲基毛地黄毒苷向地高辛的生物转化。由于连续化培养系统要求的工艺更为复杂，目前还难以放大。

四、两段培养

一般认为，任何离体细胞的培养条件应尽量模拟细胞在体内生长的条件，而且在培养中通常保持不变。而实际上，每种细胞的最适生长条件和最适生产条件是不同的。两段培养就是根据这一点，把培养过程分为细胞生长期和生产期，分别采取不同的培养条件，在细胞生长期使接种细胞大量繁殖、提高比生长速率、尽快获得高密度细胞，在生产期保持细胞的高密度、维持存活率、降低细胞死亡速率、持续获得目的产物。对于那些目的产物对细胞有反馈抑制的培养体系，两段培养更具有优势。在黄花蒿细胞培养过程中，采用两段培养法可得到较高的青蒿素产量。第一段在含有 $0.2 \sim 0.4 \ \text{g} \cdot \text{L}^{-1}$ BA 和 $3 \sim 4 \ \text{mg} \cdot \text{L}^{-1}$ IAA 的氮培养基中进行增殖培养；第二段将培养好的细胞转入含 $0.2 \sim 0.4 \ \text{mg} \cdot \text{L}^{-1}$ BA 和 $0.2 \sim 0.4 \ \text{mg} \cdot \text{L}^{-1}$ IAA 的改良氮培养基中进行青蒿素的合成，青蒿素的产量（干重）可达 $190 \ \mu\text{g} \cdot \text{g}^{-1}$，是间歇培养法的数倍。在应用黄连细胞培养生产生物碱的过程中，先在生长培养基中生长 3 周，然后在合成培养基中培养 3 周，其生物碱含量可达 $556 \ \text{mg} \cdot \text{L}^{-1}$，是间歇培养法含量的两倍。此外，在五爪金龙细胞的悬浮培养过程中采用两段培养法后，其木质素的产量增加了 4 倍。

思考与讨论题

1. 植物细胞培养的特性是什么？

2. 简述植物细胞培养反应器的分类与各自的特点。

3. 机械式植物细胞反应器的优缺点是什么？

4. 植物细胞培养反应器的设计原理有哪些？反应器放大的方法有哪些？

5. 如何选择植物细胞反应器的种类？

6. 反应器的操作策略指的是什么？简述植物细胞培养中常用的操作策略及其特点。

数字课程资源

📠 视频讲解　　　🖥 教学课件　　　📝 自测题

第九章
植物原生质体培养

知识图谱

自 20 世纪 70 年代中期以来，植物组织培养技术已扩展到培养不具有细胞壁的原生质体。高等植物细胞经酶解去除细胞壁后分离出的原生质体，由于没有了原有坚硬的细胞壁，又保持着植物细胞的全能性特点，具有从原生质体再发育成完整植株的潜能，已成为分子生物学研究的理想材料，可用于细胞的生理、质膜的运输特性以及细胞壁重建等基础理论的研究。原生质体特别适用于研究光合作用和光呼吸，因为它代表了一个介于叶绿体和组织之间的研究系统，相比叶绿体，它可以考虑到胞质因素的影响。原生质体也是研究植物细胞表面膜的理想材料，既可以在原位研究它的性质，也便于分离提纯，或将质膜进行表面标记。如果比较分离的完整细胞与原生质体对同一作用因素的反应，则对探讨质膜和细胞壁的相互关系也是十分有利的。原生质体没有细胞壁，但在一定培养条件下可以再生细胞壁，这就提供了唯一的系统来探讨细胞壁在质膜表面的组装。

在生产应用方面，通过诱导不同种间、属间甚至不同科间原生质体的融合，能打破远缘杂交不亲和性的界限，广泛地组合各种基因型，从而有可能形成有性杂交方法所无法获得的新型杂种植株。还可将各种细胞器、DNA、病毒等外源遗传物质引入原生质体，从而有可能引起细胞遗传物质的改变。

第一节　植物原生质体的制备

一、原生质体的概念

植物原生质体（protoplast）是指采用特殊方法脱去细胞壁后剩下的细胞膜、细胞质和细胞核、细胞器等物质的总称（图 9-1）。

原生质体是目前基础生命科学研究的理想材料之一，具体有如下作用。

第一，由于没有细胞壁，原生质体可以摄取细胞器、细胞核、DNA、病毒等外源物质，并且原生质体具有全能性，能进行植物蛋白质合成、核酸合成等生

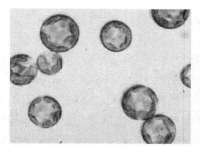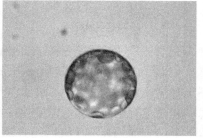

图 9-1　植物的原生质体

命活动，是进行遗传操作、基因转移的良好材料之一。

第二，原生质体在作物育种改良上有着重要的作用。通过原生质体杂交，可克服不同种属细胞间的杂交不亲和障碍，提高作物品质与产量，培育新品种。

第三，植物原生质体系统为稳定的遗传转化系统提供了基因功能分析的补充或替代方法。利用植物原生质体瞬时表达系统可以研究蛋白质亚细胞定位，有助于基因功能的研究。

二、原生质体提取材料的选择

选择合适的植物亲本细胞是决定原生质体融合成败的重要因素。选择容易融合，有利于杂种细胞筛选，从而能形成稳定遗传的重组细胞，并且重组细胞能再生成植株的亲本细胞进行植物细胞融合。原生质体可以从培养的单细胞、愈伤组织和植物器官（叶、下胚轴等）中获得。从培养的单细胞或愈伤组织获得的原生质体，由于受到培养条件和继代培养的影响，细胞间具有遗传和生理差异。叶肉组织分离的原生质体遗传性较为一致，是植物原生质体分离的理想材料。由于材料的年龄、生理状态和生长环境等都有可能影响原生质体的获得率、质量以及培养和再生，同时还会影响实验的可复性。因此，一般选取生长旺盛、生命力强的组织作为分离原生质体的材料。选择合适的亲本细胞时需要考虑以下几个方面：

首先，选择容易分离和获得、活力较强和遗传一致的原生质体，且原生质体培养再生植株比较容易的材料作为融合亲本，或融合两亲本细胞中至少一方原生质体经培养后能再生植株。

其次，选择的亲本细胞原生质体应带有可供融合后识别的异核体的性状，如颜色、核型和染色体的差异等，在异核体发育中要有能选择融合细胞的标记性状，如营养突变体或对某些药物敏感等，最好亲本细胞的原生质体在某些方面能互补。

再次，若细胞融合的目的是育种，则两个亲本细胞的亲缘关系或系统发育关系不应过远。

最后，根据需要，可以选择含有部分遗传信息或部分染色体的一个亲本的亚细胞和另一个亲本的正常细胞融合，也可以利用物理方法（如 X 射线、电击）处理某亲本细胞的原生质体，使其细胞核失活后，用只含有该亲本细胞质的亚原生质体和另一亲本细胞原生质体融合。

三、原生质体的分离

原生质体是通过质壁分离与细胞壁分开的部分，是能存活的植物细胞的最小单位。自从 1960 年首次用酶解法制备大量植物原生质体获得成功以来，原生质体培养成为生物技术最重要的进展之一。通过大量的试验表明，没有细胞壁的原生质体仍然具有全能性，可以经过离体培养得到再生植株。原生质体的分离研究较早，1892 年 Klereker 用机械的方法分离得到了原生质体，但数量少且易受损伤。1960 年，英国植物生理学家 Cocking 使用一种由疣孢漆斑菌培养物制备的高浓度的纤维素酶溶液降解番茄幼苗的根，成功分离出了原生质体。随着纤维素酶和离析酶的商品化，植物原生质体研究才成为一个热门领域。至今从植物体的几乎每一部分都可分离得到原生质体（图 9-2），并且能从烟草、胡萝卜、矮牵牛、茄子、番茄等 70 种植物的原生质体再生成完整的植株。此外，原生质体融合、体细胞杂交的技术也得到广泛的应用。

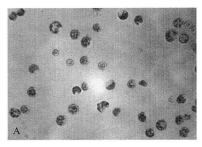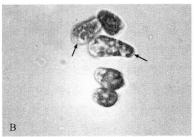

图 9-2　国槐原生质体分离效果（引自张天，2019）
A. ×400；B. ×800，箭头所指为细胞壁

1. 机械法分离

早期的原生质体分离方法主要是通过机械方法，即将细胞放入高渗透溶液，使其发生质壁分离，再进行切割，释放出原生质体。

2. 酶解法分离

1960 年英国诺丁汉大学 Cocking 从疣孢漆斑菌中分离出了纤维素酶，并利用分离出的纤维素酶从番茄幼苗根尖成功分离出大量的原生质体，推动了这一领域的发展。酶解法具有条件温和、原生质体完整性好、活力高、得率高等优点。果胶酶、半纤维素和纤维素等是最常用的酶。一般来说，1 g 植物材料中加入 10～20 mL 酶液，叶片需要酶液较少，而悬浮细胞需要酶液较多。大多数植物分离原生质体时，纤维素浓度在 1%～3%，果胶酶在 0.1%～1%。酶解法制备原生质体的一般过程为：取材消毒、酶解制备、原生质体收集。

（1）酶的配比及浓度　用来分离植物原生质体的酶制剂主要有纤维素酶、半纤维素酶、果胶酶和离析酶等，酶解花粉母细胞和四分体小孢子时还要加入蜗牛酶。纤维素酶的作用是降解构成细胞壁的纤维素，果胶酶的作用是降解连接细胞的中胶层，将细胞从组织中分开，以及使细胞与细胞分开。

（2）渗透稳定剂及 pH　植物细胞壁对细胞有良好的保护作用，去除细胞壁之后如果溶液中的渗透压和细胞内的渗透压不同，原生质体有可能涨破或收缩。因此在酶液、洗液和培养液中渗透压应大致与原生质体内的相同，或比细胞内渗透压略大些。渗透压大些有利于原生质体的稳定，但也有可能阻碍原生质体的分裂。

因此，在分离原生质体的酶溶液内，需加入一定量的渗透稳定剂，其作用是保持原生质体膜的稳定，避免破裂。常用的两种系统为：

① 糖溶液系统　包括甘露醇、山梨醇、蔗糖和葡萄糖等，浓度在 $0.40 \sim 0.80 \ mol \cdot L^{-1}$。本系统还可促进分离的原生质体再生细胞壁并继续分裂。

② 盐溶液系统　包括 KCl、$MgSO_4$ 和 KH_2PO_4 等。其优点是获得的原生质体不受生理状态的影响，因而材料不必在严格的控制条件下栽培，不受植株年龄的影响，使某些酶有较大的活性而使原生质体稳定。另外，添加牛血清白蛋白可减少或防止降解细胞壁过程中对细胞器的破坏。近年来多采用在盐溶液内进行原生质体分离，然后再在糖溶液作渗透稳定剂的培养基中培养。此外，酶溶液里还可加入适量的葡聚糖硫酸钾，这种物质可使 RNA 酶不活化，并使离子稳定，以提高原生质体的稳定性。

酶溶液的 pH 对原生质体的产量和生活力影响很大。用菜豆叶片作培养材料时，发现原始 pH 为 5.0 时，原生质体产生得很快，但损坏较严重，并且培养后大量破裂。当 pH 提高到 6.0 时，最初原生质体产生减少，但与 pH 为 5.0 时处理同样时间后相比，原生质体数量显著增加。原始 pH 提高到 7.0 时存活的原生质体数量进一步增加，损伤的原生质体也少得多。

（3）酶解制备

分离原生质体时，首先要让酶解试剂大量地吸附到细胞壁的纤维素上。因此，一般先将材料分离成单细胞，然后分解细胞壁。采用酶液降低渗透压渗入组织，或将组织切成薄片等方法，都可增加酶液与纤维素分子的接触面积。

酶处理目前常用的是"一步法"，即把一定量的纤维素酶、果胶酶和半纤维素酶组成混合酶溶液，材料在其中处理一次即可得到分离的原生质体。植物材料须按比例与酶液混合才能有效地游离原生质体，一般去表皮的叶片需酶量较少，而悬浮细胞则需酶量较大。每克材料用酶液 $10 \sim 30 \ mL$。

由于不同材料的生理特点不同，在研究游离条件时，必须试验不同渗透压的细胞，找出适宜的渗透压。例如，解离小麦悬浮细胞的原生质体的酶液中需加入 $0.55 \ mol \cdot L^{-1}$ 甘露醇，解离水稻悬浮细胞的原生质体的酶液中只加 $0.4 \sim 0.45 \ mol \cdot L^{-1}$ 的甘露醇，两者差别较大。

酶解处理时把消毒的叶片或子叶等材料下表皮撕掉，将去表皮的一面朝下放置于酶液中。去表皮的方法是：在无菌条件下将叶面晾干，顺叶脉轻轻撕下表皮。如果去表皮很困难，也可直接将材料切成小细条，放置于酶液中。对于悬浮细胞等材料，如果细胞团的大小很不均一，在酶解前最好先用尼龙网筛过滤一次，将大细胞团去掉，留下较均匀的小细胞团再进行酶解。

酶解处理一般在黑暗中静置进行，在处理过程中偶尔轻轻摇晃几下。对于悬浮细胞、愈伤组织等难游离原生质体的材料，可置于摇床上，低速振荡以促进酶解。酶解时间几小时至几十小时不等，以原生质体游离下来为准。但时间过长对原生质体有害，所以一般不应超过 24 h。酶解温度要从原生质体和酶的活性两方面考虑，一般都在 25℃ 左右进行酶解。

若用叶片作为材料，取已展开的叶片，用 0.53% 次氯酸钠和 70% 乙醇进行表面消毒，然后切成 2 cm 见方的小块。把 4 g 叶组织置于含有 200 mL 不加蔗糖和琼脂的培养基的 500 mL 三角瓶中。在 4℃ 黑暗条件下培养 16~24 h 以后，叶片转入含有纤维素酶、果胶酶、无机盐和缓冲液的混合液中，pH 为 5.6，通常在酶液中使用的等渗剂为 0.55~0.6 mol·L⁻¹ 甘露醇。然后，抽真空使酶液渗入叶片组织。在 28℃ 条件下，40 r·min⁻¹ 的摇床上培养 4 h 后，叶片组织可完全分离。若用悬浮培养细胞，可不经过果胶酶处理，因为悬浮细胞液主要由单细胞和小细胞团组成。取悬浮细胞放入 10 mL 的酶液中（3% 纤维素酶，140 g·L⁻¹ 蔗糖，pH 5.0~6.0），在 25~33℃ 条件下酶解 24 h。原生质体酶混合液用 30 μm 的尼龙网过滤，通过低速离心收集原生质体。

在分离原生质体时，渗透稳定剂有保护原生质体结构及其活力的作用。糖溶液系统可使分离的原生质体能再生细胞壁，并使之能继续分裂，其缺点是有抑制某些多糖降解酶的作用。盐溶液系统作渗透稳定剂时对材料要求较严格，且使原生质体稳定，使某些酶有较大活性。但是易使原生质体形成假壁，同时分裂后细胞是分散的。

四、原生质体的纯化

原生质体酶解结束后，除了游离出大量原生质体后，还有未消化完的细胞、细胞团等杂质。如果需要进行下一步操作，还需要进一步的纯化（图 9-3）。方法有以下几种：

1. 离心沉淀法

此法又称为沉降法，是利用原生质体混合液中各物质由于密度不同而会在重力作用下发生沉降分离的原理，在具有一定渗透压的溶液中低速离心（一般是在 900~4 500 r·min⁻¹ 持续离心 2 min），使得细胞碎片等杂质留在上清液中，反复 3~4 次，使完整纯净的原生质体沉降于试管底部。此法操作简单，但易使原生质体损伤或破碎，并且得到的原生质体纯度不够高。

2. 漂浮法

此法是根据原生质体、细胞、细胞碎片等相对密度不同的原理，由于原生

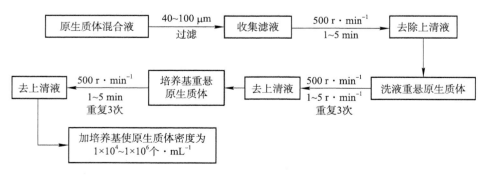

图 9-3　原生质体收集纯化流程图（引自胡尚连，2011）

质体的比重较小，可以选择具有一定渗透压的溶液（如 $200\sim250\ g\cdot L^{-1}$ 的蔗糖溶液）使其漂浮在液体表面，然后用吸管吸取。此法可以收集到比较纯净和完整的原生质体，但是丢失的原生质体较多，并且由于高渗溶液对原生质体的破坏较大，获得完整的原生质体较少。

3. 界面法

此法是利用高分子聚合物混合液产生两相水溶液的原理。选用两种不同渗透压的溶液，其中一种溶液的密度大于原生质体密度，一种溶液的密度小于原生质体浓度，通过离心可使原生质体处于两液相的界面之间。

五、原生质体活力鉴定

1. 形态特征

有活力的原生质体常常表现为形态上完整，含有饱满染色质，颜色新鲜。

2. 染色法识别

荧光素二乙酸盐（FDA）法：FDA 无荧光、无极性，可自由透过质膜，当其进入细胞后会被酯酶分解为具有荧光的极性物，不能透过质膜。在体内能发出荧光的是具有活性的原生质体。除此法外，藏花红染料法、伊文思蓝染色法都是常见的测定原生质体活力的方法。

3. 光合活性

由于有活力的原生质体在光照下会进行光合作用而释放出氧气，在没有光照的情况下会耗氧。所以常用氧电极来测定原生质体的光合活性确定原生质体的活力。

4. 渗透压变化

将原生质体放入较低渗透压的溶液中，体积会膨胀；放进高渗透压的溶液中，有活力的原生质体体积会缩小，而已经死亡的原生质体体积不变。真正确定原生质体的活力还是需要观察原生质体能否进行持续的有丝分裂并再生植株。

第二节　植物原生质体的培养方法

原生质体的培养技术主要包括培养基、培养方法和培养条件的选择（图 9-4）。

一、培养基的成分与选择

原生质体是植物去掉细胞壁的裸露细胞，因此，培养基中必须添加适当的营养物质来保证细胞分裂生长，同时应添加一定浓度的渗透压稳定剂来保持原生质体的稳定。原生质体培养基主要成分的使用规律如下：

1. 无机盐

原生质体培养基中大量元素应比愈伤组织培养基中的浓度低。在大量元素中，对原生质体培养效果影响最大的是钙离子浓度和氮源的种类及其浓度。钙离子影响原生质体膜的稳定性，较高浓度对原生质体分裂有利。高浓度的 NH_4^+ 对

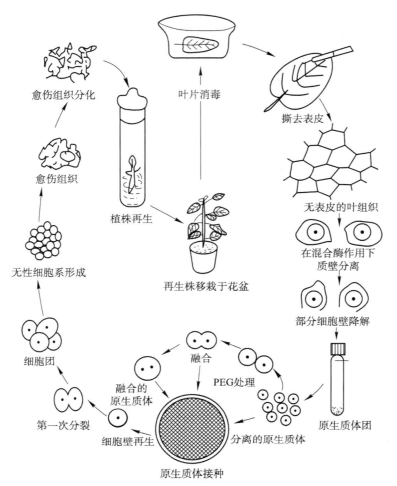

愈伤组织分化

叶片消毒

撕去表皮

愈伤组织

植株再生

无表皮的叶组织

无性细胞系形成

再生株移栽于花盆

在混合酶作用下
质壁分离

细胞团

部分细胞壁降解

第一次分裂

融合

PEG处理

融合的
原生质体

原生质体团

细胞壁再生

分离的原生质体

原生质体接种

图 9-4　由烟草叶肉细胞分离、融合、培养以及再生原生质体的程序（引自 Takebe，1971）

原生质体有毒害作用，一般应将培养基中的铵离子浓度大幅度降低，有时甚至可以考虑完全不用铵态氮，只用硝态氮，同时附加一些有机氮源代替铵态氮，在许多实验中都取得了良好的效果。

2. 渗透压稳定剂

渗透压稳定剂有助于保持原生质体的稳定，常用的有葡萄糖、甘露醇、山梨醇、蔗糖、木糖醇和麦芽糖等。不同种类和浓度的渗透压稳定剂对原生质体培养效果影响较大。近年来的报道表明，葡萄糖作为原生质体培养基的渗透压稳定剂，有利于细胞分裂和细胞团形成。甘露醇和山梨醇等糖醇类，不能作为碳源被原生质体利用，但可以作为渗透压稳定剂和糖类混合使用。不同植物的原生质体对渗透压稳定剂的要求不同。例如雀麦和豌豆茎端原生质体要在含纯蔗糖或纯葡萄糖的培养基中才能获得满意结果，而猕猴桃的原生质体只有在含有 $0.4\ mol \cdot L^{-1}$ 甘露醇、$0.2\ mol \cdot L^{-1}$ 葡萄糖和 $10\ g \cdot L^{-1}$ 蔗糖的培养基中时才能产生愈伤组织。

3. 有机成分

一般来讲,含有丰富有机物质的培养基有利于细胞的分裂,如被广泛应用于原生质体培养的 KM-8P 培养基中就含有丰富的维生素、氨基酸、有机酸、糖、糖醇等。但不同植物的要求不同,需经严格的实验来确定。

4. 植物生长调节剂

植物生长调节剂对原生质体细胞壁的形成、细胞分裂启动、愈伤组织形成和植株再生都非常重要。不同植物的原生质体培养对激素种类和浓度的要求存在较大差异,甚至同种植物不同来源的原生质体培养对激素的要求也不尽相同,这是由于细胞本身内源激素的合成能力不同所致,在原生质体培养的不同阶段,对植物生长调节剂的需求也不同。总的来说,生长素和细胞分裂素以及其两者适当的配比和及时的调整对原生质体培养非常重要。如在培养基中加入 2,4-D 对原生质体的分裂是必需的,但 2,4-D 对分化有抑制作用,因此在愈伤组织形成后应该及时调整激素的种类和浓度。

不同材料所需的营养成分不同,就需要不同的培养基。例如 MS、NT、K3 培养基主要适用于茄科植物的培养;禾谷类植物原生质体培养基通常以 MS、N6、AA 培养基为主;十字花科和豆科的原生质体多以 B5 培养基为基本培养基。培养基中常添加糖醇、维生素、蛋白质氨基酸、椰子乳等有机物,对促进细胞分裂和胚状体形成都有良好的作用。激素是原生质体必不可少的成分,生长素和细胞分裂素是必需的。除此之外,谷氨酰胺、葡萄糖等物质对原生质体的细胞再生、分裂和生长都起到良好作用,pH 一般以 5.6 ~ 6.0 为宜。

二、培养方法

原生质体的培养方法常有液体培养法、固体平板法、固液双层培养法、悬滴培养法、饲养层培养法等。

1. 液体培养法

液体培养法是在培养基中不加凝胶剂,原生质体悬浮在液体培养基中,常用的是液体浅层培养法,即在培养皿底部铺一层含有原生质体的培养液。这种方法操作简便,对原生质体伤害较小,亦便于添加培养基和转移培养物,是目前原生质体培养工作中广泛应用的方法之一。其缺点是原生质体在培养基中分布不均匀,容易造成局部密度过高或原生质互相粘连而影响进一步的生长发育,并且难以定点观察,很难监视单个原生质体的发育过程。

微滴培养法是液体培养的一种方式。将原生质体的悬浮培养液用滴管以 0.1 mL 左右的小滴接种在无菌且清洁干燥的培养皿上,由于表面张力的作用,小滴以半球形保持在培养皿表面,然后用 Parafilm 封口,防止干燥和污染。如果把培养皿翻转过来,则成为悬滴培养。由于小滴的体积小,在一个培养皿中可以做很多种培养基的对照实验。如果其中一滴或几滴发生污染,也不会影响整个实验。同时也容易添加新鲜培养基。其缺点也是原生质体分布不均匀,容易集中在小滴中央。此外由于液滴与空气接触面大,液体容易蒸发,造成培养基成分浓度的提高。解决蒸发问题最简单的办法就是在液滴上覆盖矿物油。

有些研究工作需要进行单个原生质体培养。如选择出特定的原生质体和经融合处理后数量很少的融合体等。已有实验证实，单个原生质体单独培养的关键在于培养基原体积要特别小。如油菜单个的原生质体需培养在 50 mL 的培养基中，相当于每毫升培养基有 2×10^4 个原生质体，在这种条件下，原生质体的再生细胞可以持续分裂直到形成愈伤组织。这样小体积的微滴是极易蒸发的，为此，Koopt 设计了一个特殊的装置：首先，在一个长度为 3 350 pm 并绝对洁净的盖玻片上滴 50 滴 2.0 mol·L^{-1} 蔗糖小滴，每滴 1 μL，分布成 10 行，每行间的距离为 3.4 μm。其次，把盖玻片在硅溶液中浸一下，使得蔗糖小滴占领的圆点外的全部盖玻片被硅化，防止以后的矿物油滴相互连通。再次，硅化后，用水小心地把蔗糖液滴洗去，然后使盖玻片干燥并灭菌。在原来蔗糖液滴占领的圆点区域加上 1 μm 的矿物油滴，再把已悬浮有原生质体的培养液用注射器注入矿物油滴中。最后，这样制备好的盖玻片放到一个双环培养皿中，培养皿的外环加满 0.2 mol·L^{-1} 的甘露醇溶液，最后封口。由于有矿物油并且盖玻片相当于保持在一个湿润的小室中，保证了微小培养基不会蒸发，从而可以达到单个原生质体培养的目的。

2. 固体平板法

即琼脂糖包埋培养。低熔点的琼脂糖可在约 30℃ 融化，与原生质体混合而不影响原生质体的生命活动。混合后含有原生质体的培养基铺于培养皿底部，封口后进行培养。具体做法是：取 1 mL 原生质体密度为 4×10^5 个·mL^{-1} 的悬浮液，与等体积已溶解的含有 1.4% 低熔点（40℃）琼脂糖的培养基均匀混合后，置于直径 6 cm 的培养皿中，此时密度为 2×10^5 个·mL^{-1}，待凝固后，将培养皿翻转，置于四周垫有保湿材料的直径为 9 cm 的培养皿内。其优点是可以跟踪观察单个原生质体的发育情况，易于统计原生质体分裂频率。缺点是操作要求严格，尤其是混合时的温度掌握必须合适，温度偏高则影响原生质体的活力，温度偏低则琼脂糖凝固太快，原生质体不易混合均匀。

3. 固液双层培养法

在培养皿的底部铺一层琼脂糖固体培养基，再将原生质体悬浮液滴于固体培养基表面，为固体培养和液体培养相结合的方法。其优点是固体培养基中的营养物质可缓慢释放到液体培养基中，如果在下层固体培养基中加一定量的活性炭，则还可以吸附培养物产生的一些有害物质，促进原生质体的分裂和细胞团的形成。但是此法也有不易观察细胞的发育过程的缺点。

4. 悬滴培养法

将含有一定密度原生质体的悬浮液，用滴管或定量移液器，滴在培养皿的内侧上，一般直径为 6 cm 的培养皿盖滴 6~7 滴，皿底加入培养液或渗透剂等液体以保湿，轻而快地将皿盖盖在培养皿上，此时培养小滴悬挂在皿盖内，待其固化后向其中添加 3 mL 液体培养基并于摇床上低速旋转培养。培养过程中，通过调整液体培养基的渗透压来调节培养物的渗透压，以利于其进一步的生长和发育。这种方法由于改善了培养物的通气和营养环境，促进了原生质体的分裂和细胞团的形成。

5. 饲养层培养法

饲喂层培养法是将饲喂层的细胞用培养基制作成平板，此平板即"饲养层"。

三、原生质体的培养条件

1. 原生质体的密度

培养时原生质体的密度对它能否在进一步培养中再生分裂起一定的作用。一般液体培养基中常用的原生质体密度为 $10^4 \sim 10^5$ 个·mL^{-1} 原生质体，固体平板培养时采用密度为 $10^3 \sim 10^4$ 个·mL^{-1} 原生质体，在微滴培养中至少也要保持 10^5 个·mL^{-1} 原生质体。使用下层经 X 射线照射过的原生质体的饲养层培养法，可促使低密度即 $10^3 \sim 10^4$ 个·mL^{-1} 的原生质体发育成细胞团。一般来讲，培养时原生质体的密度过高或过低都不利于再生细胞的分裂。密度过高，有可能造成培养物的营养不足；而密度过低，细胞代谢产物有可能扩散到培养基中，从而影响培养物的正常生长。更重要的是根据原生质体再生细胞的发育状态和需要，调节各发育时期营养和碳源的成分，特别是对于那些难以再生分裂的禾谷类植物原生质体培养。

2. 光照条件

光照条件是绿色植物生长发育的重要条件。大多数植物的原生质体分裂的诱导并不需要光照，有些甚至是光敏感型的。如将普通番茄的原生质体进行培养，在相同温度下（29℃），黑暗时植板率为22%，而光照 1 000 lx 时，植板率降为8%。一般在原生质体再生的初期给以较低的光照不影响发育，但进入分化前就要加强光照（ 2 000 ~ 10 000 lx），进一步发育后，光照度应达到 30 000 lx，以满足大量叶绿体发育的需要。光照时间的长短也应该根据植物的光周期加以区分。

3. 温度条件

在原生质体培养时，应根据不同的植物类型调节合适的温度。一般温带植物如烟草、矮牵牛等，在 24 ~ 28℃就可以满足发育的需要。温度是否适宜，将影响原生质体的植板率。在相同光照条件下，观察不同温度对番茄品种原生质体的影响。结果发现，在 29℃时该原生质体的植板率为38%，而在 27℃条件下植板率降为26%，25℃以下温度时，原生质体不分裂。

第三节　植物原生质体的融合

原生质体融合（cell fusion）是在自发或人工诱导下，两个不同来源的原生质体融合形成一个杂种细胞的过程，包含细胞融合形成异核体、异核体通过细胞有丝分裂进行核融合、最终形成单核的杂种细胞等几个阶段。

一、植物原生质体融合研究概况

植物细胞通过酶解法去掉细胞壁之后形成原生质体，是具有生活力的游离单细胞。植物原生质体主要用于以下几个方面的研究：①体细胞杂交创造新种质；②利用再生植株筛选无性系变异；③作为细胞信号转导实验体系的优良研究平台；④作为遗传转化受体，用于瞬时转化从而进行亚细胞定位，或用于转基因研究。

在以上所述的四个方面里，使用效果最好的是体细胞杂交。在烟草育种领域，Carlson 是完成体细胞杂交的第一人，早在 1972 年就完成了烟草的体细胞杂交，且成功获得杂种植株。随后，这一技术受到了广泛关注，并成为育种热点。经过几十年的研究，科研工作者从各种案例中获得经验并不断总结，体细胞杂交技术在各个资源品种中逐渐得到发展和完善。目前，在很多植物中都开展了对细胞融合技术的研究，主要包括牧草类如苜蓿，经济作物如烟草、棉花等，林木类如香蕉、荔枝/龙眼、柑橘等果树、杨树，粮食作物如马铃薯、小麦和油菜等。除此之外，细胞融合技术在桑树、红豆杉、人参等植物中也得以开展。但根据不同物种的特点，细胞融合技术有着不同的用途，例如马铃薯、棉花等，这些物种主要用来引进亲缘关系较近的野生种的优良性状；利用细胞融合技术创造的小麦再生杂种，回交、自交多代后建立渐渗系；而林木类植物主要通过这一技术培育用于常规有性杂交、砧木育种等的有益材料。

二、原生质体融合的方式

原生质体融合方式主要有对称融合、不对称融合和亚原生质体融合等，通过这些融合方式可产生对称杂种、非对称杂种和胞质杂种。一般来说，对称融合大多产生对称杂种，其结果是在导入亲本有利基因的同时也带入了亲本的全部不利基因，一个杂种中有两套不尽相关的基因并不是试验所期望的，这样常常导致部分或完全不育，因而难以形成育种上有用的材料，但也有因融合后较弱势的一方基因被排除而产生不对称杂种或胞质杂种的可能。不对称融合则由于在融合前已将亲本一方原生质体采用物化因素处理，仅以染色体片段的形式融入另一方受体原生质体中，因而产生的杂种一般为非对称杂种或胞质杂种。亚原生质体融合由

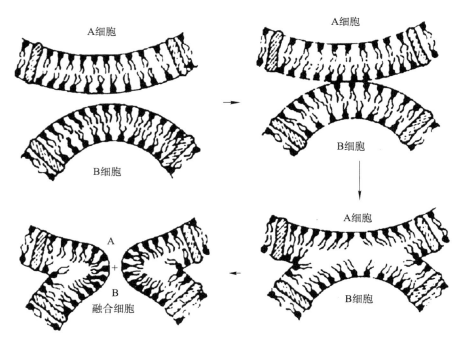

图 9-5　原生质体融合过程图解

于具有相对较强的目的性，在融合前将供体原生质体经特殊的微核化处理，使其仅含有胞质遗传物质或是含 1 条或多条核染色体，因而融合后产生的一般为高度不对称杂种。

1. 对称融合

在早期的研究中，研究者的兴趣和重点集中在亲缘关系较远的植物之间的体细胞杂交，在许多系统发育上无关的种间进行了大量的原生质体对称融合实验。一个经典的例子是番茄与马铃薯原生质体的融合。这两者的融合虽然得到了杂种再生植株，却未能得到预期的性状，而是表型倾向于番茄植株，花和叶具有杂种特点，果实畸形，地下也未形成块茎。其他对称融合的研究也遇到类似情况，即获得的体细胞杂种不仅未把双亲的优良性状结合起来，反而丢失了它们各自原有的有益特性，且所得杂种往往部分或完全不育。如果只是将异源种属中的少数有用的染色体或片段导入受体原生质体，就极有可能改善杂种育性且不致含过多不需要的性状。因此，近年来从一个亲本向另一亲本单向转移部分遗传物质的融合方式逐渐成为研究热点。

2. 不对称融合

不对称融合是指在融合前将双亲原生质体的一方核基因组利用物理或化学方法处理使其片段化后，作为供体与完整的另一方受体原生质体进行融合，因此不对称融合又称为供 – 受体融合。通过不对称融合，能够实现供体的部分或少量遗传物质转移到受体细胞中。通常采用 X 射线、γ 射线或紫外线（UV）等射线对供体原生质体进行照射处理，引起核 DNA 链断裂和缺口，从而使染色体片段化。由于紫外线具有安全、方便和容易获得等优点，且使用紫外线对供体原生质体照射后进行的融合通常能产生高度不对称杂种，近年来紫外线照射成为最为广泛使用的方法，运用该方法已从多种植物的种间或属间获得了不对称杂种。如通过 UV 照射番茄原生质体，与烟草原生质体融合后获得高度不对称的杂种；使用 UV 照射高冰草悬浮系来源的原生质体，与小麦悬浮系来源的原生质体融合，得到了多个可育的属间体细胞杂种株系，并且可通过同工酶、RAPD 和原位杂交分析证实杂种为高度偏向小麦亲本的不对称杂种。同样通过 UV 照射贡蕉原生质体，与碘乙酰胺处理的受体龙芽蕉原生质体进行融合，最后获得了香蕉种间高度不对称杂种。甚至在一些亲缘关系很远的植物中也获得了体细胞杂种，如水稻和胡萝卜、大麦和胡萝卜等。

3. 亚原生质体融合

双亲原生质体融合后基因组的整合或消除具有随机性和不可预料性，给品种改良和种质创新带来很大的困难。随着融合方法、技术的不断探索和改进，研究者逐渐发展了新的融合方式——亚原生质体 – 原生质体融合。有些学者将亚原生质体 – 原生质体融合归属于不对称融合，但其对供体原生质体的处理更为复杂、技术要求高且难度较大，因而有别于通常意义上的不对称融合。亚原生质体融合主要有以下两种形式：胞质体 – 原生质体融合和微原生质体 – 原生质体融合。

胞质体 – 原生质体融合是以去除细胞核后只有细胞质而不含核物质的小体为供体，与完整的受体原生质体融合，从而实现胞质因子的有效转移。Maliga

等利用该技术将烟草突变体中胞质因子控制的抗链霉素特性成功转移到品种 *N. plumbaginifolia* 中。Sakai 等将胞质雄性不育的特性从萝卜成功转移到油菜中。Spangenberg 等成功实现了烟草品种间雄性不育特性的转移。Sigareva 等从同时具有抗寒和 Ogura 型 CMS 特性的花椰菜中分离出胞质体，与大白菜原生质体进行融合，在较短时间内便获得了既抗寒又胞质雄性不育的大白菜。通过电融合法使 CMS 型温州蜜柑的胞质体与默科特橘橙原生质体融合，成功实现了柑橘控制 CMS 胞质因子的转移。目前胞质体－原生质体融合被认为是转移胞质因子和获得胞质杂种最有效的技术手段，但由于制备的胞质体生理活性较弱，融合后植株再生比较困难，使该融合方式未能得到普遍应用。

微原生质体－原生质体融合又称微核技术，是以亲本一方的原生质体微核化处理后形成的内含 1 条或几条染色体、外包有被膜的微核作为供体，与完整的受体原生质体融合，从而实现部分基因组转移的技术，可在不同属间转移单条或多条染色体，且能获得性状稳定的再生植株，这使得其在植物遗传育种上的意义越来越重要。Ramulu 等最先报道利用微核技术在马铃薯和番茄间转移单条或多条染色体，并且所获得的再生植株被证实是可育的；Binsfeld 等使用低浓度的 PEG 诱导多年生的供体 Helianthus 微原生质体与受体 *H. annus* 原生质体融合，得到了含有供体 2～8 条染色体的非对称体细胞杂种，并且通过花粉活力检测显示它们均具有较高的活力；Louzada 等在柑橘上通过微原生质体融合获得了具有受体全部染色体，同时具有供体少数几条染色体的再生胚状体或细胞系。迄今为止，微核技术是实现单条或多条染色体转移最行之有效的方法，为作物的定向遗传改良提供一种新的途径。但是目前该方面的成功报道还比较少，可能是由于制备高质量的微原生质体难度大，从而限制了其在育种中的应用。

三、诱导原生质体融合的方法

不同来源的原生质体融合需要诱导才能实现。分离的原生质体完全是球形，接触面很小。必须通过处理使原生质体膜之间紧密接触。诱导融合是一个循环进行的过程。先使亲本原生质体双方互相接触，进而使两者质膜紧密结合，然后逐步扩大质膜的融合面，形成一个具有共同质膜的异核体；最后在培养过程中进行核的融合技术。最早应用于促进植物原生质体融合的因素是用 $NaNO_3$ 处理，之后还试验了各种不同的处理，例如使用病毒、明胶、高 pH 或高 Ca^{2+}、PEG、植物凝血素抗体、聚乙烯醇、电刺激等进行融合。但在这些众多的研究中，只有 $NaNO_3$、高 pH 或高 Ca^{2+}、PEG 和电融合得到了广泛的应用。

1. $NaNO_3$ 诱导融合

早在 19 世纪末期，德国有人用机械法分离得到了少量原生质体，并使用各种化学药剂来诱导原生质体的融合，发现 $Ca(NO_3)_2$ 最有效。Kuster（1909）曾证实，在一个发生了质壁分离的表皮细胞中，低渗 $NaNO_3$ 可引起两个亚原生质体的融合。Cocking（1960）提出可用 $0.2\ mol \cdot L^{-1}$ $NaNO_3$ 来作诱导剂，Power 等（1970）设计了控制条件，以 $NaNO_3$ 为诱导剂，使燕麦、玉米等根原生质体融合。利用这一融合剂，首选在植物中获得了第一个体细胞杂种。但这一方法的缺点是异核体形成频率不高，尤其是当用于高度液泡化的叶肉原生质体时更是这样。因此目前几乎不再使用。

2. 高 pH、高 Ca^{2+} 诱导融合

在早期已有的报道中用钙盐 $[CaCl_2$、$Ca(NO_3)_2]$ 做融合剂，但形成这一方法主要受了动物细胞融合研究的启发。在探讨生物膜构型时，诱导集聚与融合的机理时都涉及 Ca^{2+} 的作用。之后又发现人和鼠的细胞杂交显著受 pH 影响。37℃和高 pH、高 Ca^{2+} 能诱导红细胞的融合，既然生物膜有共性存在，动物细胞的融合与植物原生质体的融合首先都要经过膜融合，而且它们之间可能也存在着某些相同的现象。

3. PEG 诱导融合

这是目前较为常用的一种方法，这里列出目前较广泛使用的 Kao 等（1974）建立的 PEG 融合法的一般步骤：

（1）溶液的制备

① 酶洗液：$0.5\ mol \cdot L^{-1}$ 山梨醇（9.1 g）、$5.0\ mmol \cdot L^{-1}\ CaCl_2 \cdot 2H_2O$（75 mg）溶解到 100 mL 水中，pH 为 5.8。

② PEG 融合液：$0.2\ mol \cdot L^{-1}$ 葡萄糖（1.8 g）、$10\ mmol \cdot L^{-1}\ CaCl_2 \cdot 2H_2O$（73.5 mg）、$0.7\ mmol \cdot L^{-1}\ KH_2PO_4$（4.76 mg）溶液到 50 mL 水中，pH 调到 5.8，再加入 25 g 的 PEG（相对分子质量为 1 500 ~ 1 600）溶解。

③ 高 Ca^{2+}、高 pH 液：溶解 $50\ mmol \cdot L^{-1}$ 甘氨酸（375 mg）、$0.3\ mol \cdot L^{-1}$ 葡萄糖（5.4 g）、$50\ mmol \cdot L^{-1}\ CaCl_2 \cdot 2H_2O$（735 mg）到 100 mL 水中，用 NaOH 滴定到 pH 为 10.5。

（2）PEG 融合程序

① 先制备融合亲本的原生质体，再将高密度的亲本双方原生质体（仍停留在酶溶液中）各取 0.5 mL 混合在一起，加 8 mL 酶洗液，$1\ 000\ r \cdot min^{-1}$ 离心 4 min。

② 弃酶液，重复洗一次，将沉淀的原生质体悬浮于 1.0 mL 原生质体培养液中。

③ 放一滴液态硅于 60 mm × 15 mm 培养皿中，再放一片方形载玻片（22 mm × 22 mm）于液态硅滴上。

④ 滴 3 滴混合双亲的原生质体于上述载玻片上，静置 5 min，让其在载玻片上形成薄薄的一层。

⑤ 缓缓小心地加入 PEG 融合液 0.45 mL 于上述的原生质体小滴的中央，盖上培养皿盖。

⑥ 让 PEG 融合液中的原生质体在室温下静置 10 ~ 20 min。

⑦ 用移液管轻轻加入 2 ~ 3 滴高 Ca^{2+}、高 pH 液于中央，静置 10 ~ 15 min。

⑧ 以后每隔 5 min 加入高 Ca^{2+}、高 pH 液，每次滴数逐增，共加 5 次，总共加入高 Ca^{2+}、高 pH 液 1 mL，然后在离心管中离心，吸去上清液，用原生质体培养液洗 4 ~ 5 次。

⑨ 加入原生质体培养液 0.3 ~ 0.5 mL，这样重悬后的原生质体及杂种细胞以微滴形式进行培养，用双层封口膜密封培养皿的边缘，在倒置显微镜下观察细胞并计算融合率。

PEG 作为融合剂已在植物（图 9-6）、动物以及微生物的细胞融合研究中得到广泛使用，使细胞融合跨出了分类的目内界限。目前所使用的 PEG 相对分子质量在 1 540～6 000，使用的浓度为 25%～30%，加上高 pH 及高 Ca^{2+}，融合率最高可达 100%。此法融合率虽高，但一些植物种原生质体由于质膜性质、原生质体强弱不一，常出现对 PEG 敏感而破碎的现象，所以要研究材料的发育状况。此处所用 PEG 的分子量大小，浓度高低的使用不当也可影响融合的效果。浓度高易破碎原生质体；太低的浓度作用小，降低融合效率。另外要注意的是要求能有充分互相接触的原生质体的密度，在悬浮液沉后能处于同一水平面，否则处理时异源原生质体不易接触融合。

图 9-6　马铃薯原生质体转化获得的再生植株（引自李晓，2019）

目前对 PEG 诱导融合的机制还不完全清楚。可能是大量带负电荷的 PEG 分子和原生质体表面阴电荷间，在 Ca^{2+} 连接下形成共同的静电链，从而促进异源质体的黏着和结合。在用高 Ca^{2+}、高 pH 液处理下，Ca^{2+} 和与质膜结合的 PEG 分子被洗脱，导致电荷平衡失调并重新分配，使原生质体的某些阴电荷与另一些原生质体的阴电荷连接起来，形成具有共同质膜的融合体。采用聚乙酸乙烯酯（PVA）或聚乙烯吡咯烷酮（PVP）也能产生和 PEG 相似的效果。

4. 电融合法

虽然 PEG 法诱导融合率较高，但容易引起产生细胞毒性。20 世纪 80 年代初 Zimmermann 等发展起来的电融合技术，基本解决了诱发融合剂的毒性问题，它融合率高、重复性好、方法简单。该法融合过程是：将悬浮原生质体先置于电融合仪的非均匀交变电场中，使之发生电泳而进入电场强反应的区域；同时，又使得原生质体发生极化而形成偶极子，这样它们会自动聚集并粘连成串珠链，此外再外加电脉冲，即可导致膜接触面的击穿和融合。因此该法融合的过程包括"粘连—电击—融合" 3 个步骤。同样的原理，被称为微电极的两个彼此靠近的原生质体表面接触，然后通过短直流电脉冲，使之由点粘连到面粘连，继而发展为球体间的融合。电融合法也可达到很高的融合率。为了减少电脉冲可能导致的物理损伤，1984 年 Chapel 等提出了改良电融合法，该法首先用精胺处理原生质体，使其发生自动粘连，再加电脉冲即可诱导融合。将实验参数调整至最适值时，可获得多个成对原生质体的融合，融合率高达 50%。应用电融合技术，现已成功地诱导了包括烟草、蚕豆和大麦等植物在内的原生质体融合。但是，电融合法常常影响杂种细胞再生植株，所以有必要进一步研究此方法。

5. 微滴培养与单细胞融合技术

微滴培养（drop culture）是 1987 年 Schweiger 等发展的融合技术，它对真正实行 1∶1 的异源融合的频率起到很大的推动作用，这一技术的原理是：在一个微滴培养基（约 50 mL）上覆盖一层矿物油，每个微滴培养一个原生质体，这就相当于通常的 2×10^4 个·mL^{-1} 的原生质体密度；如将异源的两个原生质体转移到低离子强度的融合培养基微滴中，用一直径为 50 μm、长 10 mm 的白金电极，在倒置显微镜下定位后进行融合操作；再将电融合产物移到微滴中进行培养，最终该技术获得了初步成功。

6. 激光微束穿刺法

激光微束穿刺法是利用聚焦到微米级的激光微束对组织进行穿刺，引起细胞膜的可逆性穿孔，从而导入外源 DNA 的一种基因直接转化方法。侯丙凯等首次用激光微束穿刺法照射油菜子叶叶柄，将杀虫蛋白基因导入油菜，经植物再生和卡那霉素筛选，成功获得了抗虫转基因植株。此法对细胞的损伤较小，并且可以准确定位于被照射的细胞，但是因设备昂贵，故较少使用在大量培养生产中。

思考与讨论题

1. 植物原生质体纯化的方法有哪几种？
2. 影响原生质体细胞分离的因素有哪些？
3. 植物原生质体再生技术会对后续的植物转基因有什么影响？

数字课程资源

 视频讲解　　教学课件　　彩图　　自测题

第十章
植物的离体受精

知识图谱

　　植物离体受精，是指在无菌的条件下，离体培养未受精的子房、胚珠和花粉，使花粉萌发进入胚珠完成受精的过程。从严格意义上性细胞是指直接参加受精作用的雌雄配子，即精细胞与卵细胞。获取精细胞主要通过渗透压冲击法、研磨法、花粉离体培养法以及活体－离体法。获取卵细胞主要通过胚囊的分离，卵细胞、合子与中央细胞的分离。获得的精细胞和卵细胞可通过电融合等方法进行融合，之后进行人工培育。影响离体受精成功的因素主要有离体胚珠的成活率和受精力，花粉萌发，花粉管的生长速度，花粉的灭菌、母体组织、生殖细胞体积等因素。

第一节　植物离体受精概述

一、植物离体受精的概念和意义

　　植物离体受精，又称植物试管授精，是指在无菌条件下培养离体的花粉、未受精的子房或胚珠，使花粉萌发进入胚珠完成受精的一项技术，从花粉萌发到受精形成种子，再到幼苗形成的整个过程均在试管内完成。

　　采用离体受精的方法诱导长成植株，可以在没有其他组织影响的单细胞水平上研究受精过程，从而对植物精、卵细胞的识别机制和合子发育过程形成更深入的认识。相较于传统的杂交育种方法，离体受精技术在一定程度上解决了不同品系间受精不亲和性的限制，同时也大大缩短了育种年限，加快了育种进程。

　　植物离体受精技术无论是在基础研究还是应用研究方面均具有重大意义。在基础研究方面，可以促进人们深入研究植物受精过程的生理生化机制、早期胚胎发育过程等内容。在应用研究方面，这项技术具有越过花粉－柱头的识别障碍、克服远缘杂交不亲和性或自交不亲和性等独特优势，为植物育种研究提供了新的技术思路。

　　目前，应用引入外源基因来克服受精限制的作物基因工程已取得了很大的进展，但仍然存在引入基因大小和数目受限等诸多难题，深入研究植物配子细胞的自然融合特性和胚胎发生机制将是克服上述问题的关键。

二、离体受精研究现状

不同于动物及低等植物，被子植物的雌雄配子被细胞壁等体细胞组织层层包裹着，因此有效分离一定数量具有生活力的植物配子细胞是成功实现植物离体受精的前提条件。自 20 世纪 80 年代中期以来，植物精细胞分离技术不断发展，现已从数十种植物花粉中成功分离了具有活力的精细胞。卵细胞的分离难度较精细胞更大，技术发展也相对更慢。胡适宜等最先采用酶解法从烟草中分离出卵细胞，这一方法被广泛采用，后来人们相继从蓝猪耳（*Torenia fournieri*）、白花丹（*Plumbago zeylanica*）、玉米（*Zea mays*）、烟草（*Nicotiana tabacum*）等植物中分离出具有活力的卵细胞。近年来，分离卵细胞的方法在不断改进，成功分离有生活力的卵细胞的植物种类大大增加，尤其是禾谷类作物，如黑麦草（*Lolium perenne*）、大麦（*Hordeum vulgare*）、小麦（*Triticum aestivum*）、水稻（*Oryza sativa*）等。随着植物精、卵细胞成功分离以及技术的发展，Kranz 等人首次通过电融合方法成功实现玉米的离体受精，并且通过该方法受精形成人工合子可经体外培养发育形成胚、继而再形成可育植株，开创了植物离体受精的先河。

高等植物的卵细胞深藏在子房内的胚珠体细胞组织中，给高等植物受精过程的研究带来了技术障碍。曾经有人采用超微结构观察和研究受精过程，并且也取得了一定成果，但是用固定切片技术研究受精机制需要先将卵细胞杀死，也不能进行定点追踪观察，这极大限制了研究的发展。离体受精技术，可以将高等植物的精、卵细胞分离出来在体外诱导融合，为研究雌、雄配子的识别和融合，合子开始胚胎发生等一系列的受精和胚胎发生机制提供了技术基础，很好地克服了固定切片技术存在的障碍。雌、雄配子的成功分离和体外受精及培养技术的发展，使应用分子生物学方法研究这些细胞的结构和功能成为可能。将合子的二倍性和胚胎发生特性与外源 DNA 转入技术结合起来可使转基因植物研究的后期工作简单化。由于离体受精研究具有可控条件和生活状态两大优点，特别适用于应用细胞生理学、生物物理学的方法以研究受精和胚胎发生过程中的信号转导等体内研究难以奏效的问题，正如花粉管离体萌发系统中有关研究所显示的那样。另外，异种植物离体精、卵细胞融合和杂种合子的培养也是进行远缘杂交的一条有潜力的途径。

利用离体受精系统研究受精与早期胚胎发生过程中的基因表达，是本领域研究由细胞水平进入分子水平的新趋势，也是植物发育生物学中的一个新特点。

第二节　植物离体受精的方法

从严格意义上讲，性细胞是指直接参加受精作用的雌、雄配子，即精细胞与卵细胞。但就被子植物而言，精细胞与卵细胞的分离往往要从花粉与胚囊的分离入手，而且花粉与胚囊作为参与整个受精过程的单位具有明显的性特征，故将其纳入广义的性细胞范畴。

一、获取精细胞

植物的精细胞位于花粉中，花粉粒被花粉外壁与内壁所包围，用人工方法脱去外壁和内壁，可分离出仅有质膜保护的花粉原生质体。若仅脱去外壁，保留了内壁与原生质体的结构单位，则称为"脱外壁花粉"（de-exined pollen）。

（一）花粉原生质体的分离

花粉原生质体的酶解脱壁与体细胞原生质体分离时直接降解是不同的。花粉壁包括外壁和内壁。外壁的基本成分是孢粉素，是类胡萝卜素与类胡萝卜素酯的氧化多聚化的衍生物，至今尚无酶能加以降解。内壁的基本成分是纤维素与果胶质，可为常规细胞壁降解酶分解。可见，外壁是分离花粉原生质体的主要障碍。因此需避开外壁，降解内壁，促使原生质体分离。

目前大致有四种分离方法：

（1）一步酶解法　该法适用于具宽大萌发沟花粉的植物。花粉置于酶液中，通过水合膨胀，使外壁沿萌发沟裂开，内壁大面积暴露，在酶作用下分解，释放出原生质体。

（2）水合－酶解二步法　在上述工作基础上，将水合与酶解分成两个步骤。第一步，花粉在溶液中充分水合，使外壁裂开；第二步转入酶液，降解内壁，获得原生质体。

（3）萌发－酶解二步法　先将成熟花粉置于花粉培养基中，待花粉大量萌发，长出短花粉管时，及时转入酶液中酶解。由于花粉管尖端的壁由果胶质与纤维素等物质组成，酶液可开始降解花粉管壁，再扩展至花粉管内壁，从而释放出原生质体。

（4）花药预培养法　分离烟草幼嫩花粉原生质体时可用此法。该法包括三个步骤：第一步将花蕾进行低温预处理；第二步收集花药，将之漂浮在液体培养基上，培养中花药裂开，花粉释放至培养基中，在继续培养过程中大量花粉的外壁破裂；第三步将外壁破裂的花粉转入酶液。

综上所述，可知不同的花粉发育时期，花粉的形态结构与生理状态均有变化，因此，分离方法与效果也可能随之变化。分离方法及各种细节也影响分离效果，如酶的种类、浓度，酶解时间等。

（二）脱外壁花粉的分离

脱外壁花粉的分离主要是设法削弱与切断花粉外壁与内壁的联系，使外壁脱落。目前有三种方法：

（1）低渗水合法　将花粉置于低渗溶液中水合，使外壁脱落。

（2）花药预培养法　此法与分离烟草幼嫩花粉原生质体方法相近，也经过花蕾低温预处理、花药漂浮培养、酶解三个步骤。不同之处在于酶解时间大大缩短。酶解的作用是将裂开的外壁与内壁之间尚存的局部联系彻底切断，从而分离出脱外壁花粉。

（3）低温水合－热激－渗激法　热激与渗激促使外壁裂开以致脱落。低温与热激所用温度、时间以及水合液、低渗液的渗透压均能影响分离效果。该法能

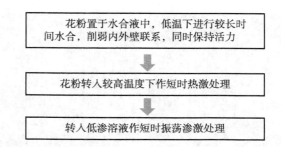

花粉置于水合液中，低温下进行较长时间水合，削弱内外壁联系，同时保持活力

↓

花粉转入较高温度下作短时热激处理

↓

转入低渗溶液作短时振荡渗激处理

图 10-1　低温水合 - 热激 - 渗激法

较好地保持脱外壁花粉生活力，显著促进萌发（图 10-1）。

（三）花粉内精细胞的分离

高等植物花药成熟时可能形成两种花粉：由一个营养细胞和两个精细胞构成的三胞型花粉，由一个营养细胞和一个生殖细胞组成的二胞型花粉。二胞型花粉的两个精细胞需要在花粉萌发长入花柱中的花粉管里形成。因此，精细胞的分离方法因花粉类型而异。

1. 三胞型花粉

三胞型花粉的精细胞分离主要有两种方法：

（1）渗透压冲击法　将花粉置于含有一定浓度渗透压调节剂的介质中，任其吸水后自行破裂而释放精细胞。优点是花粉壁不太容易破碎，碎片易于过滤清除，但花粉发育时期与生理状态对渗透压冲击效果有很大影响。

（2）研磨法　有些植物花粉抗低渗，不易破裂。此时可选用研磨法。将悬浮于一定介质中的花粉用玻璃匀浆器或其他装置轻轻研磨，使花粉破裂而又不损伤精细胞。优点是操作简便，不过分依赖花粉的成熟度与生理状态。但研磨需要手工技巧，且研磨后花粉壁碎片较难清除。图 10-2 示分离的紫菜薹精细胞。

2. 二胞型花粉

二胞型花粉的精细胞分离须待花粉萌发出花粉管，生殖细胞已分裂成精细胞，然后从花粉管中分离精细胞。也有两种方法：

（1）花粉离体培养法　花粉在培养基中人工萌发，待形成精细胞后，应用渗透压冲击或研磨使花粉管破裂。但人工萌发的花粉管在精细胞形成上常不同步，由此分离的精细胞群体中不免混杂一些尚未分裂的生殖细胞，使精细胞纯度降低。

（2）活体 - 离体法

这是较适宜的方法。将花粉授在柱头上，切下花柱插入培养基，待众多花粉管中形成精细胞，花粉管自花柱切口长出，然后用渗透压冲击或酶法促使花粉管尖端破裂。该法分离的精细胞纯度高，且接近受精前的发育状态。

精细胞从花粉或花粉管中释放来后要进行纯化处理，一般用小于 35 μm 的筛网过滤去除杂质及营养核，再用密度梯度离心进一步纯化。分离纯化后的精细胞多在培养基（如 BK）中添加适宜浓度的蔗糖、山梨醇等维持渗透压，再加入膜稳定剂（例如葡聚糖硫酸、牛血清白蛋白、Ca^{2+} 等），在 pH 为 6 ~ 7 的条件下低温保存。

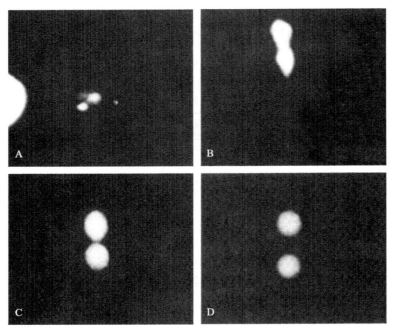

图 10-2 紫菜薹精细胞的分离
A. Hoechst 33258 染色，示花粉粒中一对精细胞；B. 刚分离的一对互相紧连的精细胞，其中一个具长尾状延伸物（箭头）；C. 一对分离的精细胞变为椭圆球形，仍保持互相连接；D. 一对精细胞互相脱离，并变为圆球形。除 A 图外，均为荧光二乙酸酯染色。

二、获取卵细胞

卵细胞与中央细胞位于胚囊内，胚囊又位于胚珠内，被珠心与珠被包裹，胚珠外还有子房壁包围。因此，胚囊的分离程序一般先人工解剖，除去子房壁，分离出胚珠；然后，由胚珠中设法分离出胚囊。至于卵细胞、合子与中央细胞，可先经由胚囊分离阶段，再至胚囊中进一步操作，或由胚珠直接分离。

（一）胚囊的分离

生活胚囊的分离一般采用酶法。将胚珠置于酶液中酶解，使珠被与珠心细胞离散，裸露出胚囊，一般需在酶解的基础上，适当辅以机械处理，如振荡、击打、压片或解剖，以提高分离的效果。在有些情况下还能获得卵细胞等胚囊成员细胞。

在胚囊分离实验中所用的酶包括纤维素酶、果胶酶、蜗牛酶、半纤维素酶等。根据不同植物材料选用不同的酶类，其中纤维素酶与果胶酶最为常用。

（二）卵细胞、合子与中央细胞的分离

如上所述，有时在分离胚囊的同时，也可能分离出胚囊成员细胞。它们一般呈原生质体状态。具体分离技术有多种，大致可分为三类（表 10-1）：

（1）酶解法　以酶解为主要手段，辅以其他措施，可以分离出卵细胞、合子与中央细胞等。在上述酶解法分离胚囊的基础上延长酶解时间，降解胚囊壁，可

表 10-1　卵细胞、合子与中央细胞的分离技术的比较

分离方法	优点	缺点	适用性
酶解法	操作简单，可分离大量胚珠	酶易产生毒害，影响材料活力	胚珠小、数量多、珠心薄的植物
解剖法	操作准确度高，无酶伤害，易保持材料活力	需要熟练的操作技巧	胚珠较大、数量较少、珠心较厚的植物
酶解－解剖法	两种方法结合使用，以解剖为主，兼有酶解法的优点		在多种植物上都获得成功

使卵细胞等逸出。

（2）解剖法　此法不经酶解，单独用显微解剖技术，直接从胚珠中分离卵细胞等。主要在禾本科植物上获得成功，如大麦、玉米等。

（3）酶解－解剖法　胚珠先行酶解，再作显微解剖。该法在不少植物上分离出卵细胞、合子与中央细胞等。

综上所述，植物性细胞的分离技术通过多年的努力已取得较大的进步。在此基础上，才能将研究重点转入性细胞的培养、融合、转化等实验系统的建立，并开展相关的细胞生物学与分子生物学研究。但仍有很多空白有待填补。比如迄今分离成功的植物材料还很有限、分离的首次成功和分离技术的完善化之间往往有距离，需不断探索改进等。这些不足都严重制约着我们对植物有性生殖的认识与控制。

三、单对配子融合

目前进行体外受精技术采用与植物原生质体融合类似的方法进行人工诱导融合，例如，采用化学药剂（聚乙二醇、高 pH、高 Ca^{2+} 溶液等）、电融合法等促使精细胞与卵细胞发生融合，通过体外融合获得的融合胚胎称为人工合子。

（一）电融合

使用电融合仪将精、卵细胞进行体外融合。先对电融合仪进行设置，在设置电融合仪的各项参数时，需考虑细胞的排列参数（交流电场的电压和脉冲长度，AC）、电穿孔参数（直流电场的脉冲时间、直流电压、脉冲次数和 DC）和融合后的交流电场参数（post-fusion AC）。在每次操作融合，运行 AC 时，精、卵细胞自动进行排列；运行 DC 时，精、卵细胞在适宜条件下发生融合。同时启动录像和照相装置记录精、卵细胞的融合情况。图 10-3 示玉米精－卵细胞电融合过程。

（二）高 Ca^{2+}、高 pH 介导融合

Kranz 与 Lorz（1994）尝试了在高 Ca^{2+} 与高 pH 的条件下介导玉米精、卵融合，融合产物培养成含一个细胞的微愈伤组织。虽然其本意是探索一种能借以研究受精机制的方法，但高 Ca^{2+}、高 pH 这种化学诱导方法未必能模拟受精的自然条件，仍然带有人为强制的特点。

（三）一般 Ca^{2+} 条件下的融合

Faure 等（1994）在一般含钙介质中观察玉米配子间与配子、体细胞间的融

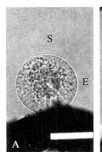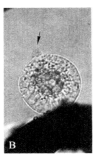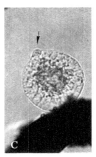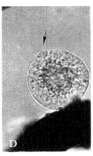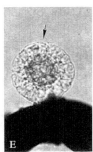

图 10-3　玉米精 – 卵细胞电融合过程

箭头指示的是精细胞和卵细胞的融合位点。应用直流脉冲后，从 A 到 E 的
时间间隔为 4 s，但在大多数实验中，这个时间间隔小于 1 s。（E 为卵细
胞，S 为精子细胞，标尺为 50 μm）

合情况，发现在高压条件下，精、卵在数分钟内粘贴，然后在瞬间融合，融合率
高，其他组合的融合率则很低甚至完全不融合，这表明雌、雄配子间确有互相识
别的能力。目前这种融合产物的发育前途尚不清楚。

（四）PEG 诱导的融合

聚乙二醇（PEG）是一种水溶性的高分子多聚体，含带负电荷的醚键，具有
轻微的负极性，可以与具有正极性基团的水、蛋白质和糖类等形成氢键，能在细
胞（原生质体）之间形成分子桥，使细胞发生粘连和融合。在高 pH、高 Ca^{2+} 处
理下，与质膜结合的分子被洗脱，导致电荷平衡失调并重新分配，其中的某些阳
电荷与另一细胞的阴电荷连接起来形成具有共同质膜的融合体。PEG 在融合过
程中起着稳定和诱导凝集作用。将其与高 pH、高 Ca^{2+} 法结合使用，能大幅度地
提高融合频率，最高可达 50%，使用较简便、经济，利用此法获得的体细胞杂种
植物已超过 100 例。

PEG 和 $CaCl_2$ 诱导的融合中性细胞的融合行为相似。以 PEG 诱导的融合为例，
可将细胞膜在融合中的动态及融合产物膜重组的方式归纳为三类（如图 10-4 示）：

（1）大小相似的两性细胞间的融合　如卵细胞与中央细胞间的融合。两细胞
始先相向压缩成一个圆，此时两细胞间的双层膜仍把两细胞的细胞质隔开。以后
膜消失，两细胞合二为一。在这类融合中两细胞的细胞膜都参与形成了融合产物
的细胞膜。

（2）大小悬殊的两性细胞间的融合　如烟草生殖细胞与卵细胞、中央细胞与
卵细胞间的融合。当紧密粘连的两细胞开始融合时，两细胞在接触点处已贯通，
小细胞质进入大细胞，这样大小细胞膜均参与形成融合体的细胞膜。

（3）小如核质体的细胞与大细胞的融合　如精细胞与卵细胞或中央细胞的融
合。这种情况下小细胞整体进入大细胞，故小细胞膜并不参与融合产物细胞膜的
形成。

四、人工合子的培养

合子培养直到 20 世纪 90 年代才有报道，但其发展最为迅速，技术最为完

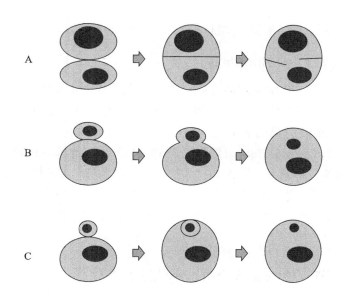

图 10-4　细胞膜在融合中的动态及融合产物膜重组的方式
A. 大小相似的两性细胞间的融合；B. 大小悬殊的两性细胞间的融合；C. 小如核质体的细胞与大细胞的融合

善，并已再生可育植株，随着培养技术的不断改进，将会有更多植物的合子培养获得成功。卵细胞离体培养的结果不理想，还需深入研究。中央细胞的培养已有了良好基础并在个别植物上取得了成功。

（一）合子培养

各种植物的合子在分离方法、培养方法、培养条件、培养时发生的细胞学变化、发育过程和发育途径等方面均有不同。目前，唯一一例离体融合产生的合子培养获得再生杂种植株是在玉米中实现的。研究表明，从离体受精到植株开花约需 100 d，形成的籽粒具有正常发育的胚和胚乳。

培养方法：目前常采用微室培养。取一滴载有合子的液体培养基，滴于盖玻片上，然后翻转盖玻片使液体培养基悬挂在盖玻片下，再置于一凹形载玻片上，最后用石蜡密封盖玻片四周。微室底部为半透膜，允许微室内部和外部的液体之间营养成分的交换，合子通过底部的微孔滤膜吸取周围饲养细胞释放的活性物质，促使发育。饲养细胞指的是未成熟的胚悬浮细胞或小胚子细胞。饲养细胞促进被饲养物生长的原因主要是增加了细胞密度，在细胞旺盛分裂或分化过程中产生维持细胞分裂生长和发育所必需的生长促进因子。

（二）卵细胞培养

卵细胞的培养相对困难，但在外力的刺激和适当的条件下，卵细胞具有不经过受精即启动胚胎发育的潜能，这将有助于在人工控制的条件下开展卵细胞的激活、分裂及孤雌生殖等相关研究。同时，作为单倍体的卵细胞，如能培养成功，可直接获得单倍体植株，将为遗传转化和作物改良提供优良的实验体系。对水稻而言，分离的卵细胞呈球形、无壁的原生质体，开花前 1~2 d 的卵细胞表现出极性分布，细胞核和细胞质位于一端，大液泡位于另一端；细胞质从中央向外周延伸，明显可见。开花当天极性消失，胞质均匀分布，外周具有多数小液泡。图

图 10-5　水稻受精前后卵细胞的分离与合子培养

10-5 示水稻受精前后卵细胞的分离与合子培养。

（三）中央细胞的培养

从水稻中分离的中央细胞多数呈球形，细胞质、细胞器、细胞核、大液泡和内含物等呈极性分布。由于中央细胞体积较大，易于分离出多个亚中央细胞，因此，分离时须细心操作。

水稻受精后的中央细胞培养 10～12 h 后，细胞质逐渐增加，小液泡增多，大液泡体积减小，培养 1～2 d 后，核分裂为多个游离核，位于细胞外周。培养 3～4 d 后，有些中央细胞分裂为 2 个细胞，胞质和核位于分裂面，细胞呈椭圆形。图 10-6 示水稻受精前后中央细胞的分离与培养。

图 10-6　水稻受精前后中央细胞的分离与培养

第三节　植物离体受精过程的动态变化

植物雌、雄配子体成功分离为性细胞的离体融合提供了有力的保障。从此，配子间的接触、融合以及受精卵的发育可在人工已知条件下进行，并可对其全部动态过程进行显微追踪观察。但也应对此系统进行正确评价，从而使研究的重点由实验系统的建立转入利用离体受精系统探讨双受精的机制方面。

一、融合过程中的细胞膜动态
1. 膜表面特点

利用膜表面特征可用于探讨诸如配子粘连、识别和融合等问题，这对研究离体受精过程中可能的配子相互作用是至关重要的。对高等植物配子膜表面特征较直接的探索是关于对膜表面糖蛋白及其他凝集素受体的分离与标记。一些实验结果表明，受精会引发卵细胞表面蛋白的重新排布等现象。

2. 融合过程中膜重组的方式

不同的体外受精系统中性细胞融合的原理不同，因而膜重组的方式也不尽相同。电融合情况下，精、卵细胞膜接触点被电脉冲击穿，精细胞质很快进入卵细胞。显然精细胞膜作为其中的一部分参与受精卵细胞膜的重组。图 10-7 示 PEG 诱导的烟草精 – 卵细胞的融合情况。

图 10-7　PEG 诱导的烟草精 – 卵细胞的融合

3. 卵细胞对多精入卵的反应

以钙诱导的玉米精、卵融合实验中，曾测试了多精入卵的可能性。结果显示，在第一次精 – 卵融合后 10～45 min 内，第二个精子不能与受精卵融合，这被解释为配子水平上存在着防止多精入卵的机制。进一步研究显示，即使在电融合或 PEG 诱导的融合中，在一定的条件下也存在着受精卵再次与精子融合的困难，只有当两个精子彼此靠得足够近时双精入卵才易成功。

二、融合过程中的细胞质动态
1. 融合对胞质活动的影响

分离后的卵细胞、中央细胞除已无外壁外，所观察到的细胞极性、胞质运动状态等细胞学重要特征与分离前基本一致。基于此，便可利用离体受精系统来测试精细胞的粘连和融合对卵细胞胞质动态的影响。精卵融合触发的一个重要生理变化是卵细胞质内的游离钙瞬间增加。在融合一段时间后，受精卵胞质内游离钙才能恢复到原初水平。进一步研究发现配子融合激活了细胞膜钙通道，使之开放，引起钙流。这种现象始自精子进入位点附近并向受精卵的其余部分扩散。这结果表明高等植物受精卵的激活很可能与动物的类似，钙信号转导系统起了至关重要的作用。但这还需在更多物种中加以验证。

2. 受精卵中的胞质重组

在体内自然受精过程中，精细胞质的传递因种而异，从已有证据来看，至少有部分被子植物的精细胞质未能进入卵细胞而在离体受精时，精细胞质则全部进入卵细胞。这为研究精细胞质在受精卵中的命运、精细胞质对卵细胞质对卵细胞激活和发育的影响，以及两性细胞质间的相互作用及亲和性提供了独特的系统。

在离体受精条件下，雌、雄配子细胞质汇合的时间进程因不同的融合方法、融合组合以及细胞状态而有所不同。

在电融合时，由于电脉冲将两配子粘连处的细胞膜击穿，精细胞质随即进入卵细胞中。但汇集一处的两性细胞质并未立刻相容而重组。当精核开始游离入卵细胞质时，周围界限逐渐模糊，直至精核本身被卵细胞质包裹而不易追踪（图 10-8），此时，可认为受精卵细胞质开始重组。

胞质重组完成的形态学特征在有大量液泡的性细胞融合时较易掌握。如卵细胞与助细胞在低渗条件下的自发融合。其重组完成的形态学标志是分别来自两个细胞的大液泡合二为一，形成新的中央大液泡。

图 10-8　电融合时的胞质重组（引自 Tian, 1997）

三、融合过程中的细胞核动态

（一）雄核在雌性细胞中的迁移

正常情况下，雌 - 雄核融合是配子融合后的必然阶段。离体受精系统为观察精核进入卵细胞或中央细胞后如何运动到细胞核与之接触并融合提供了便利。

烟草中央细胞容易分离，且因具有大液泡，精核进入后较易追踪，是较好的观察精核运动的操作系统。以 PEG 诱导精子或生殖细胞与中央细胞融合时，可发现精核有两种运动形式：

（1）精核进入中央细胞立刻向一侧滚动数微米后停止，几秒之后又突然向前运动。

（2）精核缓慢地从中央细胞内侧作向心的基本匀速缓慢运动。

这两种运动前者快速而不连续，后者连续但缓慢，都与中央细胞内细胞器状颗粒的运动相似。由此推测精核的运动可能是被动地随胞质流动而动。

（二）核融合的生活动态

为了进一步了解核融合本身需要多长时间、核融合的方式怎样、核融合的动力学机制如何等一系列核融合的生活动态，在烟草中央细胞离体受精过程中可观察到：

（1）分离后的中央细胞内各种内含物以多种形式快速运动，显示出旺盛的生活力。在显微镜下连续观察 30 min 仍可见活跃的胞质运动。说明一定时间的持续显微观察对细胞生活力没有明显影响。

（2）中央细胞离体受精过程中精核先与一个极核融合，再与另外一个极核融合。

（3）核融合过程非常快，在室温条件下，仅以秒计。

（4）整个融合过程与一般细胞的 PEG 诱导融合过程相似。

（5）在融合过程中始终可见两性核仁，证明烟草中央细胞的受精属于有丝分裂前期。

（6）人工培养条件下虽与胚囊内自然条件下有较大差异，但从核融合及胞质运动的情况看其细胞内微环境仍相对稳定。融合后的中央细胞仍可进行核的分裂。表明其自然发育规律至少在早期阶段并未因离体操作而有实质性改变。

第四节　影响离体受精成功的因素

一、离体胚珠的成活率和受精力

试管授精的成功率与胚珠的成活率有着密切关系。提高离体胚珠成活率的关键是培养基，因此要对培养基的各种成分进行详细的筛选，如基本培养基、激素种类和浓度、渗透压、pH 等。对枣树的离体授粉中发现，在合子期间或双细胞原胚期的子房培养基中加入不同浓度的椰乳，能对枣的子房的萌发起促进作用，其果实大小可超过天然果实，而且较高浓度的椰乳更适合子房生长。适宜胚珠离体培养而且成活率很高的培养基，往往不能使花粉萌发或不能使萌发后的花粉管伸长，其结果是即使撒播花粉，也不能使胚珠受精。这一特点在多数植物种中被发现。为此需同时筛选有利于花粉萌发和花粉管伸长的培养基。

二、花粉萌发和花粉管的生长速度

试管内撒播花粉后，如何保证花粉迅速发芽并且有较高的发芽率、花粉管能迅速伸长并在受精允许的时间内到达胚囊，其关键仍然是培养基。因此需对花粉萌发和花粉管伸长的适宜培养基进行筛选。培养基筛选中要注意钙和硼对促进花粉萌发和花粉管伸长的作用。

三、花粉的消毒

试管授精是在无菌条件下进行，所以花粉必须先进行消毒。常用的花粉消毒方法如下：

（1）用新鲜花蕾浸渍消毒，然后剥出花粉使用。由于花粉粘连，撒播不均匀，影响撒播质量。如若待药囊自行裂开后再用，又不能保证花粉具有高的萌发率和受精率。

（2）紫外线照射灭菌，照射时间约 15 min，但消毒效果和受精率有一定的矛盾，因此要在消毒率、发芽率、受精力三者之间筛选最适宜的照射时间。

四、母体组织的影响

柱头是某些植物受精的障碍，应切除柱头和花柱。但烟草等植物的研究表明，保留柱头或花柱有利于离体受精。此外，胎座组织对受精也十分有利，试管授精成功的大部分例子都是带胎座的胚珠（子房）材料授粉。

不同植物的柱头可授期所持续的时间从几小时到十几天不等，如水稻、棉花的柱头，可保持 1~2 d，油菜为开花后 1~3 d，第 4 d 后活力下降，约 6 d 以后失去可授性。单花期的长短、开花后的天数，以及柱头分泌物的有无等对柱头可授期及可授性均有影响。

五、生殖细胞体积的影响

在各种性细胞融合中，精子－中央细胞与生殖细胞－中央细胞的离体融合频率＞精、卵的离体融合频率＞生殖细胞－卵细胞融合频率，这说明造成这一结果不是配子识别作用，而是其他原因。一个最可能的影响因素是融合双方的细胞体积比。孙蒙祥等（1993）经一系列实验证实融合双方体积比对融合起到重要的调节作用，当融合双方体积悬殊且一方足够小时，小原生质体可一跃而入大者，速度快且效率高。但其作用机制尚不明确。可能与某些物理因素如膜表面弧度和表面张力等有关。

六、生殖细胞形态的影响

无论是经酶解或直接解剖得到的卵细胞一般都无细胞壁，即为原生质体，呈圆球形。而分离的精细胞虽无细胞壁却有两种状态：圆形和蝌蚪形。大多数精子溢出即变圆，只有少数可较长时间保持尾状结构。据报道，两种形态的精细胞在与卵细胞的融合过程中显示出了差异。圆形精细胞与卵细胞粘连后通常停滞一段时间才开始真正的细胞融合；而具尾精细胞一经与卵细胞粘连即很快完成融合，且融合成功率几乎为 100%。

七、鉴别受精的标记性状

试管内的胚珠撒播花粉后，还需要通过观察标记性状来鉴别其受精成功与否。经对受精后标记性状的研究发现，对多数植物来说寻求适宜的标记性状是极不容易的事。对于没有标记性状的植物，只能等待最后结果，因而鉴别受精与否的时间较长。如，玉米胚乳直感现象，是试管授精的优良标记性状。选用具有紫色胚乳的品种为父本，采用白色胚乳的品种为母本。受精后如 F_1 代胚乳表现紫色，证明试管授精成功。所得结果无须进行其他鉴定。目前建立单个（裸露）胚珠的培养技术尚有许多困难，特别是对受精后不久的胚珠（早球胚期）的营养需要尚不清楚。

八、精、卵融合的亲和性

自离体受精系统建立以后，人们就提出利用这一技术克服不亲和障碍，进行作物改良的设想，并希望开辟一条途径以填补传统有性杂交和体细胞杂交之间的空白。但大多杂交合子却不能存活。这表明卵细胞作为外源基因的天然受体在细胞杂交中确有其优越性，同时，在离体受精条件下进一步证实了远缘杂交在配子融合过程中的不亲和性。受精工程所能克服的应是那些以花粉－柱头或花粉－花柱相互作用为基础的不亲和障碍。

思考与讨论题

1. 植物离体受精技术能为植物育种的发展带来什么优势？
2. 思考并对比植物离体受精技术不同方法的区别及适用场景。
3. 简述植物离体受精时的细胞融合过程。
4. 影响植物离体受精成功的因素有哪些？

数字课程资源

 视频讲解　　 教学课件　　📝 自测题

第十一章

植物体细胞杂交

知识图谱

植物体细胞杂交（plant somatic hybridization）是指将植物不同种、属，甚至科间的原生质体通过人工方法诱导融合，然后进行离体培养，使其再生杂种植株的技术。植物细胞具有细胞壁，未脱壁的两个细胞很难融合，只有在脱去细胞壁成为原生质体后才能融合，所以植物的细胞融合也称为原生质体融合。近缘种内或种间的体细胞杂交具有较强的目的性，因此，在进行杂交组合选择时，应选择再生能力强、具有优良农艺性状（高产、优质、抗病、抗逆等）的野生种或近缘种，通过细胞融合将优良特性导入相应的栽培种或近缘种，创造新的育种材料或新品种。

第一节　体细胞杂交的过程及方法

一、植物体细胞杂交的过程

细胞融合主要包括以下几个主要步骤：①两细胞或原生质体相互靠近；②细胞质膜融合形成细胞桥；③细胞质渗透；④细胞核融合。其中，细胞桥的形成是细胞融合的关键。

将植物细胞 A 与植物细胞 B 用纤维素酶和果胶酶处理，得到去除细胞壁的原生质体 A 和原生质体 B，运用物理方法或化学方法诱导融合，形成杂种细胞，再利用植物细胞培养技术将杂种细胞培养成杂种植株。植物体细胞杂交是从细胞融合开始，到培育成新植物体结束。

二、体细胞杂交的方法

目前，诱导体细胞融合的方法主要有电融合法、PEG 诱导融合法、高钙高 pH 法和仙台病毒法。诱导植物原生质体融合后会产生不同的融合结果（图 11-1），包括杂种和胞质杂种。胞质杂种是指所得到的细胞杂种完全没有供体的核基因，而仅仅是转入供体的叶绿体和线粒体基因。

1. PEG 诱导融合法

作用机制：由于 PEG 分子具有轻微的负极性，故可以与具有正极性基团的

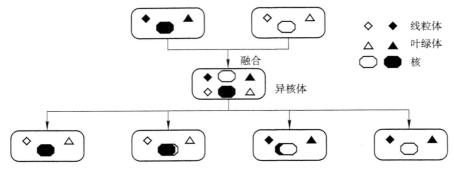

图 11-1　植物原生质体融合后会产生不同的融合结果图示

水、蛋白质和碳水化合物等形成 H 键，从而在原生质体之间形成分子桥，其结果是使原生质体发生粘连进而促使原生质体的融合；另外，PEG 能增加类脂膜的流动性，也使原生质体的核、细胞器发生融合成为可能。

特点：其优点是融合成本低，无须特殊设备；融合子产生的异核率较高；融合过程不受物种限制。其缺点是融合过程繁琐，PEG 可能对细胞有毒害。

PEG 法细胞融合步骤（图 11-2）：

（1）将两种不同亲本细胞混匀，使原生质体密度为 2×10^6 个 /mL 左右；

（2）离心沉淀，吸去上清液；

（3）加 1 mL 50%PEG 溶液，吹打，使之与细胞接触 1 min；

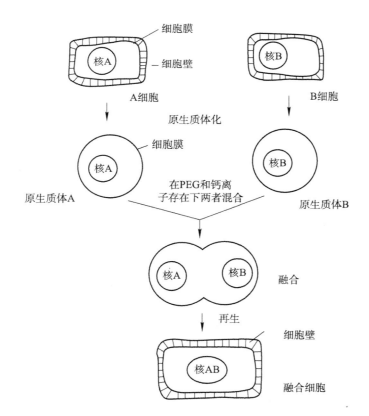

图 11-2　PEG 诱导融合法步骤示意图

（4）加 9 mL 培养液，离心沉淀，吸去上清液；

（5）加 5 mL 培养液，分别接种 5 个直径 60 mm 平皿，每个平皿加培养液至 5 mL，于 37℃的 CO_2 培养箱中培养。

（6）6~24 h 后，换成选择培养液筛选杂交细胞。

2. 电融合法

融合的基本过程：当原生质体置于电导率很低的溶液中时，电场通电后，电流即通过原生质体而不是通过溶液，其结果是原生质体在电场作用下极化而产生偶极子，从而使原生质体紧密接触排列成串。原生质体成串排列后，立即给予高频直流脉冲就可以使原生质膜击穿，从而导致两个紧密接触的细胞融合在一起。

与 PEG 诱导融合相比，电融合有三大优势：一是不存在对细胞的毒害问题；二是融合效率高；三是融合技术操作简便。

3. 仙台病毒法

仙台病毒诱导细胞融合经四个阶段：①两种细胞在一起培养，加入病毒，在 4℃条件下病毒附着在细胞膜上，并使两细胞相互凝聚；②在 37℃条件下，病毒与细胞膜发生反应，细胞膜受到破坏，此时需要 Ca^{2+} 和 Mg^{2+}，最适 pH 为 8.0~8.2；③细胞膜连接部穿通，周边连接部修复，此时需要 Ca^{2+} 和 ATP；④两种融合成巨大细胞，此时仍需要 ATP。

病毒促使细胞融合的主要步骤如图 11-3 所示：①两个原生质体或细胞在病毒黏结作用下彼此靠近；②通过病毒与原生质体或细胞膜的作用使两个细胞膜间互相渗透，胞质互相渗透；③两个原生质体的细胞核互相融合，两个细胞融为一体；④进入正常的细胞分裂途径，分裂成含有两种染色体的杂种细胞。

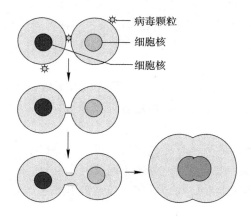

图 11-3 灭活的病毒诱导细胞融合示意图

第二节 杂种细胞的筛选与鉴定

一、杂种细胞的筛选

细胞融合处理液中含有多种类型细胞，例如，未融合的亲本细胞、同核体（同源细胞的融合体）、异核体（非同源细胞的融合体）、多核体（含有双亲不同比例核物质的融合体）、异胞质体（具有不同胞质来源的杂合细胞）、核质体（有细胞核而带有少量异种细胞质）。因此，需要通过筛选除去不需要的细胞，分离出需要的杂种细胞。

经过融合诱导因子处理以后，在合适的培养基中，融合的原生质体可再生细胞壁，经过异核体的阶段，再进行核融合和 DNA 的复制，然后开始杂交细胞的第一次分裂。一般地，只有两个异质原生质体的融合所产生的杂种细胞才是有价值的，因此首先要将这种杂种的细胞与亲本细胞区分开来，利用双亲的细胞形态和色泽的差异识别融合体是挑选杂种的一种简便办法，但是大多数挑选都基于隐性基因遗传互补的原理并配合以适当的培养条件。所以，可以利用自然存在的遗传、生理和生化上有差异的物种；也可以人工诱导具有遗传标记的突变体，如细胞核或细胞质的各类抗病、抗药、营养缺陷型突变体等，以构成一次选择或多级选择。

植物体细胞杂交一般在亲本选择时就要考虑到杂种细胞的筛选，找到合适的筛选标记。融合细胞筛选一般有两类方法，一类是根据遗传和生理生化特性的互补选择法，一类是根据可见标记性状的选择法。

1. 抗药性筛选法

利用细胞对药物敏感性差异筛选融合细胞。例如，如果亲本 A 对氨苄青霉素敏感而对卡那霉素不敏感，亲本 B 对卡那霉素敏感而对氨苄青霉素不敏感，那么融合细胞可以在含有两种抗生素的培养基上生长，而亲本细胞会死亡。

2. 营养互补筛选法

细胞在缺乏一种或几种营养成分时不能生长繁殖，即属于营养缺陷型细胞。利用两亲本细胞营养互补可以筛选融合细胞。例如，亲本 A 为苏氨酸缺陷型，亲本 B 为亮氨酸缺陷型，那么杂种细胞可以在不含苏氨酸和亮氨酸的培养基上生长，亲本则会死亡。

3. 物理特性筛选法

利用细胞在形态、大小、颜色上的差别可以在导致显微镜下用微管将融合细胞挑选出来，也可以用离心方法分离融合细胞。

4. 荧光标记法

对于形态、颜色上都不能区分的情况，可以采用发绿色荧光的异硫氰酸荧光素和发红色荧光的碱性蕊香红荧光素等不同荧光染料分别标记两个亲本细胞，融合细胞内存在两种荧光标记，可以在荧光显微镜下挑选分离。

二、杂种植物的筛选

1. 形态学鉴定

从前人的研究基础可知，多倍体植株可以通过观察植株大小、叶片形状及颜色等形态学特征鉴定其倍性。与柑橘二倍体植株相比，多倍体柑橘植株一般较矮小、枝条粗且短、叶片厚而浓绿、气孔大而密。利用'Shogun'橘和非洲樱桃橘融合组合再生材料，Takamia 等进行了多倍体后代植株与两亲本之间单位叶重的比较试验，发现四倍体单位叶重明显高于两亲本，故可根据这些特点对再生植株进行初步筛选。但由于不同品种的遗传差异，这一筛选方式的使用效率也有明显差别。在枳橙中采用形态学鉴定的方法获得了 100% 的四倍体植株，在枳中也获得了 90% 的四倍体植株，而在红橘中只获得了 14.55% 的四倍体植株。由此可见，根据形态学鉴定的方法虽然简单易行，但准确率仍有待提高，只适合初步筛选，后期仍需要其他分子或生理技术的配合才能最终确定再生植株的倍性。

2. 细胞学鉴定

较常见的细胞学鉴定方法有以下两种：

（1）染色体计数法　染色体计数法是一种效果佳且直观的检测倍性的经典细胞学实验技术。取材（一般为植株根尖、茎尖）进行压片，通过显微镜计数来确定样品倍性。这一方法能直观地看到染色体，并可准确计数，但操作步骤繁琐、耗时长，而且对操作者的制片技术要求很高，应用不便。

（2）流式细胞仪检测法　这一方法使用方便快捷，所需材料少。1998 年 Galbraith 首次使用流式细胞仪进行了倍性鉴定，之后这项技术得到了广泛的应用。但其所用仪器和药品价格较为昂贵，且不能直观检测出所测材料确切的染色体条数。

3. 核质遗传组成鉴定

核质遗传组成鉴定采用分子标记技术，它能较好地显现出 DNA 的遗传差异，并有以下优点：①种类多，效果好；②大部分标记为共显性标记，可较好地鉴别杂、纯合基因型；③取样时间不受时间、环境的限制。

通过近些年的研究，分子标记技术进入快速发展期，主要使用的分子标记有以下几种：

（1）RAPD　RAPD 是 1990 年美国 William 与 Welsh 同时提出的一种分子标记技术。这种技术以 PCR 为基础，所需要 DNA 量较少，过程简单，亦不需要使用放射性同位素，在一般的实验室即可使用。但该分子标记是显性标记，对反应条件变化敏感，不易重复。

（2）RFLP　RFLP 最开始是以 DNA 杂交技术为基础来区别不同品种、鉴定品系纯度。RFLP 技术有着可靠性高、多样性、共显性、数量性等优势，但同时也存在劣势，比如操作步骤繁琐、周期长、多态信息含量低、有种属特异性等。

（3）AFLP　AFLP 是一种新型的分子标记技术。该技术不仅有 RFLP 的可靠性，而且有 RAPD 的简便性。操作方法：PCR 扩增基因组 DNA—酶切—聚丙烯酰氨凝胶电泳技术进行分离鉴定。此标记技术有多态性强、成本低、结果稳定、信息量大且重复性强等优点。同时该技术对实验中用到的模板 DNA 的纯度要求较高。

（4）SSR　SSR 是一种较新建立的分子标记技术，该标记可在不同品种之间表现良好的多态性。相比于 RAPD 来说，有着较高的重复率和可信度，相比于 AFLP 来说，SSR 分子标记有更好的多态性，具有安全系数高、成本低等优点。因此，这项技术成为遗传标记技术的研究热点，更适用于体细胞杂种的遗传鉴定。

第三节　体细胞杂交在育种中的应用

在林木上，通过原生质体培养再生出植株最早是在 1972 年 Rona 对假挪威槭的研究中。据报道，在植物中通过原生质体培养再生成功植株总数为 46 个科 160 多个属的 360 多种（含变种和亚种），但其成果主要集中在禾本科、胡萝卜、烟草等草本植物上。草本和木本植物的原生质体培养都起步于 20 世纪 70 年代左右，40 多年来草本植物在这方面的研究一直发展迅速，而木本植物的相关研究却相对滞后。体细胞杂交技术从原生质体的获得、融合到最终所产生再生植株的结果，很大一部分依赖于原生质体培养技术的发展。因此，首先应探讨的是原生质体培养技术在林木育种中的应用。

一、影响原生质体培养的因素

（一）材料的选择

1. 材料自身的生长周期

近些年的研究表明，在草本植物方面，原生质体再生取得了非常显著的成果。茄科是最为明显的例子，其有 400 种原生质体再生方面的研究取得了一定的成绩。豆科、禾本科、菊科、十字花科、伞形科和蔷薇科的研究也令人瞩目。但是兰科却鲜有相关方面的报道。而在林木方面，20 世纪 80 年代末欧日杂种落叶松被报道通过原生质体培养再生出植株。1991 年，卫志明等利用悬铃木无菌再生苗获得原生质体，并且改良相关培养基后再生出植株。1995 年，王影等对杨树的无菌叶片进行解离后得到密度为 4×10^7 个 $\cdot$ g^{-1} 的原生质体，并且获得再生植株。而许智宏对桑树的原生质体获得后进行培养，仅 $36 \sim 48$ h 后就进行了细胞壁的再生。同一时期取得成果的还有美国鹅掌楸、檀香、榆树等。当然，在原生质体再生体系中做得较为突出的还是柑橘属的植物，其不论是利用原生质体再生出植株，还是体细胞杂交获得杂种植株，都在林木方面处于先进地位。然而，桉树属、松科、白云杉、北美红杉在 20 世纪 80 ~ 90 年代的研究中所得到的结果都不理想，以及还有大量的林木树种都未见到相关方面的报道。由此可见，利用原生质体培养技术来进行林木育种工作是一件较为困难的事情，其主要难点在于再生技术体系难以建立。

林木上原生质体再生技术体系相对草本来说较为落后，究其原因，主要有两点：一是林木为多年生植物，这使其具有相对复杂的季节性周期变化和生活史，这种特性是遗传上先天决定的，很难在林木发育中通过环境和营养手段加以调节，同时离体培养效果受林木材料的年龄效应影响较大。而一些研究人员通过将多年生的植物进行返童或幼化后，建立其相关的无性系培养就会容易得多，这一点也证明了因为多年生植物自身在进化过程中所固有的一些特点，使得其在建立原生质体再生体系时比一年或几年生的草本要难得多。二是经济利益的驱动。草本植物通常出成果较快，应用范围也较为广泛且成本相对较低，林木中有很多种类并无很大的经济效益，并且研究起来比草本困难，所以现在看来原生质体培养方面取得成果较多的为经济树种，例如苹果、柑橘等。而杨树属于模式生物，较容易研究，也还相对有较为满意的结果，至于一些本来就不易培养成功又没有相应的经济价值的树种就无相关报道了。

2. 材料的基因型

有时，即使是相同树种的材料，但由于基因型的不同，其原生质体培养后再生的结果也有很大的不同。这方面最直接的例子便是 Teullères 和 Boudet 于 1990 年对于桉树的研究，其选择了 14 种基因型不同的桉树叶片只得到了 11 种原生质体，经过培养后只有在悬浮系取材的少量原生质体保持了 1 个月的分裂能力。在芋薯的研究中，发现从原生质体培养到形成愈伤组织受 2 个独立位点的显性基因调控。柑橘属的植物，柠檬、橙类原生质体较黄岩本地早、沙田柚等易获得。但是一个树种毕竟基因型繁多，要一一识辨哪种基因型有利于原生质体培养，需要今后去验证。因此，如果能够借鉴草本植物已经做出的调控位点的研究，对林木树种也进行分子水平上的分析，相信会有一定的指导作用。

3. 材料的种类

一般说来，原生质体主要是从叶肉细胞、愈伤组织、体细胞胚以及悬浮系这几种材料里进行解离。但是，由于各种内外原因，不同的材料种类会有不同的效果。在杨树中发现淡黄、致密的颗粒状愈伤组织在短时间内容易建立起生长快、分化率高的愈伤组织细胞无性系及相关悬浮系。虽然如此，但在除了杨树的其他林木树种中胚性愈伤组织培养仍然具有一定的难度和不便，所以目前在林木树种上更为广泛的常用方法还是以叶肉原生质体为材料通过培养获得再生植株。然而即使如此，不论从哪种方式获得林木上的再生苗都属不易，直接采集外植体上的叶片又无法避免老化作用在原生质体再生上所起的抑制作用。这样就加大了林木原生质体获得的难度。尽管如此，近些年来，通过无菌苗叶片来获得原生质体的报道也还是屡见不鲜。卫志明等以 2 个月悬铃木无菌苗为材料，利用其充分伸展的叶片经解离纯化处理后获得了活力为 95.4% 的大量原生质体。对于柑橘，偏向于叶肉细胞的取材，但是其叶片大多数也是从胚性愈伤组织再生的植株上获得的；而小叶杨、苹果等有从直接胚性愈伤组织或是悬浮系中获得原生质体的报道。

（二）解离条件的影响

分离细胞壁的方法可分为机械分离法和酶解分离法。机械分离现在应用较少，Davey 等的研究表明，机械分离法只能够得到较少原生质体，不能用于大量研究，具有很大的局限性。酶解分离是目前获得原生质体的主要方法。本章主要以酶解离作为林木原生质体获得的方法进行讨论。

1. 预处理

在林木原生质体培养的研究中，一些学者发现在酶解处理前对材料进行一定的预处理会产生不错的结果。研究表明，在杂种杨叶片酶解之前，将样品放入预处理液中预处理 3～5 s，可提高分裂频率。卫志明将材料放入含 12% 的 CPW 中，使得细胞质壁分离，缩短了酶解时间。但是，柑橘的试管苗叶片并不需要预处理就可以直接解离得到原生质体。这对草本植物也比较适用，有报道称对酶解前的草莓试管苗的叶片暗处理 1 周会大大提升原生质体的得率。因此，材料是否需要预处理需要在具体过程中进行探讨和摸索。

2. 酶液处理

在酶液处理方面，主要影响原生质体获得率的是细胞壁厚度、pH、酶液浓度、渗透压以及酶解时间等。不同的树种，酶液的种类、浓度、时长等都不同。Kamlesh Kanwar 等的研究证明，利用 2.0% 纤维素酶和 1.0% 离析酶的混合酶液对刺槐愈伤组织进行酶解处理，可以在每克愈伤组织中获得 3.2×10^5 个原生质体细胞，其存活率在 80% 以上。对于胡杨、"南林 985 杨" 等杨属植物的解离可得到高达 9.5×10^6 个 $\cdot$ g^{-1} 的原生质体，且活率都在 90% 以上。这方面，只要探讨出合适的条件，获得较高存活率的原生质体还是比较容易的，草本和林木之间差异一般也不会特别大。例如，清水野生紫花苜蓿的紫叶下胚轴胚性愈伤组织进行一定浓度的酶解后原生质体产量为 14.45×10^5 个 $\cdot$ g^{-1}，其存活率为 87.3%。

（三）培养基的选择及培养方法

原生质体获得之后的培养是原生质体培养体细胞杂交技术的核心。因为，无论前期的工作进行得如何完美，最后的目的都是期望能够再生植株。在林木的原生质体培养的方面，通过研究发现，MS、WPM、KM8P 是经常使用的三种培养基，这与草本植物的培养基基本一致。但如果要对某一种特定的树种进行培育，研究者就会对前培养基进行修改，最终成为最适培养基。如 Grosser 将 MT 培养基调整为 BH3 后成为柑橘最适培养基，而 KM8P 调整为 V-KM 后成为最广泛应用的培养基。

培养方法主要有固体平板培养、液体培养、固液双层培养和共培养。这几种方法各有利弊。固体平板培养便于观察但生长缓慢；液体培养操作简便，易于照相，但不容易进行单细胞观察；固液双层培养使用最广泛，较难培养成功的种类可以使用此方法；共培养则要求两种原生质体培养条件一致但有一快一慢的生长速度。对于林木原生质体的培养来说，利用液体浅层培养的方法较易取得成功，如悬铃木、泡桐、杨树等。

二、体细胞杂交的应用前景

原生质体培养技术是体细胞杂交在林木育种中成功应用的前提，而通过体细胞杂交技术获得所需的植株是原生质体培养在林木育种里所想达到的目的之一。所以，其两者密不可分。

根据郭学民等 2005 年的调查显示，至 2003 年初，已获得木本植物近 100 个组合的体细胞杂种。自 Ohgawara 等获得首例柑橘属间体细胞杂种以来，全世界共获得近 250 例柑橘体细胞杂种，中国获得 40 余例。杨树方面获得了杂种细胞的愈伤组织。肖尊安等首次利用 PEG 法对中华猕猴桃种内及其与美味猕猴桃种间进行了体细胞杂交研究，并成功获得了杂种植株。通过以从中华猕猴桃愈伤组织获得的原生质体和从狗枣猕猴桃叶肉中获得的原生质体为材料，进行了体细胞融合，并获得了再生植株，随后的植株耐寒性试验结果表明这种杂种植株的耐寒性明显高于中华猕猴桃。其他林木方面仍未见体细胞杂交的相关报道。与之相比，在草本植物的体细胞杂交研究方面，Melechers 等早在 1978 年就已经通过该技术创制了番茄和土豆的杂种，并进一步成功再生获得了具有双方亲本性状的杂种植株，而木本植物仍然停留在属内杂交，且效果不如草本的理想。造成这种现状的原因除了林木原生质体培养再生技术的不成熟外，可能还受到融合方法和融合方式的影响。

思考与讨论题

1. 植物体细胞杂交有哪几种方式？
2. 植物体细胞杂交最关键的步骤是什么？有什么作用？
3. 植物原生质体融合有何利用价值？

数字课程资源

 视频讲解　　 教学课件　　 自测题

第十二章
转基因植物

知识图谱

　　随着生命科学的迅猛发展，人类社会将逐步进入色彩缤纷的"生物时代"。现代转基因技术，是生物技术的核心，引领着生物技术的发展方向。转基因植物就是利用转基因技术通过 DNA 重组操作，人为地在体外对生物体的基因进行剪切、修饰、改变和转移，实现基因克隆、基因转移、基因编辑，从而获得高产、优质、抗病虫、抗除草剂、环境抗性等良好性状的新品种来满足人类需求。因此，人们要合理利用转基因植物及其技术，扬长避短，满足人类所需的同时确保其在环境与食品方面的安全性。

第一节　植物转基因技术

一、生物技术与转基因植物

（一）生物技术

　　生物技术（biotechnology）是以基因工程为核心的一个新兴独立的技术领域，在解决能源匮乏、环境污染、生态平衡破坏及其生物物种消亡等一系列重大问题上发挥着十分显著的作用。生物技术的创立和发展是基于 20 世纪下半叶生命科学领域脱氧核糖核酸（DNA）双螺旋模型的建立和 DNA 体外重组的成功。在此基础上，1973 年加利福尼亚大学旧金山分校 Herber Boyer 教授和斯坦福大学 Stanley Cohen 教授将大肠杆菌（*E. coli*）抗四环素质粒和抗卡那霉素质粒体外重组后再转化 *E. coli* 受体，获得双亲质粒遗传信息的表达。这是人类历史上第一次有目的地进行基因重组的成功尝试。从此人类跨入了基因工程时代，人们可以按照自己的意愿从 DNA 水平上来改造生物体，进而改造整个自然界。生物技术是科学家为阐明生命活动本质而不断提出新理论体系的重要研究手段，更是解决和提高人类生活水平的有效途径。

（二）转基因生物

　　随着生物技术的发展，人们可以按照自己的意愿在更大范围内改造现有生物体或创造新的生命。人们将通过重组 DNA 技术产生的生物体称为遗传改良生物（genetically modified organism，GMO，也有"遗传修饰生物"之说）。关于转基因生物（transgenic organism）的概念大致归纳为两种：第一种定义，利用基因工程技术改变有机体基因组构成而获得的生物称为转基因生物。这种定义的转基因生物被"转"入的基因可以来自同种或不同种生物，经过人工改造重组后采用基因工程手段导入受体细胞，使基因在受体细胞内整合、表达，并能通过无性或有性增殖过程，将外源基因遗传给后代，由此获得的基因改良生物称为转基因生物。第二种定义的转基因生物是指：被"转"入的基因是来源于不同的生物或人工合成的新基因，常含有至少一种非近源物种的遗传基因，如其他木本植物、病毒、细菌、动物甚至人类的基因，不包括同种生物的或自身的基因，并且也经过人工重组，同样可用载体，也可不用载体。以上两种关于转基因生物的定义均不包括外源总 DNA 直接导入法获得的遗传改良生物，因为其 DNA 没有经过人工重组，所以这种方法获得的生物不应列入转基因生物。一谈到转基因生物往往与生物安全相联系，由于完全来自同种生物的或自身的 DNA 如果去除一（或多）个基因或改变一（或多）个基因后，再"转"回该生物体中，没有增加新的外来基因。如果后代不含外来载体、启动子、终止子等，也不宜把获得的这类生物体列入转基因生物，因为所获得的新生物体就如自然界发生突变产生的生物体一样，可考虑有相同的生物安全性。因此第二种定义对转基因生物的描述更确切、更现实。若转基因的受体为植物，则这种基因改良体被称为转基因植物（transgenic plant 或 genetically modified plant，GMP）。若受体植物为农作物，则这种基因改良作物类型称为转基因作物（transgenic crop 或 genetically modified crop，GMC）。这样的界定区别于传统育种技术所培育的某一性状或主要农艺性状改良的各种植物（品种）。由转基因生物生产的供人类食用的产品称为转基因食品（transgenic food）或基因改良食品（genetically modified food，GM food）。如今，人们已利用农杆菌介导法、基因枪法和花粉管通道法等转基因技术培育出众多的转基因植物。

二、国内外转基因发展概况

植物基因工程的研究始于 20 世纪 70 年代。世界上首例转基因植物的种植成功于 1983 年，这一标志性项目在美国成功诞生。自 1983 年以来，以基因工程技术为核心的现代生物技术发展迅速，随着植物基因工程技术的不断发展和日趋完善，转基因改良农作物已进行商业化。1996 年，使用生物技术育种的农作物约 430 万 hm²。种植转基因作物而受益的农民人数从 2000 年开始的 350 万，仅用一年的时间，至 2001 年就增加到 550 万。2001 年中，种植转基因作物而受益的农民中超过 3/4 的是在资源匮乏的地区。根据相关报告，就在 2006 年间，全球种植的转基因作物达到了 1.02 亿公顷，共增长了 1 200 多万公顷，增长率高达 13%。其中，一些工业化较为发达的国家转基因作物种植面积的增长仅为 9%，而发展中国家增加了 700 万公顷的转基因作物，增长率为 21%，远高于工业发达的国家。种植转基因作物的农户从 2005 年的 850 万户增长到 1 030 万户，首次出现了超过 1 000 万户的农户在从事转基因作物的种植。据国际农业生物技术应用服务组织（ISAAA）估计，转基因作物在未来10年的商业化进程中，运用"基因叠加"的方法，同时大力发展具有农艺学、改善品质和抗性以及其他重要特征的农作物的种植，在未来的几年里，转基因作物的种植面积将会持续增长，预计到2025年，全球将会有40多个国家的2 000多万农户从事转基因作物的种植，地球上将会出现有2亿公顷的土地用于种植转基因作物。

20世纪90年代初我国开始研究转基因技术，虽然目前我国已经掌握转基因技术的主要技术环节，但在研究的广度和深度上，与发达国家相比还存在一定差距。我国人多地少，耕地面积递减的趋势难以逆转，农业资源短缺，生态环境脆弱，重大病虫害多发频发，干旱、高温、冷害等极端天气条件时有发生，农药、化肥过度使用，农业用水供需矛盾突出。推进转基因技术研究与应用，既是着眼于未来国际竞争和产业分工的必然选择，也是保证我国粮食安全、生态安全和农业可持续发展的重要途径。

目前，我国植物转基因的研究和利用主要集中在农业和药用蛋白的研究、应用方面，生物制剂的市场潜力也是非常可观的。国内一些科学家已取得了令人瞩目的研究成果，如利用转基因玉米生产植酸酶，在加工成动物饲料添加剂后，可有效降低家畜排泄物中的磷含量，这对降低水污染和保护生态环境很有意义。

第二节　植物基因转化方法

植物基因工程是以植物材料为转化对象，运用重组DNA技术将外源目的基因导入受体植物基因组中，最终获得包含外源目的基因并稳定遗传的新植物类型。本章主要介绍通过外源目的基因导入受体植物基因组进而获得转基因再生植株即植物基因转化（gene transformation）的方法。

一、植物基因转化的受体

随着众多类型的植物离体培养技术的完善，转基因受体系统有了很大的选择范围。常见的受体材料有以下几种。

1. 原生质体

原生质体是细胞壁以内各种结构的总称，也是组成细胞的一个形态结构单位，细胞中各种代谢活动均在此进行。植物原生质体具有全能性，可在适宜的培养条件下再分化成新的植株。特点：①易接受外源DNA，转化率较高；②取材广，多种外植体都可经组织培养诱导产生愈伤组织，可应用于多种植物基因转化；③愈伤组织可继代扩繁，因而转化愈伤组织可培养获得大量的转化植株；④嵌合体比例高，增加了转基因再生植株筛选的难度；⑤愈伤组织所形成的再生株无性系变异较大，转化的目的基因遗传稳定性较差。

2. 愈伤组织

愈伤组织是指植物体受到创伤后，伤口表面新生的组织。这些组织由薄壁细胞组成，具有细胞分裂快、结构疏松、颜色浅而透明等特点。在适宜的条件下，愈伤组织可进行再分化，进而产生植物体的各种器官和组织，最后发育成一棵完整的植株。特点：①形成嵌合体较多；②再生植物无性系变异较大。

3. 胚状体

胚状体是指离体培养条件下，没有经过受精过程，但是经过了胚胎发育过程所形成的胚状类似物，称为体细胞胚或胚状体。

4. 直接分化芽

直接分化芽是指外植体细胞经过培养越过愈伤组织阶段直接分化形成的不定芽。现已建立了一些植物由叶片、幼茎、小叶、胚轴和茎尖分生组织以及一些营养变态器官等外植体诱导形成直接分化芽的再生体系。直接分化芽受体系统的特点：①周期短，操作简单；②体细胞无性系变异小，容易维持受体植株的遗传转化；③转化外源基因能稳定遗传；④产生的嵌合体较多；⑤外植体直接分化出芽较难。

由上述可见，受体系统的建立主要依赖于植物细胞及组织培养技术。在具体从事某一项基因转化时，应根据植物种类、目的基因载体系统和导入基因方法等因素，选择和优化受体系统，以确保获得较高的转化效率。

二、农杆菌介导的植物基因转化技术

常见的用于植物转基因的农杆菌为：根癌农杆菌（*Agrobacterium tumefaciens*）和发根农杆菌（*A. rhizogenes*），均是革兰氏阴性菌。

（一）Ti 质粒的功能与结构

根癌农杆菌中存在着一种特殊的质粒，即 Ti 质粒（tumor inducing plasmid）。Ti 质粒的部分 DNA 可以与宿主植物基因组整合并一起进行遗传和表达。由于整合之后植物基因组的 Ti 质粒 DNA 片段携带有生长素、细胞分裂素和合成冠瘿碱等相关基因，从而使被根癌农杆菌侵染过的植物组织产生冠瘿瘤，并大量合成冠瘿碱。冠瘿碱反过来又可以促进根癌农杆菌的繁殖和 Ti 质粒的转移，从而扩大侵染范围。这是自然界存在的天然植物基因转化系统，因此，应用 Ti 质粒介导基因转化系统的研究引起了人们的极大关注，且已取得了广泛的成功。

1. Ti 质粒的功能

Ti 质粒是根癌农杆菌细胞核外存在的长约 200 kb 的环状双链 DNA，分子量为（90~150）×10^6。在温度低于 30℃的条件下，Ti 质粒可稳定地存在于根癌农杆菌细胞内。

Ti 质粒不仅可以诱导受侵染的植物组织产生冠瘿瘤，还有助于根癌农杆菌附着于植物细胞壁上；有助于根癌农杆菌分解代谢冠瘿碱；可以决定根癌农杆菌的寄主植物范围；决定所诱导的冠瘿瘤形态和冠瘿碱的成分；参与寄主细胞合成植物激素吲哚乙酸和一些细胞分裂素的代谢活动。

2. Ti 质粒的结构

Ti 质粒上有两个主要区域：即 T-DNA 区和 Vir 区，另外，Ti 质粒上还具有质粒复制起始位点和冠瘿碱分解代谢酶基因位点（图 12-1）。

（1）T-DNA 区　T-DNA 区（T-DNA region），长度 12~24 kb。T-DNA 区是可整合到植物基因组中的 DNA 片段，区域内有三套基因，还有左边界（left

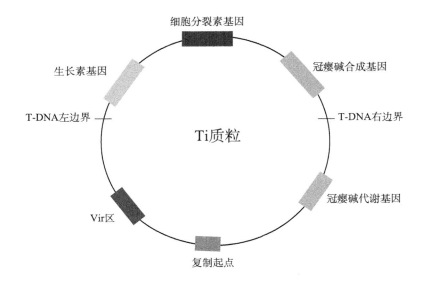

细胞分裂素基因

冠瘿碱合成基因

生长素基因

T-DNA左边界 —

Ti质粒

— T-DNA右边界

冠瘿碱代谢基因

Vir区

复制起点

图 12-1　Ti 质粒结构示意图

border，LB）和右边界（right border，RB）。其中两套基因分别控制合成植物生长素与分裂素，促使植物创伤组织无限制地生长与分裂，形成冠瘿瘤，瘿瘤亦是在冠瘿瘤细胞内合成并分泌出来的，提供根癌农杆菌生长所需的碳源和氮源。第三套基因合成冠瘿碱，冠瘿碱有四种类型：章鱼碱、胭脂碱、农杆碱、琥珀碱，是农杆菌生长必需的物质。

（2）Vir 区　　Vir 区（Vir-region），即毒性区，又称致瘤区域，其长度约为 35 kb。它控制根癌农杆菌附着于植物细胞和 Ti 质粒进入细胞的有关部位，与感染后冠瘿瘤形成有关。Vir 基因的表达控制着 T-DNA 的转移。

（二）Ti 质粒载体系统

1. 共整合载体系统

共整合载体（co-integrated vector）是由一个缺失了 T-DNA 上的肿瘤诱导基因的 Ti 质粒与一个中间载体（intermediate vector）组成（图 12-2）。中间载体是一种在普通大肠杆菌的克隆载体中插入了一段合适的 T-DNA 片段而构成的小型质粒。由于中间载体和经过修饰的 Ti 质粒均带一段同源的 T-DNA 片段，当带有外源目的基因的中间载体进入根癌农杆菌后，通过同源重组，就可与修饰过的 Ti 质粒整合从而形成共整合质粒（载体）。共整合载体在大肠杆菌和根癌农杆菌细胞中均能扩增。根癌农杆菌侵染植物细胞后，在来自修饰过的 Ti 质粒 Vir 区基因表达产物的作用下，该载体上的外源基因及相关表达元件整合进植物核基因组，从而实现植物基因转化。

2. 双元载体系统

双元载体系统（binary Ti vector system）是指由两个彼此相容的 Ti 质粒组成的双元载体系统。其中一个是含有 T-DNA 转移所必需的 Vir 区段的质粒称为辅助质粒（helper plasmid），它缺失或部分缺失 T-DNA 序列。另一个则是含有 T-DNA 区段的寄主范围广泛的 DNA 转移载体质粒。后面这种含有 T-DNA 的质粒，既有大肠杆菌复制起始位点，又有农杆菌复制起始位点，实际上是一种大肠

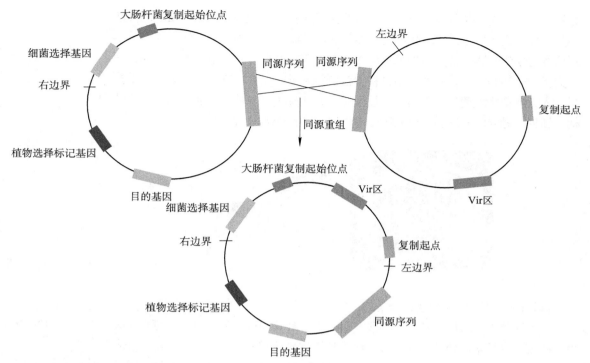

图 12-2 共整合载体与农杆菌质粒重组过程

杆菌－农杆菌穿梭质粒。按标准 DNA 操作方法可将任何期望的目的基因插入该质粒的 T-DNA 区段上，从而构成克隆载体。这两种质粒在单独存在的情况下，均不能诱导植物产生冠瘿瘤，若根癌农杆菌细胞内同时存在这两种质粒，便可获得正常诱导肿瘤的能力。因此，含有双元载体的根癌农杆菌细胞侵染植物时，就可将含有外源目的基因的 T-DNA 整合进植物染色体中。

双元载体系统与共合载体系统之间存在着一些差异：①双元载体不需经过两个质粒的共整合过程，因此构建操作步骤较简单；②双元载体系统中的穿梭质粒分子小（10 kb），且在农杆菌寄主中可大量复制，其质粒拷贝数增加 10～100 倍，有利于直接进行体外遗传操作；③双元载体系统的两个质粒接合的频率比共整合载体系统的重组率至少高 4 倍，因此，双元载体构建频率较高，在外源基因的植物转化效率方面也高于共整合载体；④由于根癌农杆菌感染的寄主范围是由 *vir* 基因及染色体上的基因决定的，因此，使用双元载体系统便于根据受体材料的来源不同选择适宜的辅助系统。

（三）Ti 质粒介导的遗传转化方法

现已建立了多种农杆菌 Ti 质粒介导的植物基因转化方法，其基本程序包括：含重组 Ti 质粒的工程菌的培养及转化，选择合适的外植体，工程菌与外植体共培养，外植体脱菌及筛选培养，转化植株再生等步骤。

1. 叶盘转化法

叶盘转化法（leaf disc transformation），它是一种简单易行和应用广泛的转化方法。将实验材料如杨树的叶片，沿叶片主脉用打孔器取下直径为 6 mm 的圆形小片，即叶盘（图 12-3）。叶盘法对那些能被根癌农杆菌感染，并能从离体叶盘形成的愈伤组织再生形成植株的各种植物都适用。这种方法有很高的重复性，便于大量常规地培养转化植物。用这种方法所得到的转化体，其外源基因大多单拷贝插入，能稳定地遗传和表达，并按孟德尔方式分离。多种外植体，如茎段、叶柄、胚轴及悬浮培养细胞、萌发种子等均可用类似的方法进行转化。

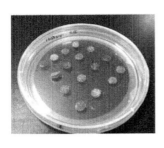 

图 12-3　叶盘叶片和打孔器

具体操作方法如下（图 12-4）：

（1）受体材料选择　叶片、茎段、胚轴、子叶等均可做受体材料。可直接采用无菌苗，也可采用外植体材料。若选用外植体材料需先做消毒处理。消毒步骤为：先用蒸馏水冲洗 1～3 次，再用 70% 乙醇洗 30 s，然后用 0.1% 次氯酸钠浸泡 6～8 min，用无菌水再冲洗 5 次，以便洗掉残留的消毒液，最后用无菌滤纸吸干多余水分。

图 12-4　杨树叶盘转化法的基本流程

（2）受体材料预处理　将无菌叶片打孔或制造伤口。胚轴、茎可切成 0.5～1 cm 长的切段。叶片可打孔或切成 0.5 cm × 0.5 cm 大小。受体材料置于愈伤组织诱导或分化培养基上进行预培养 2～3 d 后可进行侵染。

（3）目的菌株培养　①从平板上挑取单菌落，接种到 20 mL 附加相应抗生素的细菌液体培养基（pH 7.0）中。常用的有 LB 培养基和 YEB 培养基。② 27℃ 条件下，180 r · min^{-1} 恒温摇床上培养至 OD$_{600}$ 为 0.6～0.8，一般过夜培养即可。③取 OD$_{600}$ 为 0.6～0.8 的农杆菌菌液，按 1%～2% 比例，转入新配制的无抗生素的细菌培养液体培养基中，27℃ 条件下，180 r · min^{-1} 恒温摇床上培养 6 h 左右，OD$_{600}$ = 0.2～0.5 时即可用于转化，或同时加入 100～500 μmol · L^{-1} 的乙酰丁香酮。

（4）侵染　均在无菌条件下操作。将根癌农杆菌菌液进行离心，离心后用悬浮液进行悬浮。从培养瓶中取出预培养过的外植体，放入悬浮液中，浸泡 10～15 min（不同材料处理时间不同）。取出外植体置于无菌滤纸上吸去受体材料上多余的菌液。

（5）共培养　将侵染过的受体材料转移至共培养培养基上，28℃黑暗倒置培养 2～4 d（共培养时间因植物不同而异）。

（6）选择培养　将经过共培养的外植体转移到筛选培养基上，25～28℃光下培养 2～3 周。受体材料将分化出不定芽或产生抗性愈伤组织。筛选培养基中加有抗生素（如卡那霉素）杀死未转化细胞和羧苄青霉素或头孢霉素抑制农杆菌生长。

（7）继代与生根培养　将前一步筛选培养所获得的抗性材料（愈伤组织或幼

芽）再次转入相应的选择培养基中进行继代扩繁培养。一段时间后转入分化培养基中令其生长或诱导分化。当分化的不定芽长到 1 cm 以上时，切下并插入含有选择压的生根培养基上进行生根培养。一周左右即可长出不定根。

（8）抗性再生幼苗的移植　待抗性再生幼苗根系发达后，从培养基中取出植株，用无菌水冲洗干净，移入消过毒的土壤。开始 1~2 周可用罩子罩住幼株，防止水分蒸发，保持较高湿度。此后逐渐降低湿度至与正常温室条件一致，在温室中继续培养。

2. 原生质体共培养转化法

以原生质体为受体材料，将根癌农杆菌与原生质体在一定条件下作短暂的共培养。应用此法进行基因转化时，先决条件是要建立良好的原生质培养和再生植株技术体系。

3. 整株感染法

整株感染法是用根癌农杆菌直接感染植物的一种简单易行的方法。用除去致瘤基因的农杆菌直接感染生长植物叶片或嫩芽顶端的伤口，激素诱导枝条分蘖后，枝条可转化植株。在拟南芥中，将根癌农杆菌涂于植株腋芽处，可长出转化的新枝条，无须组织培养等复杂操作。在不易转化的木本植物中也经常用到此方法。应用此法时，应选用生活力及感染力较强的菌株。

（四）发根农杆菌 Ri 质粒介导的基因转化

Ri 质粒和 Ti 质粒不仅结构、特点相似，而且具有相同的寄主范围和相似的转化机制。Ri 质粒也有 T-DNA 和 Vir 区，且有较高的同源性。Ri 质粒 T-DNA 上也存在冠瘿碱合成基因，且这些合成基因只能在被侵染的真核细胞中表达。与 Ti 质粒的 T-DNA 不同的是，Ri 质粒的 T-DNA 上的基因不影响植株再生，因此野生型的 Ri 质粒直接可以用作转化载体。

Ri 质粒载体有以下特点：①发根的形成为转化体的识别和筛选提供了方便；②发根的单细胞克隆性质可避免出现嵌合体；③ Ri 质粒的 T-DNA 转化产生的根较易经体外培养获得再生植株。

与 Ti 质粒介导的转化方法基本相同，包括以下几个步骤：①发根农杆菌的纯化培养；②外植体材料的选取及预培养；③接种与共培养；④诱导发根的分离与培养；⑤转化体的筛选及转化体毛状根的植株再生培养。

与根癌农杆菌不同，发根农杆菌从植物伤口入侵后，不能诱发植物细胞产生冠瘿瘤，而是诱发植物细胞产生许多不定根，这些不定根生长迅速，不断分枝成毛状，称之为毛状根或发状根（hairy root）。发状根的形成是由存在于发根农杆菌细胞中的 Ri 质粒（root-inducing plasmid）所决定的。不少研究表明，Ri 质粒诱导植物产生的发状根实际上是单个转化细胞的克隆体，这极有利于 Ri 质粒介导的转化体及其再生植株的筛选和分离。图 12-5 示发根农杆菌转化光皮桦。

图 12-5　发根农杆菌转化光皮桦诱导发根

三、DNA 直接导入的基因转化技术

DNA 直接导入的转化是将特殊处理的外源目的基因直接导入植物细胞，实现基因转化的技术，又称为无载体介导转化。此方法为不易通过农杆菌介导转

化的植物提供了外源基因导入的有效途径。根据 DNA 直接导入的原理可分为化学法和物理法两类。化学法诱导 DNA 直接转化是以原生质体为受体，借助于特定的化学物质诱导 DNA 直接导入植物细胞的方法。目前主要有两种具体方法：PEG 法和脂质体法。物理法诱导 DNA 直接转化是基于许多物理因素对细胞膜的影响，或通过机械损伤直接将外源 DNA 导入细胞，原生质体、细胞、组织及器官均可用作受体。因此比化学法更具有广泛性和实用性。常用的物理方法有电击法、超声波法、激光微束法、微针注射法和基因枪法等。

（一）聚乙二醇介导的基因转化

聚乙二醇（PEG）是一种细胞融合剂，促使细胞相互接触和粘连，即具有细胞黏合作用。PEG 还可引起细胞膜表面电荷的紊乱，干扰细胞间的识别，因而能促进原生质体融合和改变细胞膜的通透性，并且在与二价阳离子的共同作用下，使外源 DNA 形成沉淀，这种 DNA 沉淀能被植物原生质体主动吸收，从而实现外源 DNA 进入受体细胞。特点是操作简单、成本低，嵌合比率低，转化效率低。

（二）脂质体介导法

脂质体（liposome）是根据生物膜的结构和功能特性，人工用脂类化合物合成的双层膜囊。用它包装外源 DNA 分子或 RNA 分子，导入原生质体或细胞，以实现遗传转化的目的，即为脂质体介导法。有两种具体方法：其一是脂质体融合法（liposome fusion method），先将脂质体与原生质体共培养，使脂质体与原生质体膜融合，而后通过细胞的内吞作用把脂质体内的外源 DNA 或 RNA 分子高效地纳入植物的原生质体。其二是脂质体注射法（liposome injection method），通过显微注射把含有遗传物质的脂质体注射到植物细胞以获得转化。

脂质体介导法具有多方面优点，包括可保护 DNA 在导入细胞之前免受核酸酶的降解作用，降低对细胞的毒性效应。适用的植物种类广泛，重复性高，包装在脂质体内的 DNA 或 RNA 分子可稳定地贮藏等。

（三）电穿孔法

电穿孔法（electroporation）是利用高压电脉冲作用，使原生质膜的结构改变并形成可逆性的开闭通道，从而使原生质体易吸收外源 DNA。优点：操作简便，特别是适用于瞬间表达研究。缺点：原生质体培养困难，加上电穿孔易造成原生质体损伤，其再生率降低。

（四）基因枪法

基因枪（gene gun）法又称粒子枪法、微弹轰击法、粒子加速法、生物炸弹法或生物弹击法等。它是利用高速运动的金属微粒将附着于表面的核酸分子一起带入到受体细胞中的一种遗传物质导入技术。在此过程中，携带有目的基因的质粒 DNA 首先黏附在微弹（钨粉、金粉等）表面，结合有 DNA 分子的微弹经加速而获得足够的动量，进而穿透植物细胞壁进入靶细胞。外源 DNA 分子也就随

图 12-6　基因枪及用品

之导入细胞，并随机整合到寄主的基因组内。

　　基因枪法的受体不受限制。实验操作简单易行，具有相当广泛的应用范围，已成为研究植物细胞转化和培育转基因植物的最有效手段之一。与农杆菌介导法相比，基因枪法转化率低，易形成嵌合体，转化成本高。

四、花粉管通道法介导的基因转化技术

　　利用花粉管通道，将外源总体 DNA 或外源基因在自花授粉前后的适当时期导入胚囊，转化尚不具备正常细胞的卵、合子或早期胚胎细胞。这种导入外源 DNA 的方法称为花粉管通道（pollen-tube pathway）法。特点：①转化的 DNA 可以是裸露的，也可以是重组在质粒上的，也可以是总 DNA 或某些 DNA 片段；②此法是在植物整体水平上的转化，不需细胞分离、组织培养和再生植株复杂技术；③方法简便易行，并与常规育种紧密结合。图 12-7 示花粉管通道法介导的基因转化技术。

　　花粉管通道法已广泛应用在植物遗传转化及作物育种中，尽管还存在着重复性差、成株转化率低及外源 DNA 整合机制不清等问题，但相信随着研究的深入，花粉管通道法的技术体系和相关理论将更加完善，更广泛地应用于植物的遗传改良和基因转化研究。

图 12-7　花粉管通道法介导的基因转化技术示意图

第三节　转基因植物的筛选和鉴定

　　通过转化技术获得的植株需要进行筛选和鉴定，这是植物基因工程的重要环节，也是转基因植物管理及环境安全评估最基础的工作。具体筛选和鉴定方法如下：

一、基于报告基因 / 选择标记基因的转基因植物的筛选和鉴定

　　植物基因工程中所构建的表达载体里除了目的基因还含有供选择用的标记基因或报告基因。通过遗传转化，所有这些表达载体上的插入基因序列一同整合到受体植物染色体基因组中。因此，通过检测标记基因或报告基因存在状态就可对转基因植株作出快速鉴定。

（一）选择标记基因

　　选择标记基因（selective marker gene）的特点：①编码一种不存在于正常植物细胞中的酶；②基因较小，易构成嵌合基因；③能在转化体中得到充分表达；④容易检测，并能定量分析。

选择标记基因的主要功能是该基因的产物给予植物细胞一种选择压力，致使未转化细胞在施用选择剂条件下不能生长、发育与分化。而转化细胞对该选择剂产生抗性，不影响其生长等，从而将转化细胞及植株选择出来。

常用的选择标记基因主要有两大类。一类编码抗生素的抗性基因，例如，新霉素磷酸转移酶基因 *npt*Ⅱ（具有对卡那霉素、G418 及新霉素的抗性）、潮霉素磷酸转移酶基因 *hpt*（具有对潮霉素 B 的抗性）和二氢叶酸还原酶基因 *dhfr*（具有对氨甲蝶呤的抗性）。另一类编码除草剂抗性基因，例如，草丁膦乙酰转移酶基因 *bar*（具有对草丁膦和双丙氨膦的抗性）、突变型 5- 烯醇丙酮酰草酸 -3- 磷酸合成酶（5-enolphyruvyl shikimate-3-phosphate synthase）基因 *epsps*（具有草甘膦抗性）。

图 12-8　植物卡那霉素抗性筛选
A. 诱导愈伤；B. 诱导生根；C. 生根植株

（二）报告基因

植物基因工程中，常采用另一类标记基因来检测转化的目的基因是否在受体植物细胞组织中得到表达，它们能起到报告的作用，故又称报告基因（reporter gene）。理想的植物报告基因应具备以下特征：①编码的产物是唯一的，并对宿主植物细胞无毒性；②表达产物及产物的类似功能在未转化的植物细胞内不存在；③产物表达水平稳定；④便于检测。

应用较为广泛的报告基因是 *GUS* 基因（β- 葡糖甘酸酶基因），可与 5- 溴 -4- 氯 -3 吲 哚 -β -D 葡 糖 甘 酸 酯（5-bromo-4-chloro-3-indole-β-D-glucopyranoside，简写 X-Glu）底物发生作用，产生蓝色沉淀反应，既可以用分光光度计法测定，又可以直接观察到在植物组织沉淀形成的蓝色斑点。检测容易、迅速并能定量，只需少量植物组织抽提液即可在短时间内测定完毕。

另一种常见的报告基因为绿色荧光蛋白（green fluorescent protein，GFP）基因。GFP 经过一定波长紫外线照射后，可以激发出绿色荧光，可被快速检测到。GFP 基因适用于各种生物基因转化，检测方法简便，便于活体检测，检测时可获得直观信息，有利于转基因植物的安全性问题的研究及防范。

图 12-9　报告基因的检测

二、外源目的基因整合的鉴定

1. 转基因植株的 PCR 检测

聚合酶链式反应（PCR）是首选的转基因植物检测方法，PCR 技术可以有效地扩增低拷贝的靶片段 DNA。PCR 检测简单，DNA 用量少、成本低。但是由于 PCR 扩增十分灵敏，有时会出现假阳性扩增，因此 PCR 检测只能作为初步结果。

2. Southern 印迹

Southern 印迹是以已知 DNA 或 RNA 为探针，检测目标 DNA 的存在，用于外源目的基因整合的鉴定及分析，是 DNA 水平上证明外源基因在植物染色体上整合情况最可靠的方法。

3. Nothern 印迹

Nothern 印迹是以已知 DNA 或 RNA 为探针，检测特异的 mRNA 分子的存在，用于外源目的基因转录产物（mRNA 分子）的检测。

4. Western 印迹

Western 印迹是利用抗原与抗体特异结合的原理检测外源目的基因表达产物特异蛋白的生成，可得知被检测植物细胞内的蛋白是否表达、表达浓度大小及大致的分子量。

5. 细胞原位杂交

细胞原位杂交是一项组织化学与分子杂交相结合的技术，目前在植物基因工程研究中已成为外源基因在染色体上整合定位及在组织细胞内表达定位的主要方法。该方法灵敏度高，对于单拷贝的 DNA 序列检出十分有效。

第四节　基因组编辑技术

基因组的定点编辑是把外源 DNA 导入细胞染色体上的特定位点中，从而达到特异地改造基因组的目的，进而研究基因功能。锌指核酸酶（Zinc finger nuclease，ZFN）技术和转录激活因子样效应物核酸酶（transcription activator-like effector nuclease，TALEN）的出现，使得基因组定位修饰、定向突变和定点整合取得成功。2013 年，科学家们发现并报道了另一种突破性的基因组编辑技术——成簇规律间隔短回文重复（clustered regularly interspaced short palindromic repeat，CRISPR）基因编辑技术。

CRISPR/Cas 技术是根据微生物（细菌和古细菌）体内的一种不断进化适应的免疫防御机制改造而成，可利用一段单链的指导 RNA（single-guide RNA，sgRNA）来识别和剪切特定的 DNA，从而降解外源核酸分子，随后引导 Cas 内切核酸酶对 DNA 双链进行剪切。CRISPR/Cas 系统已成功被改造为第三代人工内切核酸酶，与 ZFN 与 TALEN 一样可用于基因定点敲入、两位点同时突变以及小片段的缺失等各种复杂的基因组编辑。相对 ZFN 与 TALEN 技术，CRISPR/Cas9 技术操作简单，已经成功地应用于拟南芥、水稻、杨树等植物的定点编辑中。

一、CRISPR/Cas9 编辑技术

CRISPR 是由高度保守的重复序列和完全不相同的间隔序列交替排列组成，CRISPR/Cas 的基座的结构组成简单而且较为固定。其基因座结构分为三部分，5′ 端为 tracrRNA 基因和一系列 Cas 蛋白编码基因（Cas9、Cas1、Cas2 和 Csn2）。3′ 端是 CRISPR 的基因座，是由启动子区域、多个间隔序列（spacer）和重复序列（direct repeat）排列组成。不同的物种中 CRISPR 位点的数量有所不同，而且 CRISPR 中的重复序列在不同物种也表现出略微的差异。一般情况下，间隔序列把长度为 20～25 bp 的重复序列间隔开，间隔序列可以特异识别外源的 DNA 序列。CRISPR 系统可分为 3 种（Type I ～ Ⅲ），常见的是由类型 Ⅱ 改造而来的 Type Ⅱ CRISPR/Cas。Type Ⅱ CRISPR/Cas 系统组分最简单，只存在于细菌中。Type Ⅱ CRISPR/Cas 系统的特征性蛋白为 Cas9，Cas9 是多功能的可以引起免疫性的蛋白，而且不仅可以产生 crRNA（CRISPR RNA），还可以参与外源核酸（噬菌体或质粒）的降解。Cas9 蛋白、crRNA 以及 tracrTRNA（反式激活 RNA）可以靶向裂解外源 DNA。由于 Type Ⅱ 型最具操作性，目前已经被成功地改造为 CRISPR/Cas9 基因编辑工具，用于基因功能的研究。CRISPR/Cas9 的作用机制如下：

（一）获得高度可变的 CRISPR 间隔区域

噬菌体或质粒上的与间隔序列对应的序列称为前间隔序列，一般其 5′ 或是 3′ 端的几个延伸碱基序列是保守的，被称为 PAM（protospacer adjacent motif）。PAM 长度为 2～5 个碱基，通常与 protospacer 有 1～4 个碱基的间隔。PAM 通常为 NGG。间隔序列的获得一般为三步：①外源核酸的识别，找出潜在的 PAM，临近 PAM 的序列为候选间隔序列。②在 CRISPR 基因座的 5′ 端合成重复序列。③两个重复序列与新的间隔序列整合，形成重复 – 间隔 – 重复序列。

（二）对 CRISPR 基因转座的转录以及转录后的成熟加工

CRISPR 间隔区的获得是指噬菌体或质粒等外源 DNA 侵染细菌时，在前导区调控 CRISPR 转录为前体 crRNA（Pre-CRISPR RNA），然后 crRNA 可在 tracrRNA 和 Cas 蛋白的作用下被剪切成小 RNA 单元，这些小单元加工形成短的有重复序列和间隔序列的成熟 crRNA。Type Ⅱ 型的 CRISPR/Cas 系统中 crRNA 的成熟需要 Cas9 蛋白和 RNase Ⅲ 参加之外，还需要 tracrRNA 作为指导。在没有外界压力的情况下，CRISPR 基因座表达水平很低，当噬菌体或外源质粒入侵宿主时，CRISPR 的表达被诱导，表达水平快速上调。

（三）CRISPR/Cas9 系统对外源遗传物质的干扰

通过碱基配对 crRNA 与 tracrRNA 结合成核糖核蛋白复合物（tracrRNA/crRNA），复合物则可以与外源核苷酸结合、扫描 DNA、PAM 找到靶位点序列并与之结合剪切 DNA 双链。在 CRISPR/Cas 系统中，crRNA 和 tracrRNA 是由一个四碱基的连接环连接，构成了指导 sgRNA。sgRNA 是由人工设计合成，用来引导内切酶 Cas9 对 DNA 双链在特定位置进行切割，形成缺口后，细胞将会对断裂的双链 DNA 进行修复。细胞一旦进行修复则会利用另外的 DNA 片段来补充缺口，这样一段新的遗传信息就成功引入，从而达到基因编辑的目的。

二、CRISPR/Cas12a 编辑技术

Cas12a 来自 *Prevotella* 和 *Francisell*，是一种新型的 Cas 酶。三种 Cas12a 核酸酶——AsCas12a（*Acidaminococcus* sp. BV3L6）、LbCas12a（*Lachnospiraceae bacterium* ND2006）和 FnCas12a（*Francisella tularensis* subsp. *novicidain* U112）已被用作多种植物物种的基因编辑系统。Cas12a 识别 PAM 序列为 3′ 端 T 富含区域（SpCas9 对应 PAM 序列为 5′-NGG-3′），因此，Cas12a 介导的基因组编辑不仅可以扩大除 CRISPR / Cas9 之外的靶标，还可以产生交错的切割。CRISPR/Cas12a 不仅为植物的定向诱变提供了一种新的替代方法，而且大大提高了基因组编辑的范围和精度，已成功应用在杨树中（图 12-10）。

图 12-10 CRISPR/Cas12a 介导的 *PDS* 基因敲除杨树的白化表型（引自 An et al.，2020）

第五节　转基因植物安全性

植物转基因技术的广泛应用，极大地丰富了遗传资源，加快了育种进程，在满足全球粮食需求、造福人类方面显示出巨大潜力。与此同时，转基因技术使物种的进化速度远远超过生物自然变异与选择的速度，对于这种急剧的生物物种的变化，自然界能否容纳和承受？转基因植物及其产品被人们或动物食用时，是否会发生基因转移？转基因植物的安全性问题主要包括环境安全性和食用安全问题。

环境安全性问题：转基因植物的环境安全性评价要解决的核心问题是转基因植物释放到田间后否会将基因转移到野生植物中，是否会破坏自然生态环境，打破原有生物种群动态平衡。

食用安全问题主要有三个方面：一是转入基因的食品安全性问题；二是转基因编码蛋白的安全性，包括毒性和过敏性；三是非预期效应，尤其转基因食品中抗生素选择标记基因水平转移至病原细菌而产生抗药性。作为主粮的转基因食品如转基因稻米长期食用在人体中的累积和传递从而对后代的影响、非预期效应等更是消费者和公众对转基因食品担忧的主要方面。

植物基因工程食品在解决全球饥饿问题和保障农业的可持续发展方面发挥着举足轻重的作用，转基因能源植物为缓解世界能源危机作出巨大贡献，尽管与之相伴的转基因植物安全性问题与公众态度、贸易中的技术壁垒及伦理、宗教等复杂因素交织为一个科技含量很高的政治、经济问题，成了国际、国内普遍关注的焦点和热点，但转基因植物辉煌的发展前景是不容置疑的。在研究与开发转基因产品的同时，理智、客观、安全地运用转基因技术，加强其安全性防范的长期应用研究，建立起一整套完善的、既符合国际标准又与我国国情相适应的检测体系，确保转基因产品进出口的安全性，让植物转基因生物技术成为 21 世纪解决健康、环境、资源等重大社会与经济问题的有效手段。

思考与讨论题

1. 为什么要发展转基因技术？

2. 常用植物转基因技术有哪些？

3. 怎么看待转基因植物的安全性问题？

数字课程资源

视频讲解　　教学课件　　彩图　　自测题

附 录

附录 I　植物细胞工程基本术语

1. 半连续培养（semi-continuous culture）：在完成成批培养的一个周期后，从反应器中取出大部分细胞悬液，只保留小部分细胞悬液作为下一个培养周期的种子细胞，然后加入新鲜培养基进行培养的方式。

2. 保育培养（nurse culture）：将游离的单细胞放在组织块或愈伤组织上进行培育使之分裂和繁殖的技术。

3. 玻璃化（vitrification）：植物组织培养过程中特有的一种生理失调或生理病变现象，通常表现为愈伤组织呈水浸状透明，试管苗叶片失绿，呈水晶透明或半透明、皱缩成纵向卷曲、脆弱易碎等组织畸形。

4. 成熟胚培养（culture of mature embryo）：将子叶期以后的胚从母体上分离出来，放在无菌的人工环境条件下使其进一步生长发育形成幼苗的技术。

5. 持家基因（house-keeping gene）：维持细胞最低限度功能所必不可少的在所有细胞中都表达的基因。

6. 次级代谢产物（secondary metabolite）：植物代谢过程的副产品，对食草动物有一定的警示和防御作用，并对其他植株的生长有抑制等不利作用。

7. 单倍体（haploid）：指体细胞染色体数与其配子染色体数相同的细胞或个体。

8. 对称融合（symmetric fusion）：即两个完整的细胞原生质体融合，在融合子中包含有两个融合亲本的全套染色体和全部的细胞质。

9. 非对称融合（asymmetric fusion）：利用物理或化学方法使某亲本的核或细胞质失活后再与另外一个完整的细胞进行融合。

10. 分批培养（batch culture）：将细胞和培养液一次性装入反应器内，在一个培养周期中不再添料的培养。

11. 鼓泡式生物反应器（bubble column bioreactor）：通过反应器底部的喷嘴及多孔板实现气体分散，促使培养容器的液体流动。

12. 核型胚乳（nuclear endosperm）：胚乳发育过程有游离核时期，初生胚乳核最初的多次分裂只进行核分裂而不产生细胞壁，胚乳核呈游离状态分布在胚囊中，待发育到一定阶段才在细胞核之间产生细胞壁形成胚乳细胞。

13. 花粉培养（pollen culture）：是将花粉从花药中分离出来，使之成为分散或游离的状态，通过人工培养花粉粒进而分化长成单倍体植株的过程。

14. 花药培养（anther culture）：是将花粉发育至一定阶段的花药接种到人工培养基上进行培养，以形成花粉胚或愈伤组织进而分化成植株的过程。

15. 极性（polarity）：是植物细胞分化的一个基本现象，指植物的器官、组织，甚至单个细胞在不同的轴向上存在的某种形态结构和生理生化上的梯度差异。

16. 继代培养（subculture）：指愈伤组织在培养基上培养一段时间后，由于培养基营养枯竭、水分散失，并积累一些代谢产物，需要将愈伤组织转移到新的培养基上，这种方法称为继代培养。

17. 间接发生方式（indirectly genesis）：指外植体首先脱分化形成愈伤组织，愈伤组织细胞再分化进行的形态发生。

18. 茎尖培养（shoot tip culture）：将树木的茎尖分生组织或包括有此分生组织的茎尖分离后进行无菌培养的方法。

19. 快速繁殖（rapid propagation）：利用细胞再生特性，在是试管中使植物快速增殖然后移植到温室或农田，繁殖出大量幼苗的一种植物组织培养技术。

20. 连续培养（continuous culture）：在培养过程中，不断向反应器中以一定流量添加新培养基，同时以一定流量从系统中取出培养基的方式，使培养物长期在指数期的平衡生长状态和衡定的生长速率状态下生长。

21. 流化床生物反应器（fluid-bed bioreactor）：气体或液体通过固体颗粒层而使其处于悬浮运动状态，并进行气－固或液－固反应过程的设备。

22. 酶联免疫吸附测定（enzyme-linked immunosorbent assay，ELISA）：把抗原、抗体的免疫反应与酶对底物的高效催化作用相结合而发展起来的一种灵敏度高、特异性强的分析技术。

23. 膜生物反应器（membrane bioreactor）：采用具有一定孔径和选择透性的膜固定植物细胞，使营养物质能够通过膜渗透到细胞中，而细胞产生的次级代谢产物通过膜释放到培养液中的培养装置。

24. 胚培养（embryo culture）：指将胚从母体上分离出来，在无菌条件下进一步培养使其发育形成幼苗的技术。

25. 胚胎培养（embryo culture）：指对植物的胚或胚器官（如子房、胚珠）进行人工离体无菌培养，使其发育生长的技术。

26. 胚状体（embryoid）：在组织培养过程中由外植体或愈伤组织产生的与合子胚相类似的结构，统称为体细胞胚或胚状体。

27. 培养周期（culture period）：具有一定起始培养密度的单细胞，从开始培养到细胞数目和总重量增长停止这一过程，称为一个培养周期。

28. 平板培养（plate culture）：将一定密度的悬浮细胞接种到一薄层固体培养基中进行培养的技术。

29. 气升式生物反应器（airlift bioreactor）：常见类型有气升环流式、鼓泡式、空气喷射式等，工作原理是把无菌空气通过喷嘴或喷孔喷射进发酵液中，通过气液混合物的湍流作用而使空气泡分割细碎，同时由于形成的气液混合物密度降低向上运动，而气含率小的发酵液则下沉，形成循环流动，实现混合和溶氧传质。

30. 器官发生（organogenesis）：产生器官原基，经细胞分裂、分化，发育形成特定器官的过程。

31. 器官培养（organ culture）：将树木器官的一部分进行分离，在不损伤正常组织结构的条件下进行人工培养形成再生植株的组织培养方法。

32. 前体（precursor）：是被加入培养基的化合物，能够直接在生物合成过程中结合到产物分子中去，而自身的结构并未发生太大变化，却能提高产物的产量的一类小分子物质。

33. 人工种子（artificial seed）：又称合成种子或体细胞种子，是指通过组织培养方法获得发育完全的个体，将其用适当方法保护起来以代替天然种子传播的结构，一般由人工种皮、人工胚乳和体细胞胚（胚状体）三部分组成。

34. 奢侈基因（luxury gene）：与细胞行使特殊功能相关的基因，这类基因功能的丧失与否不会直接影响细胞生存，但在特定类型细胞特异表达，发挥特殊功能。

35. 生物技术（biotechnology）：生物技术是以生命科学为基础，利用生物个体或生物器官、组织、细胞的特性与功能，设计构建具有预期性状的新物种或新品系（包括细胞系），以及与工程技术相结合，进行产品加工生产的综合性技术体系。

36. 体细胞胚（somatic embryo）：在组织培养过程中经体细胞分裂而形成的胚。体细胞胚发育早期就具有胚根和胚芽两极性，结构完整，类似一颗种子。

37. 体细胞无性系变异（somaclonal variation）：指一个体细胞克隆群体中个体之间表现出差异的现象。

38. 体细胞杂交（somatic hybridization）：又称原生质体融合，是指将来源不同的植物体细胞原生质体通过人工方法诱导融合，然后进行离体培养，使其再生杂种植株的技术。

39. 填充床生物反应器（fixed-bed bioreactor）：细胞可以位于支撑物表面，也可包埋于支撑物之中，培养液流经支撑物颗粒，不断为细胞提供代谢所需物质的装置。

40. 同源框（homeobox）：又称同源异型框，存在于某些基因中的一段高度保守的 DNA 序列，由约 180 个碱基对组成，编码蛋白质中的含 60 个氨基酸残基的结构域，后者可与 DNA 结合。

41. 突变体（mutant）：经过诱导或遗传操作发生一次或多次突变而得到的含有突变基因的个体或群体。

42. 脱分化（dedifferentiation）：已分化的细胞失去分化特征，恢复到具有未分化细胞特性的过程。

43. 外植体（explant）：植物组织培养中用来进行无菌培养的离体材料，可以是从植物体上切取下的器官、组织、细胞或原生质体等。

44. 微繁殖（micropropagation）：在人工控制的无菌条件下，使植物在人工培养基上繁殖的技术。与常规的繁殖方法比较，它是一种微型操作过程，所以称为微繁殖。

45. 无性繁殖（vegetative propagation）：以植物体的根、茎、叶等部分营养器官直接形成新个体的过程。

46. 无性繁殖系（clone）：指由同一祖先经过无性繁殖所产生的遗传上相同的细胞或个体。

47. 细胞分化（cell differentiation）：在个体发育过程中，同源细胞逐渐变成形态、结构、功能各异的细胞的过程。

48. 细胞工程（cell engineering）：细胞工程是应用细胞生物学和分子生物学方法，借助细胞学的实验方法与技术，在细胞水平上研究和改造生物遗传特性和生物学特性，以获得特定的细胞、细胞产品或新生物体的有关理论与技术方法的科学。

49. 细胞全能性（cell totipotency）：指植物的每一个活细胞均含有一套完整的基因组，并且具有发育成完整植株的潜在能力或特性。

50. 细胞融合（cell fusion）：指两个或两个以上相同或不同细胞在自然或人工条件条件下合并形成一个细胞的过程。

51. 细胞同步化（cell synchronization）：使培养物中的所有细胞都处于细胞周期的同一时相的技术。

52. 细胞型胚乳（cellular endosperm）：与核型胚乳不同，细胞型胚乳的发育不经过游离核阶段，初生胚乳核分裂后立即进行胞质分裂。

53. 细胞株（cell strain）：通过纯系化或选择法从原代培养细胞或细胞系中分离出来的、具有特异性或标记的细胞群体。

54. 悬浮培养（suspension culture）：在流动的液体培养基中对保持良好分散状态的单细胞群体和小的细胞集聚体的培养。

55. 亚原生质体（sub-protoplast）：在原生质体分离过程中，有时会引起细胞内含物的断裂等而得到的不完整的原生质体。

56. 幼胚培养（culture of larva embryo）：将子叶期以前的具有胚结构的幼小胚从母体上分离出来，放在无菌的人工环境条件下使其进一步生长发育形成幼苗的技术。

57. 诱发融合（induced fusion）：是指通过诱发剂使两个彼此相邻的原生质体相互融合的过程。

58. 愈伤组织（callus）：植物细胞组织离体培养中，在外植体切口表面逐渐向内形成的一团无分化状态的细胞，并能进一步经诱导形成器官或再生植株的薄壁组织。

59. 原生质球（spheroplast）：微生物细胞壁被人为改变或破碎的细胞壁包围在内的原生质体。

60. 原生质体（protoplast）：脱去植物细胞壁后裸露的、有生活力的球形细胞，包括细胞膜、细胞质和细胞核等细胞器。

61. 再分化（redifferentiation）：处于脱分化状态的细胞，在特定条件下重新恢复细胞的分化能力，再次形成特异类型细胞的过程。

62. 沼生目型胚乳（helobial endosperm）：沼生目型胚乳是介于核型胚乳与

细胞型胚乳之间的一种胚乳发育类型。

63. 直接发生方式（directly genesis）：指外植体不通过明显的愈伤组织直接分化形成不定器官的形态发生。

64. 植物脱毒（virus elimination）：是利用植物组织培养技术，去除植物细胞中侵染的病毒，生产健康的繁殖材料。

65. 植物细胞工程（plant cell engineering）：植物细胞工程是以植物细胞或组织为基本单位，在离体条件下进行培养、繁殖，使细胞的某些生物学特性按人们的意愿发生改变，从而改良品种或创造新物种，或加速繁殖植物个体，获得有用物质的过程。

66. 植物组织培养（plant tissue culture）：是指在无菌的条件下，将离体的植物器官、组织、细胞、胚胎、原生质体等培养在人工配制的培养基上，给予适当的培养条件，诱发产生愈伤、潜伏芽，或长成新的完整植株的技术。

67. 自发融合（spontaneous fusion）：由于去除细胞壁的裸细胞具有彼此融合的能力，在制备原生质体的酶解保温处理过程中，相邻的原生质体能彼此融合形成含有多个细胞核的融合体，这种方式就是自发融合。

附录Ⅱ　植物细胞工程常见缩略词

缩略词	英文名称	中文名称
A/Ad/Ade	adeine	腺嘌呤
ABA	abscisic acid	脱落酸
AC	activated charcol	活性炭
BA	6-benzyladenine	6- 苄基腺嘌呤
BAP	6-benzylaminopurine	6- 苄氨基嘌呤
CCC	chlormequat chloride	氯化氯代胆碱（矮壮素）
CH	casein hydrolysate	水解酪蛋白
CM	coconut milk	椰子汁
CPW	cell-protoplast washing	细胞 – 原生质体清洗液
2,4-D	2,4-Dichlorophenoxyacetic acid	2,4- 二氯苯氧乙酸
DAPI	4′,6-diamidino-2-phenylindole dihydrochloride	4,6- 二脒基 –2– 苯基吲哚
DMSO	dimethylsulfoxide	二甲基亚砜
DNA	deoxyribonucleic acid	脱氧核糖核酸
ELISA	enzyme linked immunosorbent assay	酶联免疫吸附测定
EDTA	ethylenediaminetetraacetate	乙二胺四乙酸
FDA	fluorescein diacetate	荧光素双乙酸酯
GA_3	gibberellic acid	赤霉素
GUS	β-glucuronidase	β- 葡萄糖苷酸酶基因
Hpt	hygromycin phosphotransferase	潮霉素磷酸转移酶基因
IAA	indole-3-acetic acid	吲哚乙酸
IBA	indole-3-butyric acid	吲哚丁酸
2-ip	6-（γ，γ-Dimethylallylamino）purine	2- 异戊烯腺嘌呤
KT	kinetin	激动素
LH	lactalbumin hydrolysate	水解乳蛋白
LN	liquid nitrogen	液氮
lx	lux	勒克斯（照度单位）
ME	malt extract	麦芽浸取物
NAA	α-naphthaleneacetic acid	萘乙酸
NOA	β-naphthoxyacetic acid	萘氧乙酸
npt Ⅱ	neomycin phosphotransferase	新霉素磷酸转移酶
PCV	packed cell volume	细胞密实体积
PCR	polymerase chain reaction	聚合酶链式反应
PEG	polyethylene glycol	聚乙二醇
PG	phloroglucinol	间苯三酚
pH	hydrogen-ion concentration	酸碱度，氢离子浓度

缩略词	英文名称	中文名称
PVP	polyvinylpyrrolidone	聚乙烯吡咯烷酮
RAPD	random amplified polymorphic DNA	随机扩增多态性 DNA 标记
RFLP	restriction fragment length polymorphism	限制性内切酶片段长度多态性
Ri	root-inducing plasmid	Ri 质粒
RNA	ribonucleic acid	核糖核酸
$r \cdot min^{-1}$	rotation per minute	每分钟转数
SSR	single sequence repeat	简单重复序列
T-DNA	transferred DNA	转移 DNA
Ti	tumor-inducing plasmid	Ti 质粒
TDZ	thidiazuron	苯基噻二唑基脲
TIBA	2,3,5-triiodobenzoic acid	三碘苯甲酸
YE	yeast extract	酵母提取物
ZT	zeatin	玉米素

郑重声明

高等教育出版社依法对本书享有专有出版权。任何未经许可的复制、销售行为均违反《中华人民共和国著作权法》，其行为人将承担相应的民事责任和行政责任；构成犯罪的，将被依法追究刑事责任。为了维护市场秩序，保护读者的合法权益，避免读者误用盗版书造成不良后果，我社将配合行政执法部门和司法机关对违法犯罪的单位和个人进行严厉打击。社会各界人士如发现上述侵权行为，希望及时举报，我社将奖励举报有功人员。

反盗版举报电话　（010）58581999　58582371

反盗版举报邮箱　dd@hep.com.cn

通信地址　北京市西城区德外大街4号　高等教育出版社法律事务部

邮政编码　100120

读者意见反馈

为收集对教材的意见建议，进一步完善教材编写并做好服务工作，读者可将对本教材的意见建议通过如下渠道反馈至我社。

咨询电话　400-810-0598

反馈邮箱　gjdzfwb@pub.hep.cn

通信地址　北京市朝阳区惠新东街4号富盛大厦1座　高等教育出版社总编辑办公室

邮政编码　100029

防伪查询说明

用户购书后刮开封底防伪涂层，使用手机微信等软件扫描二维码，会跳转至防伪查询网页，获得所购图书详细信息。

防伪客服电话　（010）58582300